声学技术系列教材

声学测量基础

陈广智　霍铖宇　刘江鑫　于晓阳　周益明　编著

苏州大学出版社

图书在版编目(CIP)数据

声学测量基础 / 陈广智等编著. --苏州：苏州大学出版社，2024.6
声学技术系列教材
ISBN 978-7-5672-4777-2

Ⅰ. ①声… Ⅱ. ①陈… Ⅲ. ①声学测量-高等学校-教材 Ⅳ. ①TB52

中国国家版本馆 CIP 数据核字(2024)第 110212 号

书　　名：声学测量基础
SHENGXUE CELIANG JICHU

编　　著：陈广智　霍铖宇　刘江鑫　于晓阳　周益明
责任编辑：周建兰
装帧设计：吴　钰

出版发行：苏州大学出版社(Soochow University Press)
社　　址：苏州市十梓街 1 号　**邮编**：215006
印　　装：广东虎彩云印刷有限公司
网　　址：www. sudapress. com
邮　　箱：sdcbs@suda. edu. cn
邮购热线：0512-67480030
销售热线：0512-67481020

开　　本：787 mm×1 092 mm　1/16　**印张**：11.25　**字数**：267 千
版　　次：2024 年 6 月第 1 版
印　　次：2024 年 6 月第 1 次印刷
书　　号：ISBN 978-7-5672-4777-2
定　　价：39.00 元

凡购本社图书发现印装错误，请与本社联系调换。服务热线：0512-67481020

序

Preface

声学是研究声波的产生、传播、接收及其效应的科学.声学作为物理学最早深入研究和当前最活跃的分支科学之一,与多领域现代科学技术紧密联系,又形成了如环境声学、建筑声学、电声学、水声学、超声学和地声学等超过20个相对独立的分支学科,在现代科学技术中起着举足轻重的作用.声学具有明确的需求和目标导向特征,旨在解决技术瓶颈背后的关键科学问题,并推动研究成果应用化.在现代科学技术领域中,声学测量作为一项重要的研究内容,扮演着不可或缺的角色.声学测量是指利用相关仪器设备和技术手段,对声音的产生、传播和接收进行测量和分析的过程.声学测量在工程、环境、建筑、航空航天、医学、地质等领域都有着广泛的应用,为相关领域的科学研究和工程实践提供了重要的技术支持.

本书为应用型本科院校的"声学测量"课程教学而编写.在编写过程中,充分参考并总结了声学测量相关领域的学术研究成果和实践经验,结合了最新的技术发展,参考了国内外相关的规范和标准,以确保内容的准确性和权威性.本书共分为7章,涵盖了声学测量领域的基础知识和核心技术,主要内容如下:第1章介绍声学基础知识,包括声波的基本特性、声学参量和声场基础知识;第2章介绍声学测试环境与声信号分析,包括声学测试环境、声信号的分类及声信号的采集与分析;第3章介绍声学测量主要仪器及其使用,包括测量传声器、声级计、频谱分析仪、声强测量系统;第4章介绍噪声测量,包括噪声评价参量、噪声标准、噪声源测量及环境噪声测量;第5章介绍建筑声学测量,包括建筑材料吸声性能测量及建筑和建筑构件隔声测量;第6章介绍电声学测量,包括电声测量基础、传声器电声参数测量、扬声器电声参数测量;第7章介绍水声学测量,包括海水的声学特性、水下噪声源、水声测量环境与设备、水听器的校准及水声基本量值测量.

本书的出版得到常熟市政府与常熟理工学院校地合作课程建设项目的资助,在此,对支持和帮助本书出版的单位表示衷心的感谢!同时,感谢相关院校、研究机构及企业的支持与合作,特别感谢提供参考资料和宝贵意见的作者和专家们.

本书适合作为高校声学相关专业学生的教材,也可供相关从业人员作为应用参考.尽管作者竭尽全力,难免存在不足之处,敬请各位读者批评指正,为进一步修改和完善提供帮助.

作者

2024年3月

目录

Contents

第1章 声学基础知识

1.1 声波的基本特性

1.1.1 声波的产生

发声体的振动在气体、液体和固体等弹性介质中的传播叫作声波.声波是一种机械波，可以理解为质点在外力作用下产生的周期性振动，它可以借助各种介质向四面八方传播.声波也可以理解为介质偏离平衡态的一种微小扰动的传播，在传播过程中，不发生质量的传递，只有能量的传递.

声音是由介质中传播的声波所引起的听觉感受.所有的声音都是由发声体的振动产生的.声音的特点在于它的振幅与频率，根据振幅与频率的不同可以划分为不同的听觉区域.人耳可听声的频率范围一般为 20 Hz～20 kHz，即空气每秒振动的次数在 20 次到 2 万次.说话声的频段一般为 200 Hz～4 kHz.建筑和环境声学研究的频率范围通常为100 Hz～5 kHz.声音的振幅表示声音的强弱.空气压缩或扩张的程度越强，声音越大；反之，声音越小.声音的大小通常用分贝(dB)来表示，人耳可听声的强度范围一般为 0～140 dB.

1.1.2 声波的三要素

描述声波的三个要素分别为声波的波长、频率(或周期)和声速.

声波的波长 λ(m)是指声波在一个时间周期内传播的距离.在纵波中波长可以理解为相邻两个质点密部(或疏部)之间的距离，在横波中波长可以理解为相邻两个波峰(或波谷)之间的距离.

声波的频率 f(Hz)是指波列中某一质点在单位时间内振动的次数，与声波的周期T(s)成倒数关系.

声速 c(m/s)是指声波在介质中传播的速度.声速的大小与声源特性无关，主要与声波传播介质的物理特性有关，它随着介质的弹性、密度、温度等条件的变化而变化.在 22 ℃ 的环境温度和 1 标准大气压下，声波在空气中的传播速度为 344.8 m/s，声速(c：m/s)与温度(t：℃)的关系式为：$c(t)=331.4+0.607\times t$.声速根据传播介质的均匀性和弹性的变化而变化，表 1-1-1 列出了部分传播介质中的近似声速.

表 1-1-1　部分传播介质中的近似声速

传播介质	声速/(m/s)	传播介质	声速/(m/s)
空气	340	钢	5 000～6 000
水	1 460	玻璃	5 000～6 000
木材	1 000～2 000	铅	1 320
混凝土	3 500	软木	450～500
砖	2 500	橡胶	40～150

此外，描述声波的重要物理参数还包括振幅、相位等. 声波的振幅表示波列中质点离开平衡位置的距离，它可以反映波形从波峰到波谷的变化及所携带能量的大小. 声波的相位是指周期中的波形位置，以度为单位测量，共 360°，也可以弧度为单位，即角的国际单位 rad.

1.1.3　声波的分类

按照波动类型来分，媒质中质点沿传播方向运动的波称为纵波(P 波)，质点都垂直于传播方向而运动的波称为横波(S 波)，以上为声波的两种最主要、最常见的波动类型. 此外，还有沿媒质表面层传播、幅值随深度迅速减弱的表面波，在无限大板状固体中传播的板波等其他波动类型.

根据波阵面形状的不同，可以把不同波源发出的波分为平面波、柱面波和球面波，如图 1-1-1 所示. 平面波的波源为一平面，尺寸远大于波长的刚性平面波源在各向同性的均匀介质中辐射的波为平面波. 平面波波束不扩散，平面波各质点的振幅(声压)是一个常数，不随距离的变化而变化. 柱面波的波源为一条线，长度远大于波长的线状波源在各向同性的均匀介质中辐射的波为柱面波. 柱面波波束周向扩散，而沿轴向不发生扩散，柱面波各质点的振幅(声压)与距离的平方根成反比. 球面波的波源为一点，尺寸远小于波长的点波源在各向同性的均匀介质中辐射的波为球面波. 球面波波束向四面八方扩散，球面波各质点的振幅(声压)与距波源距离成反比.

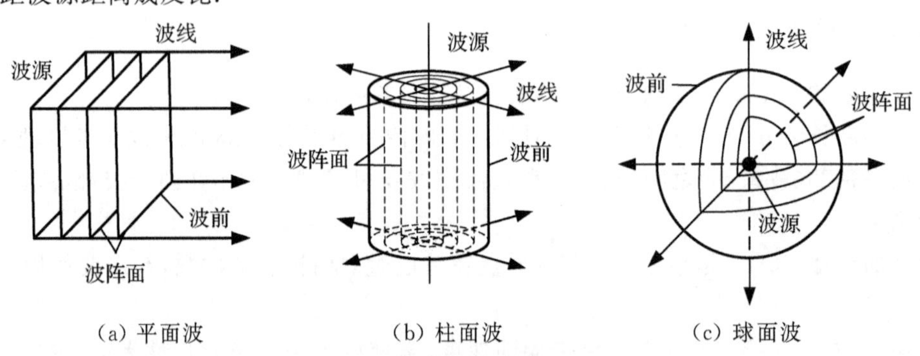

(a) 平面波　(b) 柱面波　(c) 球面波

图 1-1-1　根据波阵面的形状分类

以上是三种基本波源：面、线、点，传播的介质为各向同性、均匀的. 在实际环境中，振动的波源种类非常繁多，传播介质不均匀或者各向异性，声波的传播方向非常复杂. 例如，声波经过不均匀的介质时，会在界面处产生反射或折射现象，甚至会发生波型转换. 不过当距离波源足够远时，很多情况下波的传播特性都可以近似当成球面波，因为在距离足够远的情况下，任何波源都可以近似为一个点. 现实中，声波向四面八方扩散的情况居多.

1.1.4 声波的反射与折射

1. 声学边界条件

声波在传播过程中通常会遇到各类不同的反射体或障碍物，当声波从一种介质进入另一种介质中时，在两种介质的分界面处，会发生声波的反射、折射或透射等现象. 要获得这些声波之间的定量关系，则需要用到分界面处的声学边界条件.

设分界面为无限大，两种介质的特性阻抗分别为 $\rho_1 c_1$ 和 $\rho_2 c_2$ (图 1-1-2)，其中，ρ_1 和 ρ_2 分别为介质 1 和介质 2 的密度，c_1 和 c_2 分别为声波在介质 1 和介质 2 中的传播速度. 声学边界条件有两种，分别是声压(p)连续条件和法向质点振速(v)连续条件，其数学表达式分别为

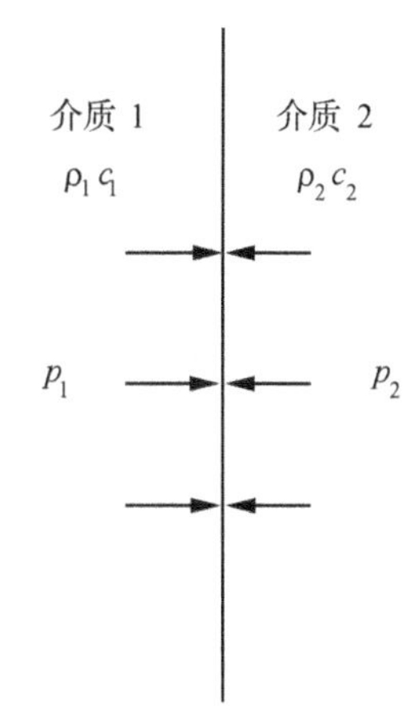

图 1-1-2 分界面处的声压

$$p_1 = p_2 \tag{1-1-1}$$

$$v_1 = v_2 \tag{1-1-2}$$

2. 声波的反射与折射

通常我们讨论的是平面波的反射与折射. 下面讨论一维平面波斜入射问题. 如图 1-1-3 所示，当平面波从介质 1 中以一定的角度 θ_i 入射后，在分界面处部分声波会以 θ_r 的角度反射回介质 1 中形成反射波，而另一部分则以 θ_t 的角度透射到介质 2 中去.

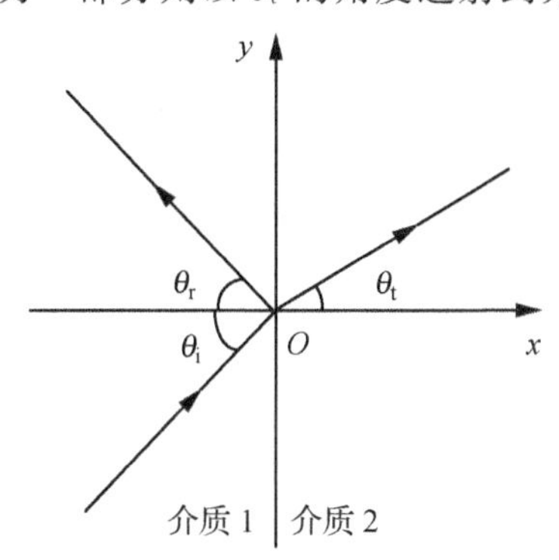

图 1-1-3 平面波的入射、反射和折射

介质 1 中入射波的声压和质点的速度分别为

$$p_i = p_{ia} e^{j(\omega t - k_1 x\cos\theta_i - k_1 y\sin\theta_i)} \tag{1-1-3}$$

$$v_i = \frac{\cos\theta_i}{\rho_1 c_1} p_i \tag{1-1-4}$$

反射波的声压和质点的速度分别为

$$p_r = p_{ra} e^{j(\omega t + k_1 x\cos\theta_r - k_1 y\sin\theta_r)} \tag{1-1-5}$$

$$v_r = -\frac{\cos\theta_r}{\rho_1 c_1} p_r \tag{1-1-6}$$

介质 2 中折射波的声压和质点的速度分别为

$$p_t = p_{ta} e^{j(\omega t - k_2 x\cos\theta_t - k_2 y\sin\theta_t)} \tag{1-1-7}$$

$$v_t = \frac{\cos\theta_t}{\rho_2 c_2} p_t \tag{1-1-8}$$

根据声学边界条件式(1-1-1)和式(1-1-2)，设分界面处 $x=0$，则有

$$p_i + p_r = p_t \tag{1-1-9}$$

$$v_i + v_r = v_t \tag{1-1-10}$$

由此可以得到著名的斯涅耳(Snell)声波反射与折射定律：

$$\theta_i = \theta_r \tag{1-1-11}$$

$$\frac{\sin\theta_i}{\sin\theta_t} = \frac{k_2}{k_1} = \frac{c_1}{c_2} \tag{1-1-12}$$

斯涅耳声波反射与折射定律说明了当声波遇到不同介质的分界面时，反射角与入射角相等，而折射角的大小和两种介质的声速之比相关，介质 2 中的声速越大，折射声波偏离分界面法线的角度越大.

3. 大气中声波的反射与折射

声波在大气中的传播是非常复杂的，它受到地形、土壤性质和遇到的各种障碍物及大气条件(温度、风等)的影响. 由于不同的声波产生机制不同，从声源发出的声音在大气中传播时会发生各种变化.

声波被它们遇到的各种固体障碍物反射，特别是被地面反射，地面有时可以将声波传输至很远的距离(图 1-1-4).

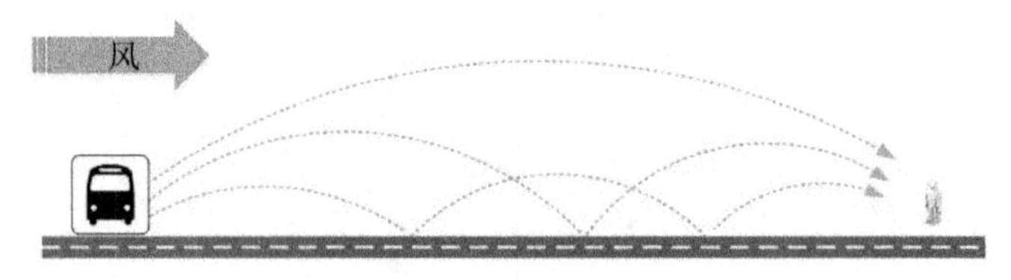

图 1-1-4　大气中声波的反射

对于声波的折射，温度和风随着离地面的高度的不同而变化，这导致声音传播半径的曲率有所不同(图 1-1-5).

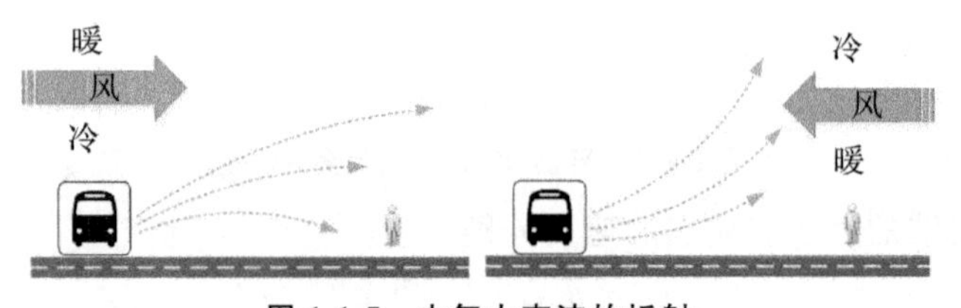

图 1-1-5　大气中声波的折射

1.1.5　声波的散射与衍射

当声波在传播过程中遇到的障碍物的尺寸远大于声波的波长时，会发生声波的反射现象；当障碍物的尺寸与声波的波长相差不大时，就会出现部分声波反射、部分声波偏离原路径传播的现象，这时的声场则是由入射波与散射波叠加而成的. 散射波是由于声波在介质中传播时碰到物体表面，以及介质声学特性不连续而出现的一种物理现象.

散射波的强度和分布与声波的波长和障碍物的尺寸相关性很强. 图 1-1-6 给出了刚性球散射波的角分布图：(a) 当波长很长时，大部分散射波均匀地分布在与入射波相反的方向；(b) 当频率增加、波长变短时，散射峰出现并且向前移，角分布图形变得复杂；(c) 当波长更短时，一部分散射波集中于入射波前进的方向，而另一部分散射波则比较均匀地散布在其他方向，形成心脏形曲线，正前方还有一个尖峰.

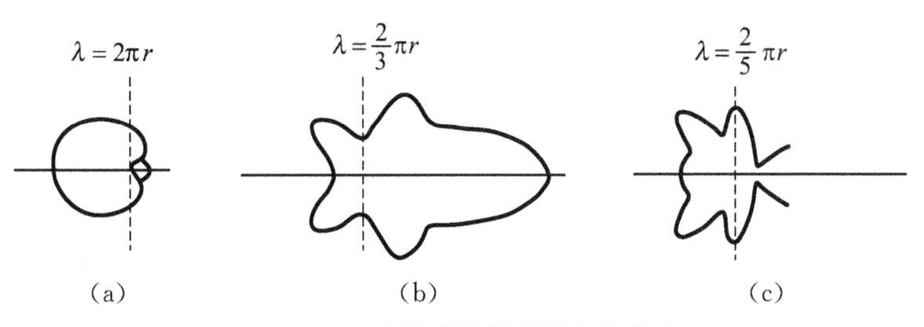

图 1-1-6　刚性球散射波的角分布图

声波的衍射是指声波在传播过程中遇到障碍物时，部分声波会绕至障碍物背后并继续向前传播的一种现象，又称声绕射(图 1-1-7). 声波的衍射现象，不仅在障碍物的尺寸比声波的波长小时存在，即使障碍物很大，在障碍物边缘也会产生. 当障碍物的尺寸比声波的波长大时，其背后将出现“声影”，也会出现声音绕过障碍物边缘进入“声影”的现象. 声波进入声影区的程度与声波的波长和障碍物的相对尺寸有关. 声波的波长越长，声波的衍射现象越明显.

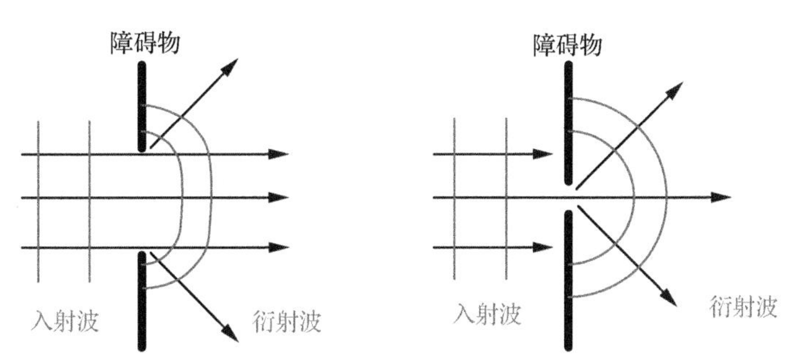

图 1-1-7　声波的衍射

1.1.6　声波的叠加与干涉

1. 声波的叠加

当两个或多个声波混合在一起时就会叠加，产生新的波形. 对于理想流体介质中的小振幅声波，在不考虑不同声波之间的相互作用的情况下，每列声波均保持其原有的声学特性不变，这些声波合成的声场可以用叠加原理来考虑. 如果声场中存在 n 个独立的声波，其声压分别为 $p_1, p_2, \cdots, p_n$，那么某点处总声压可表示为

$$p = p_1 + p_2 + \cdots + p_n = \sum_{i=1}^{n} p_i \tag{1-1-13}$$

2. 声波的干涉

当两列满足一定条件(相干条件)的波叠加时，在空间出现稳定的振动加强和减弱的分

布，称为波的干涉现象. 相干条件包括：① 频率相同；② 振动方向平行；③ 相位差恒定.

对于两列频率相同、相位差恒定的声波，有

$$p_1 = p_{1a}\cos(\omega t - \varphi_1) \tag{1-1-14}$$

$$p_2 = p_{2a}\cos(\omega t - \varphi_2) \tag{1-1-15}$$

式中，p_{1a}、p_{2a}为波的峰值，$\omega=2\pi f$ 为声波的角频率，φ_1、φ_2 分别为两列声波的相位. 设这两列声波到达观察点时的相位差 $\varphi=\varphi_2-\varphi_1$ 不随时间变化，当这两列波叠加时，会发生干涉现象，其合成场的声压可以表示为

$$p = p_a\cos(\omega t - \varphi) \tag{1-1-16}$$

其中，

$$p_a{}^2 = p_{1a}{}^2 + p_{2a}{}^2 + 2p_{1a}p_{2a}\cos\varphi \tag{1-1-17}$$

$$\varphi = \arctan\frac{p_{1a}\sin\varphi_1 + p_{2a}\sin\varphi_2}{p_{1a}\cos\varphi_1 + p_{2a}\cos\varphi_2} \tag{1-1-18}$$

合成声场的平均声能密度为

$$\bar{\varepsilon} = \bar{\varepsilon}_1 + \bar{\varepsilon}_2 + \frac{p_{1a}p_{2a}}{\rho_0 c_0{}^2}\cos\varphi \tag{1-1-19}$$

式中，$\bar{\varepsilon}_1$、$\bar{\varepsilon}_2$ 为介质 1 和介质 2 中的平均声能，ρ_0 为介质的静态密度，c_0 为声波在介质中传播的速度.

当两列声波始终以相同的相位到达观察点，即 $\varphi=0,\pm2\pi,\pm4\pi,\cdots$时，式(1-1-17)和式(1-1-19)可以写为

$$p_a = p_{1a} + p_{2a} \tag{1-1-20}$$

$$\bar{\varepsilon} = \bar{\varepsilon}_1 + \bar{\varepsilon}_2 + \frac{p_{1a}p_{2a}}{\rho_0 c_0{}^2} \tag{1-1-21}$$

当两列声波始终以相反的相位到达观察点，即 $\varphi=\pm\pi,\pm3\pi,\cdots$时，式(1-1-17)和式(1-1-19)可以写为

$$p_a = p_{1a} - p_{2a} \tag{1-1-22}$$

$$\bar{\varepsilon} = \bar{\varepsilon}_1 + \bar{\varepsilon}_2 - \frac{p_{1a}p_{2a}}{\rho_0 c_0{}^2} \tag{1-1-23}$$

式(1-1-20)至式(1-1-23)说明，两列频率相同、相位差恒定的声波叠加后所得到的合成声场，其声压值和平均声能密度与这两列声波到达观察点处的相位差有关. 如果 $p_{1a}=p_{2a}$，那么声波会出现相长干涉与相消干涉现象，如图 1-1-8 所示，在某些位置上，合成声压幅值为每列的两倍，而在另一些位置上，声波相互抵消，合成声压值为零.

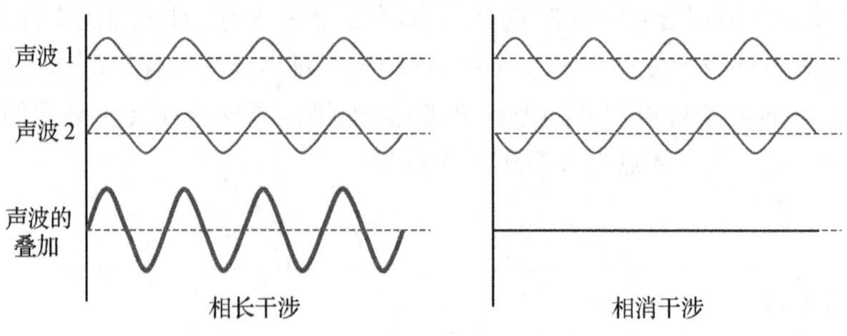

图 1-1-8　声波的相长干涉与相消干涉

1.2　声学参量

1.2.1　描述声波的基本参量

1. 声压与密度

声波是由声扰动(如振动源)引起的,它会使传播介质中的压强发生变化,压强的变化量可以用声压 p 进行描述:

$$p=P-P_0 \tag{1-2-1}$$

式中,P 为声波作用下介质中空间各点的压强,P_0 为无声波作用时的静压强.声压是描述波动的物理量,它的大小代表声波的强弱,单位为 Pa,1 Pa=1 N/m^2.

声场中某一点瞬时的声压称为瞬时声压.一定时间间隔内的最大瞬时声压称为峰值声压.瞬时声压在一定时间间隔内的方均根值称为有效声压,即

$$p_e=\sqrt{\frac{1}{T}\int_0^T p^2(t)\mathrm{d}t} \tag{1-2-2}$$

式中,下角符号"e"代表有效值,T 为取平均声压的时间间隔.对于简谐波,即声压大小随时间按正弦规律变化的声波,其有效声压值可表示为

$$p_e=\frac{\sqrt{2}}{2}p_a \tag{1-2-3}$$

式中,下角符号"a"代表简谐波峰值.注意一般仪器仪表测得的均是有效声压,声压也是目前最为常用的描述声波的基本物理量.

密度的变化也是描述声波的一个物理量.压缩量 s 代表介质密度的相对变化量,其表达式为

$$s=\frac{\rho-\rho_0}{\rho_0} \tag{1-2-4}$$

式中,ρ、ρ_0 分别为介质的密度和静态密度.

2. 质点的位移与振速

质点的位移是指介质质点离开其平衡位置的距离,质点的振速是指介质质点瞬时振动的速度.两者均是有大小和方向的量,即矢量,其相互关系为

$$v=\frac{\mathrm{d}\xi}{\mathrm{d}t} \tag{1-2-5}$$

对于简谐运动,质点的位移和振速满足 $\xi=\xi_a e^{j\omega t}$,$v=v_a e^{j\omega t}$,其中 ξ_a、v_a 分别为质点的位移和振速的幅值.在一维空间中,根据运动方程,可以得到质点振速和声压的关系式:

$$v=-\frac{1}{\rho_0}\int\frac{\partial p}{\partial x}\mathrm{d}t=v_a e^{j(\omega t-kx)} \tag{1-2-6}$$

注意区分质点振速和声传播的速度,声传播的速度是指振动状态在介质中传播的速度,而质点振速是指在给定时间和给定空间位置的某一质点的振动速度.

3. 声阻抗与声阻抗率

声阻抗是指介质在波阵面某个面积上的压强与通过这个面积的体积速度的复数比值.它反映了介质中某位置对应声扰动而引起的质点的阻尼特性,其单位为 $\mathrm{Pa \cdot m^{-2} \cdot s^{-1}}$.

声阻抗率即单位面积上的声阻抗.它表示声波在介质中波阵面上的声压与该面上质点的振速之比:

$$Z_S=\frac{p}{v} \tag{1-2-7}$$

在自由平面声场中,声阻抗率是个常数,其绝对值 $|Z_S|=\rho_0 c_0$,即介质中密度与声速的乘积.因此,$\rho_0 c_0$ 也称为介质的特性阻抗.在一般情况下,声阻抗率是一个复数.其实数部分称为声阻率,表示声能的传输;其虚数部分称为声抗率,表示有一部分声能是以动能与势能的形式不断地相互交换,并不向外传播.对于球面或柱面等形式的声波,声阻抗率的大小不仅取决于介质的特性,而且与声波的频率及声源和观测点之间的距离有关.仅仅是在远场条件下,球面波及柱面波等的声阻抗率才趋近于平面波的数值.

4. 声能量与声能量密度

声波是机械波的一种,其实质是能量的传递过程.声扰动使得介质得到了能量并以波动的形式传播出去.声能量代表声波传播而引起的介质能量的总增量 ΔE,包括了声动能 ΔE_k 和声势能 ΔE_p,它们分别为质点振动引起的能量变化和介质形变引起的能量变化.声能量表达式为

$$\Delta E=\Delta E_k+\Delta E_p=\frac{V_0}{2}\rho_0\left(v^2+\frac{1}{\rho_0{}^2 c_0{}^2}p^2\right) \tag{1-2-8}$$

式中,V_0 为足够小单元的单位体积,p、v 分别为介质中的声压与质点的振速,ρ_0 为介质的密度,c_0 为声波在介质中传播的速度.

单位体积的声能量即为声能量密度,其表达式为

$$\varepsilon=\frac{\Delta E}{V_0}=\frac{1}{2}\rho_0\left(v^2+\frac{1}{\rho_0{}^2 c_0{}^2}p^2\right) \tag{1-2-9}$$

对于平面波,单位体积内的平均声能量为平均声能量密度,表达式为

$$\bar{\varepsilon}=\frac{\overline{\Delta E}}{V_0}=\frac{p_e{}^2}{\rho_0 c_0{}^2} \tag{1-2-10}$$

式中,p_e 为有效声压值.

5. 声功率与声强

声功率是指声源在单位时间内向外辐射的声能量,单位是 W.单位时间内通过垂直于声传播方向面积 S 的平均声能量称为平均声功率,声功率与平均声能量密度 $\bar{\varepsilon}$ 有关:

$$\overline{W}=\bar{\varepsilon} c_0 S \tag{1-2-11}$$

对于平面波,将式(1-2-10)代入式(1-2-11),可得通过波阵面 S 的平均声功率,即

$$\overline{W}=\bar{\varepsilon} c_0 S=\frac{p_e{}^2 S}{\rho_0 c_0} \tag{1-2-12}$$

单位时间内通过垂直于指定方向单位面积 S 上的平均声功率称为声强,单位为 $\mathrm{W \cdot m^2}$,其表达式为

$$I=\frac{\overline{W}}{S}=\bar{\varepsilon}c_0 \tag{1-2-13}$$

对于平面波，将式(1-2-10)代入式(1-2-13)，可得其声强为

$$I=\bar{\varepsilon}c_0=\frac{{p_e}^2}{\rho_0 c_0} \tag{1-2-14}$$

声强还可以通过单位时间内单位面积的声波向前进方向毗邻介质所做的功来进行计算：

$$I=\frac{1}{T}\int_0^T \mathrm{Re}(p)\mathrm{Re}(v)\mathrm{d}t \tag{1-2-15}$$

式中，Re 表示取实部. 声强是矢量，其方向一般为声传播方向，表示声场中声能量流的运动方向.

1.2.2　声学参量的级

声学中通常使用一种特殊的语言：分贝(dB)，它不是一个测量单位，而是一个对数刻度，用来表示两个值之间的比例. 分贝的使用可以更为方便和明了地表示出声压数量级(可达到 10^6 量级)的变化. 人耳对声音的接收也更为接近于强度的对数值，而非其绝对值. 因此，在声学中通常用对数标度也就是分贝来量度声压、声强、声功率等参量.

1. 声压级

声压级取决于待测声压的有效值 p_e 与参考声压值 p_0 的比值，其表达式为

$$L_p=20\lg\frac{p_e}{p_0} \tag{1-2-16}$$

空气中参考声压值 $p_0=2\times10^5$ Pa，通常低于这一声压值人耳就难以察觉，此即听觉阈的起点，可标记为 0 dB. 声压值变化 10 倍相当于声压级增加 20 dB，这大大简化了声压量值的表示方法. 声压级的分贝对应人耳可识别的活动参考表 1-2-1.

表 1-2-1　声压级(dB)与人耳可识别的声音

分贝/dB	人耳可识别的声音	分贝/dB	人耳可识别的声音
0	可听最微弱的声音	80	繁忙的主干道的声音
10	针落地的声音	90	酒吧里的嘈杂声
20	手表运行的声音	100	切割机工作时的声音
40	安静的办公室的声音	110	球磨机工作时的声音
50	普通谈话声	120	飞机起飞时的声音
55	开始影响睡眠的声音	130	近处的开炮声
65	开始影响工作的声音	170	1 t 烈性炸药爆炸的声音

2. 声强级

与声压级定义类似，声强级 L_I 取决于待测声强 I 与参考声强值 I_0 的比值，其表达式为

$$L_I=10\lg\frac{I}{I_0} \tag{1-2-17}$$

空气中参考声强值 $I_0=10^{-12}\ \mathrm{W\cdot m^{-2}}$.

3. **声功率级**

类似地，声功率级的表达式为

$$L_W = 10\lg \frac{W}{W_0} \tag{1-2-18}$$

空气中参考声功率值 $W_0 = 10^{-12}$ W.

1.3 声场基础知识

1.3.1 声波波动方程

为更清楚地了解声波的物理本质，我们先对介质条件和声波作出一定的限制，从而得到形式简洁的波动方程，并通过它来认识声波的物理本质. 假设条件为：① 介质是静止、均匀、连续的；② 介质是理想流体介质，即忽略黏滞性和热传导；③ 声波是小振幅波，即声压远小于介质中的静态压强，质点位移远小于声波的波长，介质密度增量远小于介质的静态密度.

声波的波动是一种宏观的物理现象，必然要满足以下三个基本物理定律，即牛顿第二定律、质量守恒定律、热力学定律. 通过以上定律，可以分别得到介质中的运动方程、连续性方程和物态方程，即

$$\rho_0 \frac{\partial v}{\partial t} = -\frac{\partial p}{\partial x} \tag{1-3-1}$$

$$\frac{\partial \rho'}{\partial t} = -\rho_0 \frac{\partial v}{\partial x} \tag{1-3-2}$$

$$p = {c_0}^2 \rho' \tag{1-3-3}$$

式中，ρ_0、c_0 分别为无声扰动情况下介质的密度和声波的传播速度，ρ' 为介质的密度增量. 由上述三个方程可得一维线性声学波动方程，即

$$\frac{\partial^2 p}{\partial x^2} = \frac{1}{{c_0}^2} \frac{\partial^2 p}{\partial t^2} \tag{1-3-4}$$

同理，可得三维线性声学波动方程，即

$$\frac{\partial^2 p}{\partial x^2} + \frac{\partial^2 p}{\partial y^2} + \frac{\partial^2 p}{\partial z^2} = \frac{1}{{c_0}^2} \frac{\partial^2 p}{\partial t^2} \tag{1-3-5}$$

如果各个方向上声辐射相同，那么一维球坐标系下的线性声学波动方程为

$$\frac{\partial^2 p}{\partial r^2} + \frac{2}{r} \frac{\partial p}{\partial r} = \frac{1}{{c_0}^2} \frac{\partial^2 p}{\partial t^2} \tag{1-3-6}$$

1.3.2 声场的分类

声场可以有多种分类，主要包括自由场、半自由场和混响场三种类型. 在实际生活中，纯自然的自由场或混响场是不存在的，更多的则是不同类型的声场的组合.

1. **自由场**

在均匀各向同性的媒质中，边界影响可忽略不计的声场称为自由场(图 1-3-1). 自由场

条件是接近自由空间的声学条件，也就是说，在自由场中，任何一点，只有直达声，无反射声. 例如，在电声测量过程中，扬声器系统与测量传声器所处的空间中，自声源处起，声压按照 $p\propto\frac{1}{r}$ 的规律随距离 r 的增加而减少，并具有 $\pm10\%$ 容差的环境，即认为该空间满足了自由场条件(如消声室). 如果沿连接测量传声器的轴与扬声器的参考点的直线符合此要求，则满足了自由场的条件. 需要注意的是，在测量的全频率范围内，均应具备自由场条件.

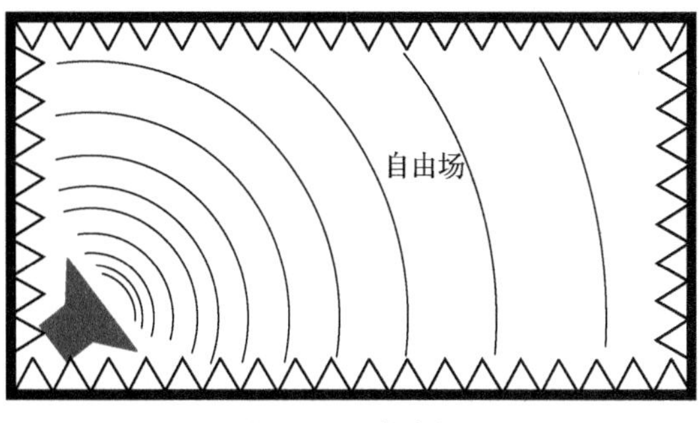

图 1-3-1　自由场

2. 自由场中的近场与远场

当声源在自由空间辐射时，声源附近的声压和质点振速相位不同的区域，称为近场. 在近场中，声源不同部分辐射的声波到达接收点时，其振幅和相位都不相同，因此声波的干涉会比较复杂，导致在声源附近出现了许多分布很密集的声压极大值和极小值. 在近场中，声压与距离二者之间没有特定的关系. 越远离声源，声源可越近似地看作点源，其波阵面可近似看作平面波，此时，声压与距离之间满足 $p\propto\frac{1}{r}$ 的规律，可称为远场.

近、远场的分界点到声源的距离称为临界距离. 临界距离与换能器的尺寸及其辐射特性有很大关系，此外，还与测量的准确度相关. 以障板上的活塞式声源为例，设无限大障板上半径为 a 的刚性活塞做简谐运动，在离活塞 r 处的轴向辐射声压 p 为

$$p = A\sin\frac{\pi}{\lambda}(\sqrt{a^2+r^2}-r) \tag{1-3-7}$$

式中，$A=2\rho_0 c_0 u_a$ 为声压幅值，λ 为声波的波长. 当 $r\gg a$ 时，上式中的正弦函数中的辐角展开成级数并取近似，可以得到

$$\sin\frac{\pi}{\lambda}(\sqrt{a^2+r^2}-r)\approx\sin\frac{\pi a^2}{2r\lambda}=\sin\frac{\pi z_g}{2r} \tag{1-3-8}$$

式中，$z_g=\frac{a^2}{\lambda}$，为活塞辐射声场远、近场的临界距离. 明确近场与远场的概念十分重要，在自由场实际测量中近场会出现声压幅值起伏的特征，因此，测量通常选在远场进行.

3. 半自由场

半自由场是指在半空间中存在自由场的声学条件. 通常指在一个无限大反射平面存在的自由场，即其中一面是全反射平面，其余都接近全吸收面的封闭空间. 当点声源位于反射平面上时，在此半空间中点声源所辐射的声压 p 与测试距离 r 之间的关系应能满足 $p\propto\frac{1}{r}$

的规律，其误差不超过±10%.

4. **混响场**

声能量均匀分布且在各个方向做无规则声传播的声场称为混响场(图 1-3-2). 按照声源频率的高低，混响场又可以分为驻波场和扩散场. 在低频段，声波在空间中的传播会形成明显的驻波分布，每一个具有驻波形式的声场分布又称为声模态，其对应的声场分析可以采用简正波理论或波动声学理论来进行. 当声源频率逐渐升到一定频率后，一个声模态特征频率的半功率带宽内存在 3 个以上的声模态时，声场中各点的声能量密度表现出大致均匀的状态，此时的声场可以称为扩散场.

直达声与混响声相等的距离称为扩散距离，也称为混响半径. 通常声音在室内传播时才具有这种特性，当声能密度达到均匀稳定状态时，扩散距离可表示为

$$r_c = \frac{1}{4}\sqrt{\frac{QR}{\pi}} \tag{1-3-9}$$

式中，Q 是指向性因素，R 是房间常数. 在扩散场内，空间各点的声强大小几乎相等，从每个方向到达某一观测点的声能流的概率相同，且各个方向到达的声波相位是无规则的. 如果想避免直达声的影响，那么测量的传声器与声源的距离应该大于扩散距离.

图 1-3-2 混响场

第2章 声学测试环境与声信号分析

2.1 声学测试环境

2.1.1 消声室与半消声室

为了模拟自由场的声学环境，人们建立了消声室，于室内空间六个表面均铺设吸声系数非常高的吸声材料. 如图 2-1-1(a)所示，消声室地面上也需要铺设吸声材料，因此，在地面的吸声材料之上应该装设水平的钢网，以便放置实验试件并能够在房间内走动.

(a) 消声室

(b) 半消声室

图 2-1-1 消声室与半消声室

消声室比较常用的表面吸声材料是消声尖劈，其结构如图 2-1-2(a)所示，要求其在使用的频率(f)范围内吸声系数(α)不低于 0.99[图 2-1-2(b)]. 通常，消声尖劈越长，其吸声性能越好，同时截止频率越低. 但为了尽可能增大室内的使用空间，尖劈长度通常设置为截止频率对应波长的$\frac{1}{4}$. 此外，为了改善对低频声波的吸声性能，尖劈底部通常与壁面或地面保持一定的空腔，这是为了利用共振吸声原理来减少低频声波的影响. 对于高频声波，由于其波长短，消声室内放置的测量支架及地面网格架对声波的散射影响会比较大. 此外，如果尖劈的布置过密，也会增大高频声波的反射，对声场造成一定的干扰，使得声压变化不能满足自由场 $p\propto\frac{1}{r}$的传播规律.

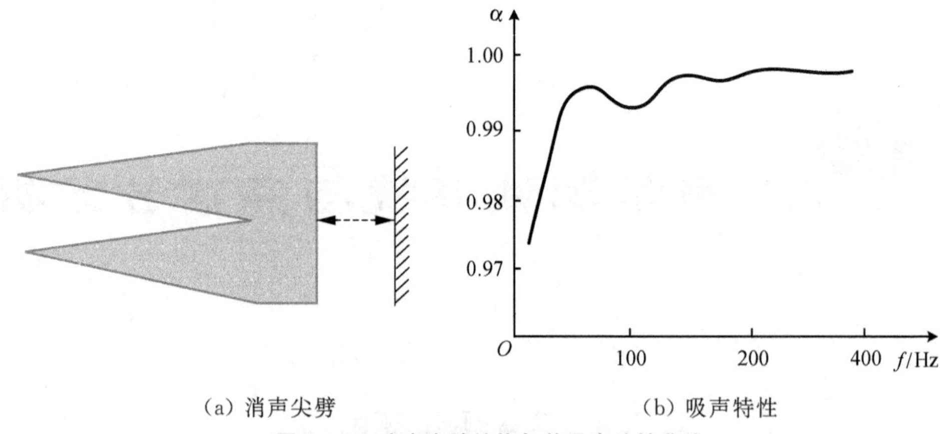

(a) 消声尖劈　　　　(b) 吸声特性

图 2-1-2　消声尖劈结构与其吸声特性曲线

为了避免室外的声源或振动源对消声室内声学测试产生影响，消声室整体需要采取一定的隔声和隔振措施. 为了隔绝空气声的传递，消声室一般采用基础完全分离的双层墙体结构，相应的消声室内外墙上的门也采用隔声门或双层门. 为了隔绝固体声的传递，通常使消声室下层整体坐落在隔振器系统上，其固有频率设计在 5 Hz 左右，这样可以有效地保证在 20 Hz 以上的测试频率下均不会受到室外振动的干扰.

与半自由场相对应的消声室是半消声室，即地面作为反射面，不铺设吸声材料，而其他五个壁面均铺设吸声系数很高的吸声材料，如图 2-1-1(b)所示. 通常半消声室用于模拟较接近现实的工况，如汽车行驶在路面上，那么路面就可以视为一个大的反射面. 在工程行业，如机械、汽车、电子等行业的声学测量中，通常使用半消声室，常见的有声功率、传递路径分析(transfer path analysis，简称 TPA)和噪声等声学参量的测量.

一般利用球面波的声压随测试点到点声源距离的反比定律 $p\propto\frac{1}{r}$ 来确定消声室和半消声室自由声场的频率和空间范围. 在消声室内声场要完全符合这个规律，则难以达到，总存在一定的误差. 如图 2-1-3 所示，在电声仪器计量校准或电声器件声学特性的测量中，消声室或半消声室室内实际测量的声压级随距离变化的曲线与理论曲线的最大偏差，在测试的频率范围内一般应小于或等于±1.0 dB.

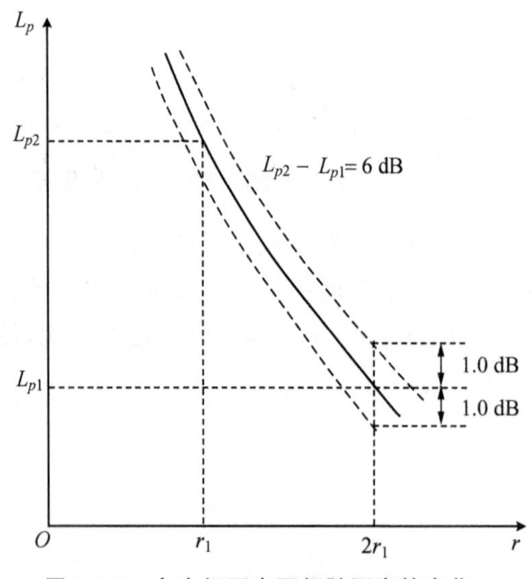

图 2-1-3　自由场下声压级随距离的变化

对于用于精密测量的消声室和半消声室，室内实测声压级与由反比定律计算得出的理论值的最大允许标准偏差（简称“允差”）在 ISO 3745:2012 标准和我国国家标准与计量校准规范中都作了相关规定，详见表 2-1-1.

表 2-1-1　消声室与半消声室实测声压级与由反比定律计算得出的理论值的最大允差

测试室类型	1/3 倍频程频率/Hz	最大允许标准偏差/dB
消声室	≤630	±1.5
	800～5 000	±2.0
	6 300～10 000	±2.5
	≥10 000	±5.0
半消声室	≤630	±2.5
	800～5 000	±2.5
	6 300～10 000	±3.0
	≥10 000	±5.0

2.1.2　混响室

混响室由坚硬的墙、天花板和地板构成，这些表面均具有强反射特性. 混响室通常为不规则形状的房间或边长成调和级数比的矩形房间. 为保证室内声场的扩散，混响室的设计要求尽量加长空室的混响时间 T_{60}，其上限在高频段取决于空气的声吸收，在低频段取决于壁面的声吸收. 因此，混响室内的壁面大都采用反射系数很高的材料，如水磨石、磨光大理石等. 为了提高混响室内声场的扩散均匀性，可以在室内安装旋转扩散体，或在墙面上设置不同形状的扩散体. 在混响室可以测量声功率、材料的吸声系数、声音的传递损失等. 一间混响室作为声源室，一间消声室作为接收室，可用来测量墙壁、门窗或汽车前围板等结构的隔声特性.

关于混响室的最小容积与所使用的频率范围，国家标准《声学 声压法测定噪声源声功率级和声能量级混响室精密法》（GB/T 6881—2023）和有关计量校准规范均作出了规定，详见表 2-1-2.

表 2-1-2　混响室使用频率与其对应最小容积

测试室类型	最低的 1/3 倍频程中心频率/Hz	最小容积/m^3
混响室	100	200
	125	150
	160	100
	≥200	70

根据不同的用途和测试对象，混响室的鉴定以窄带噪声或离散频率进行测试. 国家标准《声学 声压法测定噪声源声功率级和声能量级 混响室精密法》（GB/T 6881－2023）中，对混响室内测试信号的频带和离散频率、声源特性要求、传声器的位置等均有规定，主要包括：

① 信号发生器输出粉红噪声信号，通过 1/3 倍频程滤波器变为窄带噪声激励声源，采用突然中断法进行混响时间测量.

② 声场鉴定测量中要求至少有 4 个传声器测量点，每两个测量点之间的距离大于所测频段最低中心频率波长的 1/2，并且远离声源和边界面.

③ 计算混响时间的衰变曲线应在稳态声压级以下 5～25 dB 范围内，取线段的平均斜率，其底端应比本底噪声至少高 15 dB，每个测量点取 3 次以上测量平均值给出混响时间.

④ 混响室内声压均匀性测量，使用宽带白噪声信号激励标准声源，在测量频率范围内选择 6 个传声器位置的 1/3 倍频带声压级，进行标准偏差的估计.

表 2-1-3 给出了混响室内实测声压级与由反比定律计算得出的理论值的最大允许标准偏差.

表 2-1-3　混响室内实测声压级与由反比定律计算得出的理论值的最大允许标准偏差

测试室类型	1/3 倍频程中心频率/Hz	最大允许标准偏差/dB
混响室	100～315	±3
	≥400	±1.5

从波动声学的理论可知，在测试中声源放在混响室内的墙角处的辐射阻最大，其辐射功率也最大. 同时，非单一频率声源放在墙角处可以激发室内更多的简正频率，使室内更接近扩散场，尤其是在低频段，还可以减少声场的起伏，这有利于材料吸声系数的测试. 而对于声功率的测量，放在墙角处的声源辐射的声功率较大，因此声源应该离开壁面一段距离，以减小测量误差.

2.2　声信号的分类

2.2.1　信号的分类

信号的分类方法有很多：按数学关系，可以分为确定性信号和非确定性信号（又称随机信号）；按取值特征，可以分为连续信号和离散信号；按能量功率，可以分为能量信号和功率信号；按分析、处理方法，可以分为时域信号和频域信号；按所具有的时间函数特性，可以分为时限信号和频限信号；按取值是否为实数，可以分为实信号和复信号；等等.

如图 2-2-1 所示，按数学关系，信号可以分为确定性信号和非确定性信号（随机信号），这是两类性质完全不同的信号，对它们的描述、分析和处理方法也不相同. 简单来说，可以用明确数学关系式描述的信号称为确定性信号，不能用数学关系式描述的信号称为随机信号.

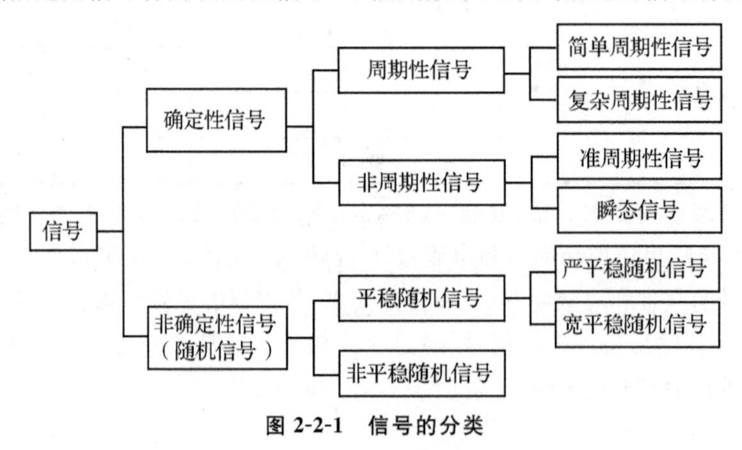

图 2-2-1　信号的分类

确定性信号又可以分为周期性信号和非周期性信号. 周期性信号是指经过一定时间可以重复出现的信号,还可以分为简单周期性信号和复杂周期性信号. 非周期性信号是指不会重复出现的信号,包括准周期性信号和瞬态信号:准周期性信号由多个周期性信号合成,但各信号的公共周期非有理数;瞬态信号是指持续时间有限的信号.

非确定性信号不能用数学关系式描述,其幅值、相位变化不可预知,它所描述的物理现象是一种随机的过程. 它可以分为平稳随机信号和非平稳随机信号,其中平稳随机信号还可以分为严平稳随机信号和宽平稳随机信号. 随机信号可以用统计的方法进行分析,可以通过均值、方差、概率密度、功率谱密度、自相关函数、互相关函数等特征量进行描述.

按取值特征,信号可以分为连续信号和离散信号. 连续信号是指在持续时间范围内所定义的信号,其幅值可以为连续值或离散值. 离散信号是指在连续信号上采样得到的信号,离散信号是一个序列,即其自变量是"离散"的,这个序列的每一个值都可以被看作是连续信号的一个采样,因此,离散信号又称抽样数据信号.

其他分类方法这里就不一一介绍了.

2.2.2 声学测量的常用信号

在声学测量中,根据不同的测试目的通常选用不同的测试信号,常用的声信号有以下几种:

1. 纯音信号

纯音信号是指时域波形为一简单正弦时间函数的声信号,从主观感觉上看是单一音调. 如图 2-2-2 所示,从频域上看,理想的纯音信号具有单一的谱线. 纯音信号可以用幅值、频率和相位进行描述,任何复杂的周期性信号都可在频域上分解为不同频率的纯音组合.

对于稳态声信号,通常只要求测量声压幅值及其频率响应. 与换能器有关的参数测量,如声功率、效率或指向性因数等一般由测出量导出. 因此,纯音信号是声学测量中使用较多的信号之一.

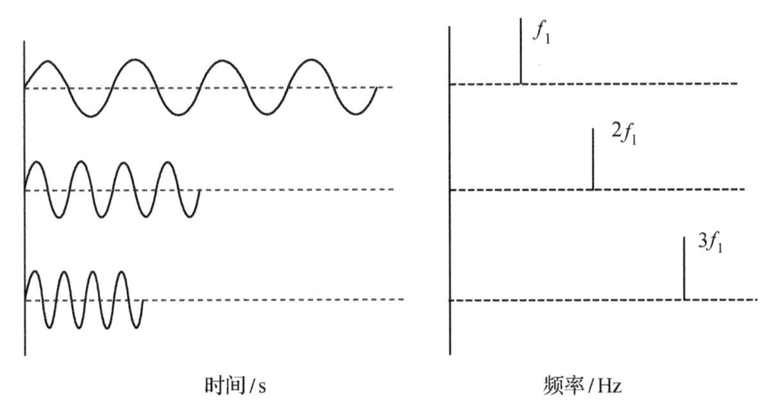

图 2-2-2 纯音信号的时域及频域波形

与纯音信号具有类似的音调感觉,但时程仅为数十至数百毫秒的纯音段,叫作短纯音信号. 短纯音信号具有一定的频率特征,同时又是一个短时程信号,常应用于听力学测试中,它能够引起听神经纤维的同步放电,常用于听觉诱发电位的叠加记录.

2. 啭音信号

啭音信号是指频率作正弦式调制的纯音信号. 啭音信号是一种以连续正弦信号频率 f_c 为中心频率,上下变动频率 Δf 的信号,它的频谱是离散的. 啭音信号主要用于混响时间的测量中,应用啭音信号可以减少驻波的产生,在室内激发更多的简正振动模态,使得室内混响声场较快地稳定均匀下来.

此外,啭音信号常用于听力测试中,主要为耳鸣患者及给对纯音不敏感的幼儿或老人测试听阈.

3. 猝发音信号

猝发音信号是一种脉冲正弦信号,也称正弦波列,即在一定持续时间内包含一定个数的正弦信号. 猝发音信号主要用于测试电声器件的瞬态失真及声学仪器检波指示器的特性等. 例如,对于声级计测量瞬态信号声级的性能要求,应用 4 kHz 的单个猝发音信号进行测试. 由于被测信号的不规则性,其指示声压一般为有效声压值.

4. 噪声信号

从主观需要的角度判断,一切不希望存在的干扰声都称为噪声. 从物理学角度看,一切不规则的或随机的声信号都称为噪声信号. 按照频谱特性,噪声可以分为窄带噪声、宽带噪声、白噪声、粉红噪声等.

声学测量中常用的噪声信号主要有白噪声信号和粉红噪声信号.

白噪声是指在较宽的频率范围内各等带宽的频带所含噪声能量相等的噪声,其频谱与白光的频谱分布类似,故名为白噪声. 采用等带宽的滤波通带,以对数分布的频率为横坐标,白噪声的频谱基本上呈水平线分布. 但若采用等比带宽的滤波通带,用对数分布的频率作为横坐标,这时白噪声的频谱分布基本上为每倍频程上升 3 dB 的斜线. 白噪声的概率密度函数可以具有各种分布形式,最常见的是具有高斯型概率密度分布的白噪声,简称为高斯白噪声.

粉红噪声是指在较宽的频率范围内各等比带宽所含能量相等的噪声. 由于低频成分的能量分布较多,类似于光学中的粉红色,故名为粉红噪声. 用对数分布的频率作为横坐标,粉红噪声的频谱分布基本上呈水平线分布. 但若采用等带宽的滤波通带为横坐标,则粉红噪声的频谱分布基本上为每倍频程下降 3 dB 的斜线.

在混响时间的测量中常用噪声信号,因为它的频带较宽,容易激发室内更多的简正波,使得声场更快更容易地趋于均匀,容易满足扩散声场的条件,减小测量误差.

2.3　声信号的采集与分析

2.3.1　声信号的采集

1. 数据采集

声学测量中通常把声音信号数字化,并在数字状态下进行传送、记录及处理等. 这些连续变化的声信号是模拟信号,数字化是指把这种模拟信号按一定的时间间隔取值,并将所取的值用一组二进制编码表示,从而将连续的模拟信号变换为离散的数字信号的操作过程. 数字信号可以实现很宽的动态范围,失真低,信噪比高,且能够经受很多代的复制与处理而不会明显地降低质量. 数字信号以其便于储存、传输、分析和处理的优势将声学测量带入了数字测量的新阶段. 随着声信号处理技术的发展,其算法越来越复杂,采用传统的模拟信号处理的办法来实现这些算法不仅难度大,成本高,且有的甚至根本无法实现.

数据采集是指将被测对象的各参量通过不同传感元件作适当的转换后,再经调制、采样、量化、编码、传输等步骤,最后送到控制器中进行数据处理或存储记录的过程. 控制器一般为计算机,作为数据采集系统的核心,它对整个系统进行控制,并对采样的数据进行加工处理.

数据采集系统主要有以下特点:

① 采集系统一般由计算机控制,使得数据采集的质量和效率等大为提高,同时也节省了硬件的投资成本.

② 软件在数据采集系统中的作用越来越大,增加了系统设计的灵活性.

③ 数据采集与数据处理相互结合,形成数据采集与处理系统,可实现从数据采集处理到控制的整体工作.

④ 数据采集过程一般都具有“实时”特性,实时的标准是能满足实际需要,对于通用数据采集系统一般希望有尽可能高的速度,以满足更多的应用环境.

⑤ 随着微电子技术的发展,电路集成度有所提高,数据采集系统的体积越来越小、可靠性越来越高.

2. 信号采样

信号采样的过程是把连续信号变成离散信号的过程. 采样的核心问题是采样频率的选择,这决定了采样后的信号准确度和是否失真. 采样过程可以看作是一个周期为 T 的单位脉冲信号 $\delta_T(t)$ 被输入信号 $x(t)$ 进行调制的过程. 周期性单位脉冲信号 $\delta_T(t)$ 的表达式为

$$\delta_T(t) = \sum_{n=-\infty}^{\infty} \delta_T(t - nT) \tag{2-3-1}$$

采样的过程如图 2-3-1 所示,采样后的信号 $x^*(t)$ 可以看作是原始信号 $x(t)$ 与脉冲信号 $\delta_T(t)$ 的乘积,即

$$x^*(t) = x(t) \cdot \sum_{n=-\infty}^{\infty} \delta_T(t - nT) = \sum_{n=-\infty}^{\infty} x(nt) \cdot \delta_T(t - nT) \tag{2-3-2}$$

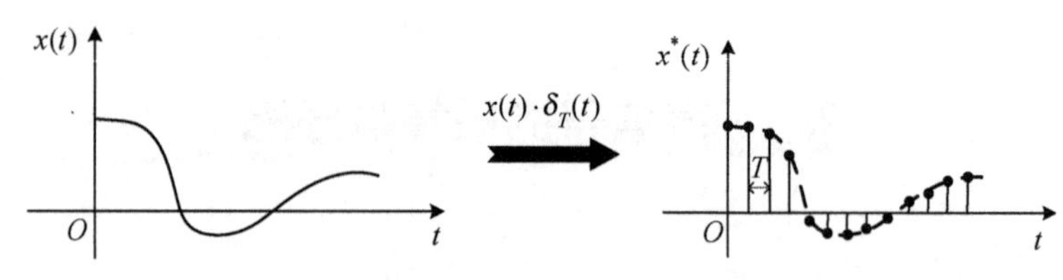

图 2-3-1　信号采样过程

信号采样的频谱中包含原信号频谱及经过平移的无限个原信号频谱，平移量为采样频率 f_s 及其各次倍频 nf_s. 如果保持原采样信号无失真，那么采样频率 f_s 与原信号最大频率 f_{max} 需要满足采样定理，其表达式为

$$f_s \geqslant 2f_{max} \tag{2-3-3}$$

如图 2-3-2 所示，如果 $f_s \geqslant 2f_{max}$，那么采样信号 $x^*(t)$ 中可以完全复现原始信号 $x(t)$；如果 $f_s < 2f_{max}$，那么将出现信号失真，平移信号的频谱与原信号的频谱产生部分重叠，即出现频率混叠现象.

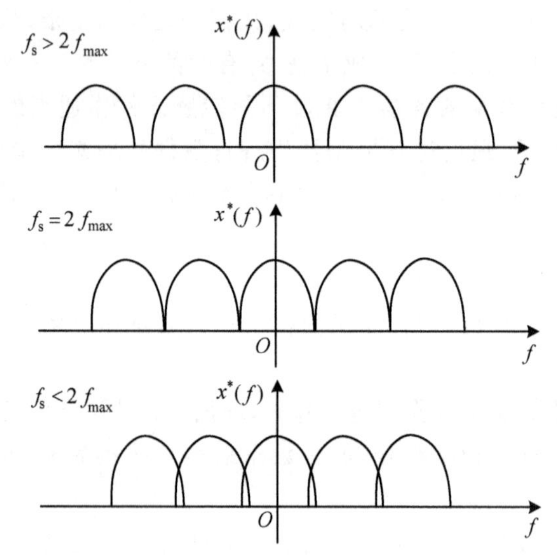

图 2-3-2　不同采样频率下的采样信号频谱

2.3.2　声信号的分析

声信号除了时域描述外，还有一个非常重要的频域描述，频域是描述信号在频率方面的特性时用到的一种坐标系. 如图 2-3-3 所示，以简单正弦信号为例：

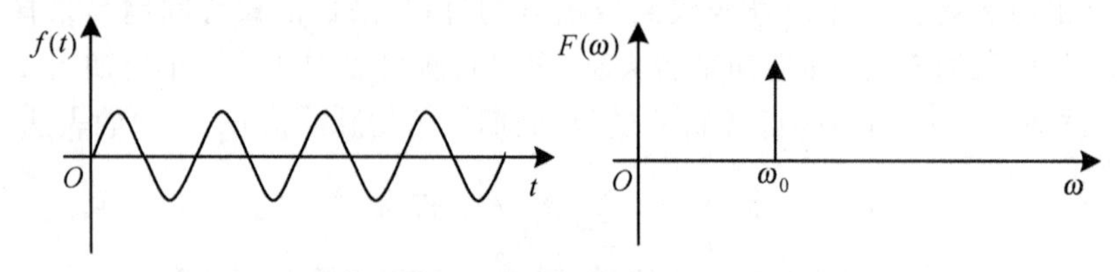

图 2-3-3　正弦信号的时域及频域描述

$$f(t) = \sin(\omega_0 t + \varphi) \tag{2-3-4}$$

其频域表达式为

$$F(\omega) = \delta(\omega - \omega_0) \tag{2-3-5}$$

对于任意一个周期性信号，都可以分解成许多正弦信号的叠加，所有的信号都可以用频谱来进行描述：

$$f(t)=A_1\sin(\omega_1 t+\varphi_1)+A_2\sin(\omega_2 t+\varphi_2)+\cdots+A_n\sin(\omega_n t+\varphi_n) \tag{2-3-6}$$

$$F(\omega)=A_1\delta(\omega-\omega_1)+A_2\delta(\omega-\omega_2)+\cdots+A_n\delta(\omega-\omega_n) \tag{2-3-7}$$

时域和频域是信号分析中最常用的两个概念.时域分析是以时间轴为坐标表示动态信号的关系，较为形象与直观；频域分析是把信号变为以频率为坐标轴表示出来，剖析问题更为深刻和方便.时域和频域在信号分析中是相辅相成、缺一不可的.傅里叶分析是贯穿时域与频域的方法之一，傅里叶分析可分为傅里叶级数(Fourier series)和傅里叶变换(Fourier transform).

1. 傅里叶级数

周期性信号可以看成是由许多幅值和初相位不同的正弦信号叠加合成的，其傅里叶级数被定义为

$$f(t)=\sum_{n=-\infty}^{\infty}F_n e^{j2\pi nt/T} \tag{2-3-8}$$

式中，T 为函数的周期，F_n 为傅里叶展开系数，其表达式为

$$F_n=\frac{1}{T}\int_{-T/2}^{T/2}f(t)e^{-j2\pi nt/T}dt \tag{2-3-9}$$

对于实值函数，展开后的傅里叶级数形式可以写成

$$f(t)=\frac{a_0}{2}+\sum_{n=1}^{\infty}\left[a_n\cos\left(\frac{2\pi nt}{T}\right)+b_n\sin\left(\frac{2\pi nt}{T}\right)\right] \tag{2-3-10}$$

式中，a_0 为函数的直流分量，a_n、b_n 为函数的实频率分量振幅.

为了更好地理解傅里叶级数，如图 2-3-4 所示，以矩形波为例，它可以由多个简单正弦波叠加得到，随着正弦波数量的增加，其曲线则更为接近矩形波.无穷多个正弦波的叠加，就可以形成标准的 90°角的矩形波.

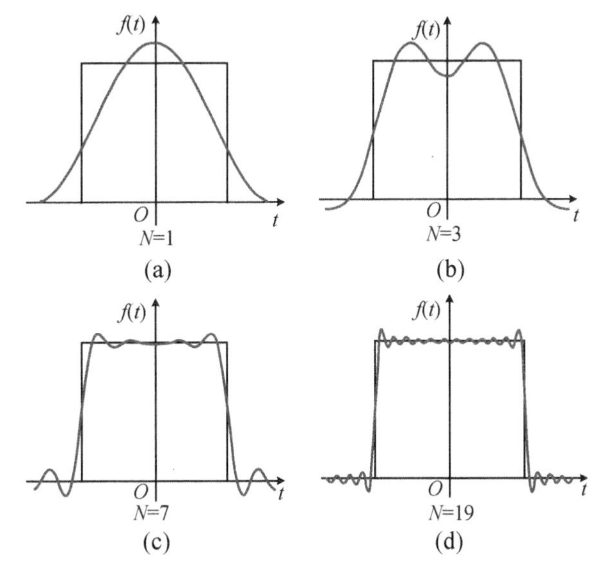

图 2-3-4　N 个正弦波叠加得到近似的矩形波

2. 傅里叶变换

傅里叶变换是一种分析信号的方法，它可分析信号的成分，也可用这些成分合成信号. 连续形式的傅里叶变换其实是傅里叶级数的推广和延伸. 傅里叶级数只适用于周期性信号，对于非周期性信号的频谱特性分析，就要用到傅里叶变换.

一般情况下，傅里叶变换如果未加限定语，则是指连续傅里叶变换. 非周期性信号可以看作不同频率的余弦分量叠加，其中频率分量可以是从 0 到无穷大的任意频率，而不是像傅里叶级数一样由离散的谐波分量组成. 将平方可积的函数 $f(t)$ 表示成复指数函数的积分形式：

$$f(t) = \frac{1}{2\pi}\int_{-\infty}^{\infty} F(\omega)\mathrm{e}^{\mathrm{j}\omega t}\,\mathrm{d}\omega \tag{2-3-11}$$

$$F(\omega) = \int_{-\infty}^{\infty} f(t)\mathrm{e}^{-\mathrm{j}\omega t}\,\mathrm{d}t \tag{2-3-12}$$

以上两式称为傅里叶变换对，其中，式(2-3-11)为傅里叶反变换式，式(2-3-12)为傅里叶变换式或称傅里叶积分.

以典型的非周期性信号——矩形脉冲信号为例，它的时域表达式为

$$f(t) = \begin{cases} 1, & |t| < \dfrac{\tau}{2} \\ 0, & |t| > \dfrac{\tau}{2} \end{cases} \tag{2-3-13}$$

它的傅里叶变换为

$$F(\omega) = \int_{-\tau/2}^{\tau/2} \mathrm{e}^{-\mathrm{j}\omega t}\,\mathrm{d}t = \tau\,\frac{\sin\left(\dfrac{\omega\tau}{2}\right)}{\dfrac{\omega\tau}{2}} = \tau Sa\left(\frac{\omega\tau}{2}\right) \tag{2-3-14}$$

图 2-3-5 给出的是矩形脉冲信号的时域波形及其傅里叶变换频谱图.

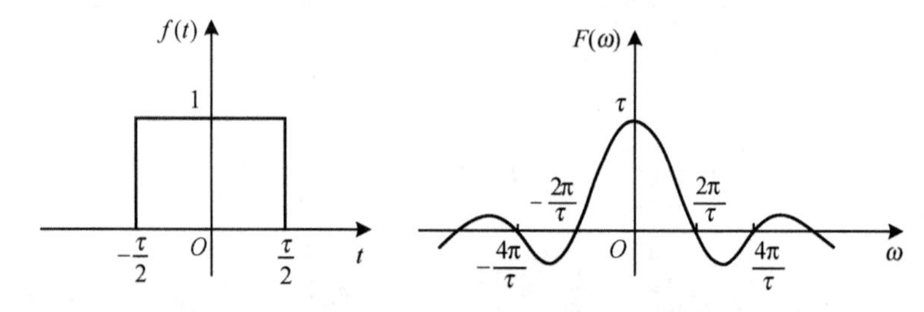

图 2-3-5　矩形脉冲信号的时域波形及其傅里叶变换

针对离散非周期性信号，需要用到的是离散时间傅里叶变换(discrete time Fourier transform，简称 DTFT). 作为傅里叶变换的一种，它是以离散时间作为变量的函数变换到连续的频域. 对于某一数列$\{x_n\}_{n=-\infty}^{\infty}$，其正变换及逆变换表达式分别为

$$X(\omega) = \sum_{n=-\infty}^{\infty} [x_n]\mathrm{e}^{-\mathrm{j}\omega n} \tag{2-3-15}$$

$$[x_n] = \frac{1}{2\pi}\int_{-\infty}^{\infty} X(\omega)\mathrm{e}^{\mathrm{j}\omega n}\,\mathrm{d}\omega \tag{2-3-16}$$

DTFT 在时域上离散，在频域上则是周期的，它一般用来对离散时间信号进行频谱分析.

离散傅里叶变换(discrete Fourier transform,简称 DFT),是傅里叶变换在时域和频域上都呈现离散的形式,将时域信号的采样变换为在离散时间傅里叶变换(DTFT)频域的采样.数列$\{x_n\}_{n=-\infty}^{\infty}$的 DFT 正变换及逆变换表达式分别为

$$X[k]=\sum_{n=0}^{N-1}[x(n)]\mathrm{e}^{-\mathrm{j}2\pi kn/N} \tag{2-3-17}$$

$$[x_n]=\frac{1}{N}\sum_{k=0}^{N-1}X[k]\mathrm{e}^{\mathrm{j}2\pi kn/N} \tag{2-3-18}$$

表 2-3-1 给出了不同信号形式所对应的傅里叶分析类型.

表 2-3-1 不同信号形式所对应的傅里叶分析类型

傅里叶分析类型	适用信号	信号举例
傅里叶变换	连续非周期性信号	
傅里叶级数	连续周期性信号	
离散时间傅里叶变换	离散非周期性信号	
离散傅里叶变换	离散周期性信号	

傅里叶变换有以下基本特性:

① 线性性质.

设 $\mathrm{FT}[f(t)]=F(\omega)$,$\mathrm{FT}[g(t)]=G(\omega)$,$\alpha$、$\beta$ 为常数,则有

$$\mathrm{FT}[\alpha f(t)+\beta g(t)]=\alpha F(\omega)+\beta G(\omega) \tag{2-3-19}$$

$$\mathrm{FT}^{-1}[\alpha F(\omega)+\beta G(\omega)]=\alpha f(t)+\beta g(t) \tag{2-3-20}$$

② 时移特性及频移特性.

设 $\mathrm{FT}[f(t)]=F(\omega)$,$t_0$、$\omega_0$ 为常数,则有

$$\mathrm{FT}[f(t-t_0)]=\mathrm{e}^{-\mathrm{j}\omega t}F(\omega) \tag{2-3-21}$$

$$\mathrm{FT}^{-1}[F(\omega-\omega_0)]=\mathrm{e}^{\mathrm{j}\omega_0 t}f(t) \tag{2-3-22}$$

对于离散傅里叶变换,则有

$$\mathrm{DFT}[x(n-n_0)]=W^{n_0k}X(k) \tag{2-3-23}$$

$$\mathrm{DFT}[x(n)W^{nk_0}]=X(k+k_0) \tag{2-3-24}$$

③ 相似性.

设 $\mathrm{FT}[f(t)]=F(\omega)$,$a$ 为非零常实数,则有

$$\mathrm{FT}[f(at)]=\frac{1}{|a|}F\left(\frac{\omega}{a}\right) \tag{2-3-25}$$

④ 对称性.

设 $\mathrm{FT}[f(t)]=F(\omega)$,则有

$$\mathrm{FT}[f(t)] = 2\pi f(-\omega) \tag{2-3-26}$$

⑤ 微分关系.

设 $\mathrm{FT}[f(t)]=F(\omega)$，只要函数可导，则有

$$\mathrm{FT}\left[\frac{\mathrm{d}^n f(t)}{\mathrm{d}t^n}\right] = (\mathrm{j}\omega)^n F(\omega) \tag{2-3-27}$$

$$\mathrm{FT}^{-1}\left[\frac{\mathrm{d}^n F(\omega)}{\mathrm{d}\omega^n}\right] = (-\mathrm{j}\omega)^n f(t) \tag{2-3-28}$$

⑥ Parsevel 定理.

设 $\mathrm{FT}[f(t)]=F(\omega)$，$\mathrm{FT}[g(t)]=G(\omega)$，则有

$$\int_{-\infty}^{\infty} f(t)\,\overline{g(t)}\,\mathrm{d}t = \frac{1}{2\pi}\int_{-\infty}^{\infty} F(\omega)\,\overline{G(\omega)}\,\mathrm{d}\omega \tag{2-3-29}$$

若取 $f(t)=g(t)$，则有

$$\int_{-\infty}^{\infty} |f(t)|^2\,\mathrm{d}t = \frac{1}{2\pi}\int_{-\infty}^{\infty} |F(\omega)|^2\,\mathrm{d}\omega \tag{2-3-30}$$

⑦ 卷积定理.

设 $\mathrm{FT}[f(t)]=F(\omega)$，$\mathrm{FT}[g(t)]=G(\omega)$，则有

$$\mathrm{FT}[f(t) * g(t)] = F(\omega)G(\omega) \tag{2-3-31}$$

$$\mathrm{FT}[f(t)g(t)] = \frac{1}{2\pi}F(\omega) * G(\omega) \tag{2-3-32}$$

3. 倍频程分析

倍频程，又叫倍波程，使频率 f 与基准频率 f_0 之比等于 2^n，称 f 为 f_0 的 n 次倍频程. 频谱横坐标非等间隔，而是等比间隔，通常按 $\frac{1}{n}$ 倍频进行增加. 可听声的频率范围为 20 Hz～20 kHz. 为了方便声信号的分析，通常把这个频段分为不同的段落，每个频带称为一个频程.

频程的划分采用恒定带宽比，即保持频带的上、下限之比为一常数. 若使每一频带的上限频率比下限频率高一倍，即频率之比为 2，那么每一个频程称 1 倍频程，简称倍频程. 若在一个倍频程的上、下限频率之间再插入 2 个频率，将一个倍频程划分为 3 个频程，则称这种频程为 1/3 倍频程.

设各个频带的下限频率为 f_1，上限频率为 f_2，中心频率为 f_0，对于倍频程，有如下关系：

$$\frac{f_2}{f_1} = 2,\quad f_1 = 2^{-1/2} f_0,\quad f_2 = 2^{1/2} f_0 \tag{2-3-33}$$

对于 1/3 倍频程，有

$$\frac{f_2}{f_1} = 2^{1/3} \approx 1.26,\quad f_1 = 2^{-1/6} f_0,\quad f_2 = 2^{1/6} f_0 \tag{2-3-34}$$

表 2-3-2 给出了 1/1 倍频程与 1/3 倍频程各频带内中心频率及上限、下限截止频率的对应关系. 可以看出，随着中心频率的增加，各倍频程和 1/3 倍频程的频带带宽增大，相应地，在频谱分析中表现为低频段内频率分辨率高，而高频段内频率分辨率低.

表 2-3-2　1/1 倍频程与 1/3 倍频程各频带内中心频率及上限、下限截止频率的对应关系

频带数	1/1 倍频程			1/3 倍频程		
	f_1/Hz	f_0/Hz	f_2/Hz	f_1/Hz	f_0/Hz	f_2/Hz
12	11.2	16	22.4	14.1	16	17.8
13				17.8	20	22.4
14				22.4	25	28.2
15	22.4	31.5	44.7	28.2	31.5	35.5
16				35.5	40	44.7
17				44.7	50	56.3
18	44.6	63	89.2	56.2	63	70.8
19				70.8	80	89.2
20				89.1	100	112.2
21	89.0	125	178.0	112.2	125	141.3
22				141.2	160	177.9
23				177.8	200	224.0
24	177.6	250	355.2	223.8	250	282.0
25				281.2	315	355.0
26				354.7	400	446.9
27	354.4	500	708.8	446.5	500	562.6
28				562.1	630	708.2
29				707.7	800	891.6
30	707.1	1 000	1 414.2	891.0	1 000	1 122.4
31				1 121.6	1 250	1 413.1
32				1 412.0	1 600	1 779.0
33	1 410.8	2 000	2 821.7	1 777.6	2 000	2 239.6
34				2 237.8	2 500	2 819.5
35				2 817.3	3 150	3 549.5
36	2 815.0	4 000	5 630.1	3 546.7	4 000	4 468.6
37				4 465.1	5 000	5 625.6
38				5 621.2	6 300	7 082.3
39	5 616.8	8 000	11 233.4	7 076.7	8 000	8 916.0
40				8 909.0	10 000	11 220.6
41				11 215.0	12 500	14 131.0
42	11 206.9	16 000	22 413.8	14 119.8	16 000	17 789.8
43				17 775.8	20 000	22 396.1

第3章 声学测量主要仪器及其使用

3.1 测量传声器

3.1.1 传声器的分类及工作原理

传声器也叫话筒或麦克风(microphone),是一种将声信号转换为电信号的换能器件.它位于拾取信号的最前端,其性能参数决定了声学测量的准确度.传声器的种类繁多,同时也有多种分类方式.传声器的主要分类方式如下:按结构原理,传声器可以分为电动式传声器、电容式传声器、驻极体式传声器和压电式传声器等;按传声方式,传声器可以分为有线传声器和无线传声器;按指向特性,传声器可以分为无指向性传声器、双向传声器和单向传声器;按接收原理,传声器可以分为声压式传声器、压差式传声器及声压与压差复合式传声器;按输出阻抗,传声器可以分为低阻抗传声器、高阻抗传声器.

下面介绍按照结构原理所分的主要传声器类型.

1. 电动式传声器

常见的电动式传声器中又可以分为动圈式传声器和带式传声器等.带式传声器是早期生产的性能较好的电动式传声器,但因其制造工艺和结构原因,一般价格较高.近年来由于动圈式传声器的性价比不断提高,可靠性也较好,它已成为主流电动式传声器产品.

动圈式传声器采用了最基本的电磁换能原理.如图 3-1-1 所示,传声器上的振膜在外界声信号的作用下产生振动,带动粘贴在其上的音圈运动,使音圈在磁场中切割磁力线,从而在其两端产生感应电压.电压的大小及变化分别与振膜的振动幅度和频率有关,即与接收到的声信号特性有关,从而实现了声电转换.

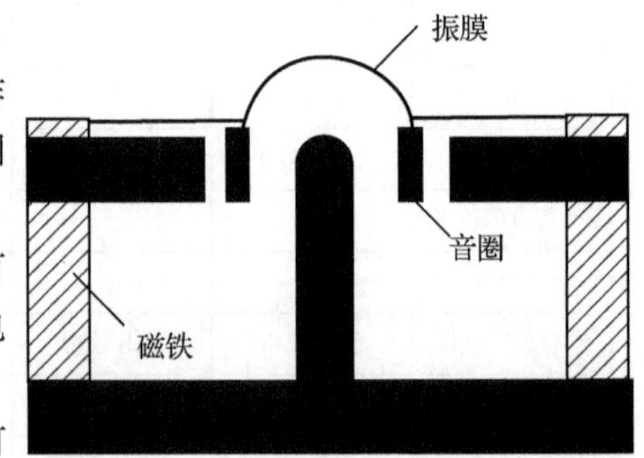

图 3-1-1 动圈式传声器的结构简图

动圈式传声器的优点是结构简单,性能稳定可靠,固有噪声较低,使用方便且不容易损坏;缺点是灵敏度较低,容易产生磁感应噪声,其频响和音质比电容式传声器差.

2. 电容式传声器

电容式传声器的结构简图如图 3-1-2 所示，振膜和后极板形成电容，对外界声信号的接收使其电容量发生变化，从而起到换能作用. 当声信号作用于传声器时，振膜发生相应的振动，这改变了振膜与后极板之间的距离，使得电容量发生变化，电容存储的电荷量也随之发生变化，在负荷电阻两端获得一个随声压变化的交流电压，从而实现声电转换. 电容式传声器的静电容容量较小(<100 pF)，在音频范围内的输出阻抗很高，不能直接输出，因此在使用电容式传声器时会配置一个前置放大器进行阻抗变换，使高阻改变成低阻后再行输出，同时也可以预放大输出信号.

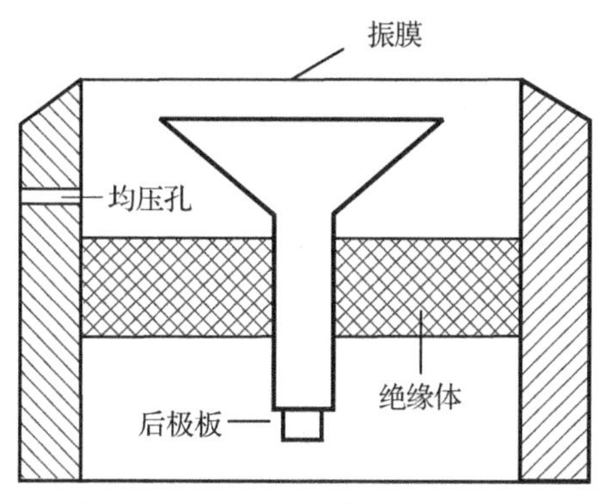

图 3-1-2 电容式传声器的结构简图

电容式传声器的优点是灵敏度高，频带响应好且动态范围大，固有噪声水平低，失真小，是一种性能非常优良的传声器，也是声学测量中被广泛使用的传声器；缺点是价格较高，容易损坏.

3. 驻极体式传声器

驻极体式传声器实际上也是电容式传声器的一种，也叫驻极体式电容传声器. 如图 3-1-3 所示，驻极体式传声器是利用驻极体作为振膜和后极板的传声器. 驻极体是在强电场作用下能获得永久性电极的电介质，在驻极体的两面“永久”存在正负电荷. 为了进行阻抗变换，驻极体式传声器内一般都装有一个场效应管. 正电荷通过场效应管的输入电阻加到振膜上，使传声器头加上了极化电压，在有声信号输入时，传声器就可输出声频电信号，从而实现声电转换.

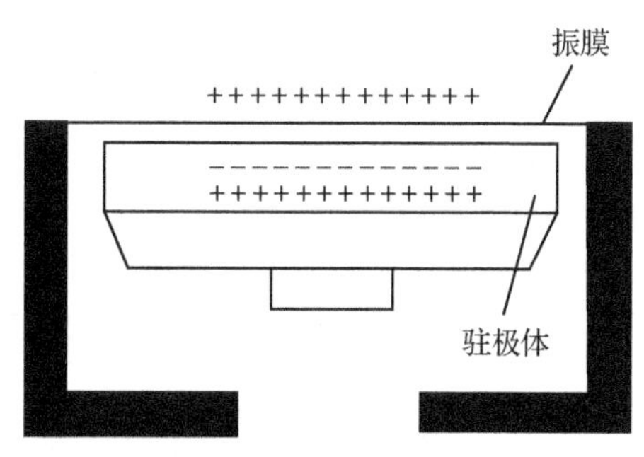

图 3-1-3 驻极体式传声器的结构简图

驻极体式传声器的优点是结构简单，电声性能较好，使用方便灵活，抗振能力强，频响曲线平直等;缺点是材料与加工成本较高,灵敏度受限.

4. 压电式传声器

压电式传声器属于静电传声器,它是利用晶体或压电陶瓷片的压电效应制成的.压电传声器通常采用轻而刚性较强的振膜,振膜的中心通过连杆结构与双压电晶片的中心相连接.当双压电晶片受声波振动时,其两电极间即会产生音频输出电压,从而实现声电转换.

压电式传声器的优点是灵敏度和输出阻抗高,制作成本低;缺点是温度、湿度稳定性差,频率响应不够平坦.

3.1.2 测量传声器的主要技术指标

声学测量中主要使用的是电容式传声器,描述电容式传声器电声性能的主要技术指标包括灵敏度(级)、频率响应、输出阻抗、指向性、固有噪声引起的等效噪声级、前置放大器过载输出电压的最大声压级等.

1. 灵敏度(级)

传声器的灵敏度是指传声器输出的开路电压与作用在其膜片上的声压之比.一般传声器的灵敏度与传声器输出阻抗的高低成正比.因此,电容式传声器和驻极体式传声器的灵敏度一般都要比动圈式传声器的灵敏度高一些.灵敏度依据测试情况不同,分为自由场灵敏度、扩散场灵敏度和声压灵敏度等.

(1) 自由场灵敏度

自由场灵敏度 M_f 是指对给定频率的正弦声波,传声器的开路输出电压 e 与传声器放入声场前传声器声中心(或特定参考点)位置上的自由场声压 p_f 之比.自由场灵敏度 M_f 的数学表达式为

$$M_f = \frac{e}{p_f} \tag{3-1-1}$$

灵敏度是一复数参量,其大小可用模量表示,单位为 $V \cdot Pa^{-1}$.一般灵敏度是指它的模量.传声器的灵敏度通常用灵敏度级来表示,灵敏度级是传声器灵敏度的模量与参考灵敏度 M_r 之比.自由场灵敏度级的数学表达式为

$$L_{M_f} = 20\lg\left(\frac{M_f}{M_r}\right) \tag{3-1-2}$$

传声器的自由场灵敏度受声波入射角的影响,当入射角为零时,其灵敏度称为轴向灵敏度.一般用传声器的轴向灵敏度来表示传声器的灵敏度特性,为了方便起见,“轴向”二字常略去.另外,传声器的声中心位置与传声器膜片几何中心通常有一定偏差,一般测量时测试距离较大且精度要求不高,这时声中心位置的精度对测量结果的影响不大.但在传声器灵敏度的校准过程中,由于间距取得较小且精度要求高,因此要严格考虑声中心的准确位置.

(2) 扩散场灵敏度

扩散场灵敏度 M_d 是指对给定频率的正弦声波,传声器的开路输出电压 e 与传声器放入声场前传声器声中心(或特定参考点)位置上的扩散场声压 p_d 之比.扩散场灵敏度与扩散场灵敏度级的数学表达式为

$$M_d = \frac{e}{p_d} \tag{3-1-3}$$

$$L_{M_d} = 20\lg\left(\frac{M_d}{M_r}\right) \tag{3-1-4}$$

(3) 声压灵敏度

声压灵敏度 M_p 是指对给定频率的正弦声波，传声器的开路输出电压 e 与均匀作用在传声器膜片表面上的声压 p_p 之比. 声压灵敏度与声压场灵敏度级的表达式为

$$M_p = \frac{e}{p_p} \tag{3-1-5}$$

$$L_{M_p} = 20\lg\left(\frac{M_p}{M_r}\right) \tag{3-1-6}$$

2. **频率响应**

频率响应是传声器的重要技术指标，表示传声器能拾取音频信号的频率范围. 一般来说，频率响应越平直越宽的传声器，其性能就越好. 通常情况下，传声器的频率响应可以用给定频率范围内的不均匀度或在一定的不均匀度内的有效频率范围来进行表述，最直观的是用频率响应曲线来表述，简称频响曲线.

灵敏度频响曲线是描述传声器灵敏度与频率之间的关系曲线. 设传声器放入前，自由场声压为 p_f，传声器放入后由于声波的散射作用，实际作用于传声器膜片上的声压 $p_p > p_f$. 因此，对于同一传声器，它的自由场灵敏度 $M_f > M_p$，且随频率变大，其差值变大. 对同一电容式传声器，其自由场灵敏度、扩散场灵敏度及声压灵敏度的频响曲线如图 3-1-4 所示，由于声散射的影响随频率增大而增加，它们的频响曲线在高频段差别较大.

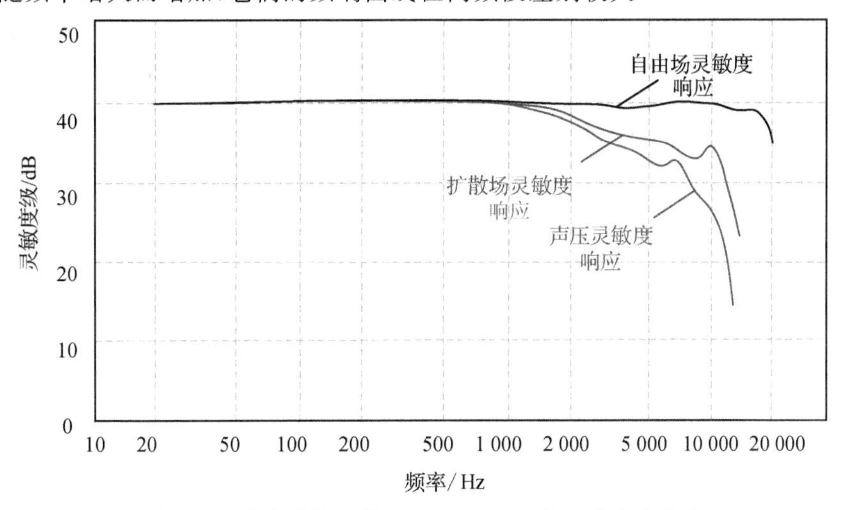

图 3-1-4 电容式传声器(ϕ23.77 mm)灵敏度的频响曲线

频率响应的测试原理如图 3-1-5 所示，标准传声器即测试电容式传声器，由它来控制声压并通过测量放大器馈给声频信号发生器，保证在整个测试频率范围内使声压保持恒定. 测试一般在消声室内进行，在整个测试频率范围内，输入声源的功率应能使声压保持恒定，测试结果用电平记录仪记录，得到的便是频率响应曲线.

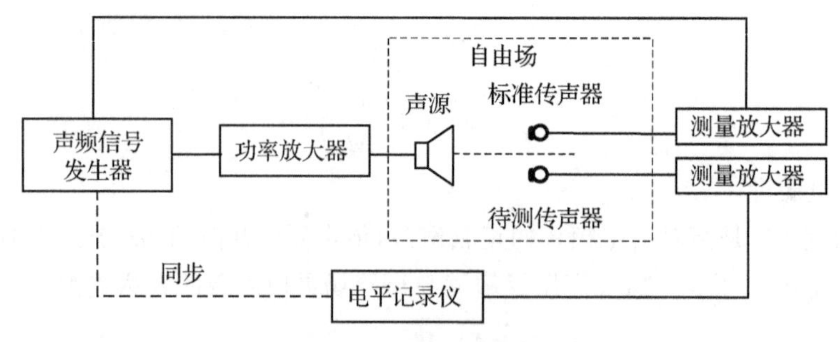

图 3-1-5　频率响应的测试原理

3. **输出阻抗**

传声器的输出阻抗是指从传声器输出端测得的内阻抗的模值，简称传声器阻抗. 一般测量 1 kHz 频率下传声器输出端的交流阻抗为其输出阻抗. 电容式传声器的输出阻抗应该与前置放大器的输入阻抗相匹配，一般要求前置放大器的输入阻抗为电容式传声器输出阻抗的 5 倍以上.

传声器阻抗可分为高阻抗和低阻抗两类，高阻传声器的输出阻抗一般为几千欧至十几千欧，低阻传声器的输出阻抗一般为 100～600 Ω，有的传声器可用开关转换高阻抗和低阻抗两种输出阻抗模式. 低阻传声器适合较远距离传送，这是因为当电缆较长时，传声器电缆的分布电容较大. 高阻传声器的高频信号衰减大，影响其高频段频响，同样长度的电缆，配接低阻传声器时高频信号的衰减减少，对其高频段影响也相应减小. 目前，电容式传声器的输出阻抗一般低于 200 Ω.

输出阻抗的测量方法主要有两种：

① 电测法(代替法). 如图 3-1-6 所示，传声器两端所加电压不能大于传声器过载声压级的输出电压，频率设定为 1 000 Hz. 由声频信号发生器和电阻 R 构成的高阻抗源以恒定电流通过传声器，注意电阻 R 的阻值至少是待测传声器输出阻抗的 10 倍，转换开关 S 的位置，调整电阻箱的阻值，使 A、B 两处电压相等，此时电阻箱的阻值即为传声器的输出阻抗的模值.

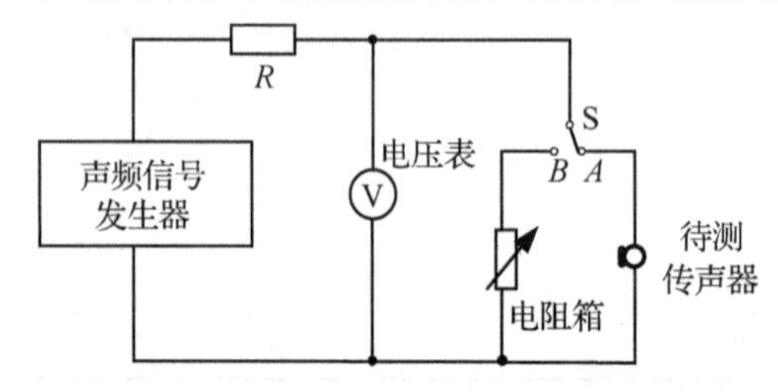

图 3-1-6　电测法测量传声器输出阻抗原理图

② 声测法. 将频率为 1 000 Hz 的信号加载到传声器上，测量其开路输出电压. 保持声压不变，在传声器输出端并联一电阻箱，调整其阻值，使输出电压为开路输出电压的一半，此时电阻箱的阻值即为传声器的输出阻抗的模值.

4. **指向性**

传声器的指向性是指随声波入射方向变化而变化的传声器的灵敏度和频响特性，它反映了传声器声源不同入射角与灵敏度的关系. 一般情况下，传声器的指向性可以用灵敏度指向性图来进行描述. 如图 3-1-7 所示，传声器按照指向性图可分为以下几类：① 无指向性传声器，也称全指向性传声器，它对于几乎所有方向传来的声信号灵敏度大致相同，但对于来自传声器后面的声信号灵敏度略有降低；② 双指向性传声器，俗称 8 字形指向性传声器，对正面入射声信号和背面入射声信号所呈现的灵敏度基本相同，对两侧入射声波的灵敏度则较低；③ 心形指向性传声器，也叫单指向性传声器，它的灵敏度在正前方很高，两侧略有降低，对后面来的声信号灵敏度则近似为零；④ 超心形指向性和超指向性传声器，其特性介于上述三种指向性传声器之间.

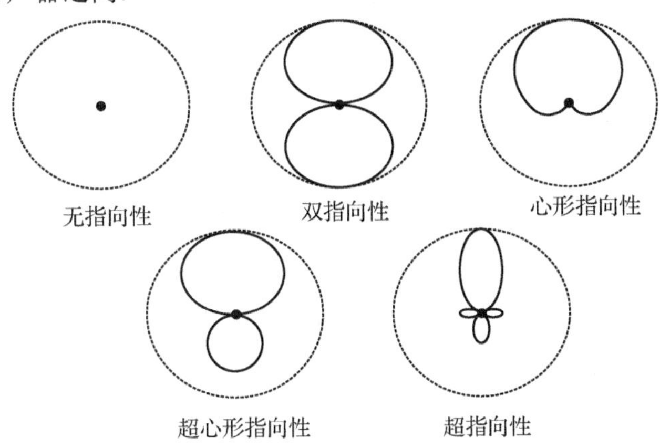

图 3-1-7　不同类型传声器典型灵敏度指向性图

传声器指向性测量原理图如图 3-1-8 所示，输入被测传声器的信号频率分别为 63 Hz、125 Hz、250 Hz、500 Hz、1 000 Hz、2 000 Hz、4 000 Hz、8 000 Hz 和 16 000 Hz. 根据传声器的不同要求，可以选用不同的频率进行测量. 对于电容式传声器，上述 9 个频率都要进行测量，对于一般传声器，可选其中 5 个或 7 个频率进行测量.

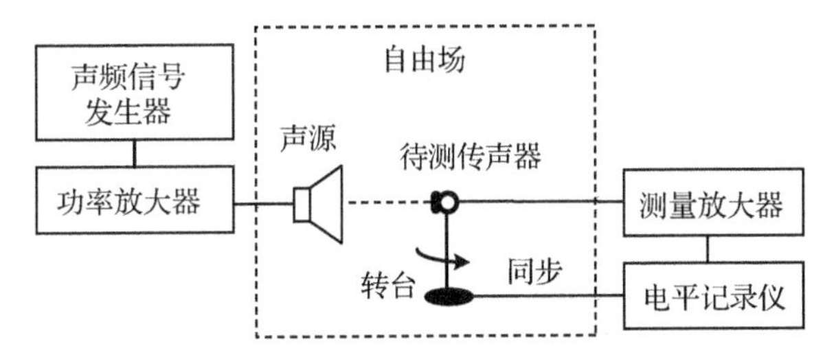

图 3-1-8　传声器指向性测量原理图

除了指向性图，传声器的指向性还可以用指向性频率特性的方法来表示. 除测量正向(0°)的频响曲线外，对心形指向性传声器，还要测量反向(180°)的频响曲线；对于双指向性传声器，还须测量 90°和 180°处的频响曲线；对于超心形指向性传声器，一般要加测 90°和 135°处的频响曲线；对于超指向性传声器，则加测 60°处的频响曲线.

5. **噪声级**

传声器的输出噪声有不同成因，如固有噪声、磁感应噪声、风噪声等. 对于电容式传声器来说，等效噪声级是一个非常重要的技术指标，它反应了电容式传声器固有噪声的大小. 在无声音作用在传声器的情况下，传声器的输出电压为传声器的固有噪声电压，通常由传声器内部的电路噪声及导线中的分子热运动产生. 这种固有噪声电压可以看作是由能产生相同输出电压的外部声压级引起的，因此称为等效噪声级.

测量电容式传声器的等效噪声级时，应把传声器放在一个高度隔声、减震和防电磁感应的容器中(如消声室内). 测量其固有噪声引起的噪声输出电压，一般用A计权测量. 首先求出固有噪声电压与额定自由场灵敏度之比，由此来计算其额定等效声压. 等效噪声级是额定等效声压与基准声压(2×10^{-5} Pa)之比，单位为 dB. 例如，电容式传声器的额定自由场灵敏度为 12 mV/Pa，固有噪声电压为 2.4 μV，那么其额定等效声压为 2×10^{-4} Pa，该传声器的等效噪声级即为 20 dB. 质量较好的电容式传声器的等效噪声级一般不大于 20 dB.

6. **最大声压级**

电容式传声器前置放大器谐波失真系数不超过规定值的最大输出电压所对应的声压级称为最大声压级. 电容式传声器因为极头的电容量很小，内阻抗较大，须利用阻抗变换器将阻抗变小才能取到它的端电压. 通常阻抗变换器在 1 000 Hz 时失真系数要控制在 1%以下. 测量最大声压级时，电容传声器极头的静态电容用一等效电容替代，测量频率至少应包括有效频带的上、下限频率及 1 000 Hz，计算开路输出电压与传声器额定自由场灵敏度之比所对应的声压级，即为最大声压级.

3.1.3 测量传声器的校准

测量传声器的校准在声学测量中占据着重要的地位，对测量准确度起到决定性影响. 传声器灵敏度的常用校准方法主要有：自由场互易法、耦合腔互易法、活塞发生器法和声级校准器法等. 其中，自由场互易法主要用来校准传声器的自由场灵敏度，耦合腔互易法主要用来校准传声器的声压灵敏度. 由于耦合腔互易法具有较高的准确度，也被国际标准组织建议作为传声器绝对校准的标准方法. 活塞发生器法和声级校准器法均属于声校准法，由于使用方便，一般为现场校准的方法，其校准准确度相对较低.

根据工作用途和对准确度的需求，测量传声器可分为以下三类：

① 实验室标准传声器(LS)，又称基准传声器，一般用互易法校准测量. 在 20 Hz～2 kHz 频段，不确定度为 0.05～0.1 dB；在 1 Hz～20 kHz 频段，不确定度为 1 dB.

② 工作标准传声器(WS)，通常用作次级标准，一般用比较法或互易法校准测量. 在 20 Hz～2 kHz 频段，不确定度为 0.1～0.2 dB；在 1 Hz～20 kHz 频段，不确定度为 0.4～0.5 dB.

③ 测试工作传声器，即普通传声器，可用于不同类别空气声学测量中，一般用比较法或声校准法校准. 在 20 Hz～20 kHz 频段，不确定度为 0.3～1 dB.

1. **自由场互易法**

自由场互易法主要用来校准传声器的自由场灵敏度，其检定步骤及原理如图 3-1-9 所示.

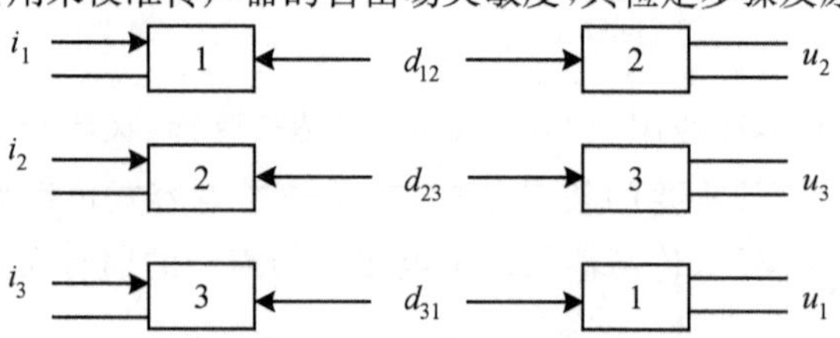

图 3-1-9 三只互易传声器自由场互易法校准原理图

将三只互易传声器(其中至少有一只自由场灵敏度已知的实验室标准传声器用作参考传声器)按图 3-1-9 所示两两交替置于自由声场中进行声耦合.具体步骤如下：

① 将传声器 1、2 相对放置于自由声场中，参考轴在同一直线上.两传声器声中心间距为 d_{12}，送入电流 i_1 给传声器 1，测量距离 d_{12} 处传声器 2 的开路电压 u_2.

② 将传声器 2、3 相对放置于自由声场中，参考轴在同一直线上.两传声器声中心间距为 d_{23}，送入电流 i_2 给传声器 3，测量距离 d_{23} 处传声器 3 的开路电压 u_3.

③ 将传声器 3、1 相对放置于自由声场中，参考轴在同一直线上.两传声器声中心间距为 d_{31}，送入电流 i_3 给传声器 1，测量距离 d_{31} 处传声器 1 的开路电压 u_1.

根据互易原理和公式推导，传声器 1、2、3 的平面自由场灵敏度分别为

$$M_{f,1}=\left(\frac{2}{\rho_0 f}\,\frac{d_{12}d_{31}}{d_{23}}\,\frac{Z_{e,12}Z_{e,31}}{Z_{e,23}}\,e^{\alpha(d_{12}+d_{31}-d_{23})}\right)^{1/2}\tag{3-1-7}$$

$$M_{f,2}=\left(\frac{2}{\rho_0 f}\,\frac{d_{12}d_{23}}{d_{31}}\,\frac{Z_{e,12}Z_{e,23}}{Z_{e,31}}\,e^{\alpha(d_{12}+d_{23}-d_{31})}\right)^{1/2}\tag{3-1-8}$$

$$M_{f,3}=\left(\frac{2}{\rho_0 f}\,\frac{d_{23}d_{31}}{d_{12}}\,\frac{Z_{e,23}Z_{e,31}}{Z_{e,12}}\,e^{\alpha(d_{23}+d_{31}-d_{12})}\right)^{1/2}\tag{3-1-9}$$

式中，$Z_{e,12}=\dfrac{u_2}{i_1}$，$Z_{e,23}=\dfrac{u_3}{i_2}$，$Z_{e,31}=\dfrac{u_1}{i_3}$，为电转移阻抗；$\rho_0$ 为空气密度；f 为频率；α 为空气衰减系数.

传声器的自由场灵敏度可通过测量以上公式中的参量后计算得到.其中，电转移阻抗可利用插入电压技术(插入电阻或电容)进行测量.

利用插入电压技术测量电转移阻抗的原理图如图 3-1-10 所示，测量前将声学测试系统按规定时间预热，调节支架系统在水平和垂直方向的偏离，使其小于 3 mm.具体测量步骤如下：

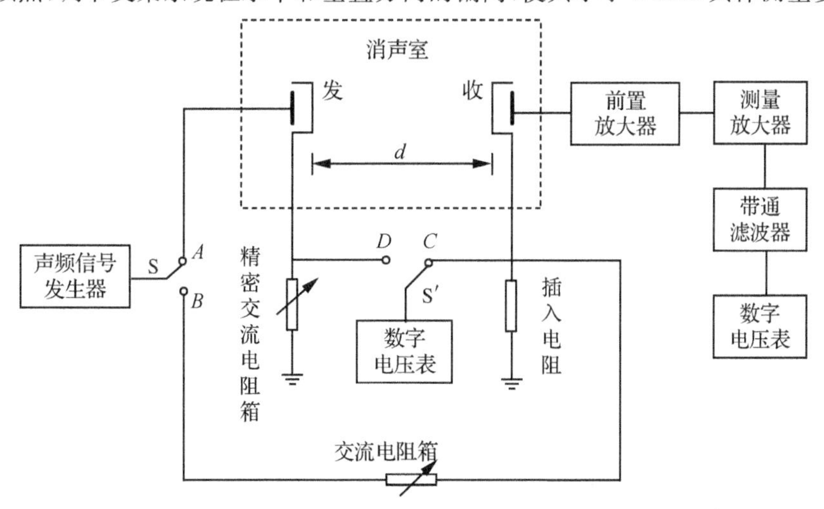

图 3-1-10　电转移阻抗测量原理图

① 首先将分别作发送和接收的传声器 1 和 2 安装在支架上，精确测量两传声器的声中心的距离 d_{12}.

② 将开关 S 接到 A，当待校准频率由声频信号发生器供给发送传声器一定电压时，读取接收传声器在数字电压表上的示值 V_1，注意传声器发送信号的失真度要小于 10%.

③ 保持声频信号发生器输出电压不变，再将开关 K 接到 B，调节交流变阻箱，使数字电压表上的示值与 V_1 相同，此时将开关 S′接到 C，在电压表上得到示值 V_2.

④ 将开关 S 接到 A，开关 S′接到 D，调节精密交流电阻箱，使电压表上的示值与 V_2 相同，这时精密交流电阻箱上的示值 R_{12} 为

$$R_{12}=\frac{u_2}{i_1}=Z_{e,12} \tag{3-1-10}$$

交换传声器，重复以上步骤，可得

$$R_{31}=\frac{u_1}{i_3}=Z_{e,31} \tag{3-1-11}$$

$$R_{23}=\frac{u_3}{i_2}=Z_{e,23} \tag{3-1-12}$$

测出三个电转移阻抗 $Z_{e,12}$、$Z_{e,23}$、$Z_{e,31}$ 后，在 $d_{23}=d_{31}=d_{12}=d$ 的情况下，可依据以下公式计算三只传声器在频率为 f 时的自由场灵敏度级：

$$L_{f,1}=10\lg\frac{2d}{\rho_0 f}+10\lg Z_{e,12}+10\lg Z_{e,31}-10\lg Z_{e,23}+\frac{1}{2}\Delta_a d \tag{3-1-13}$$

$$L_{f,2}=10\lg\frac{2d}{\rho_0 f}+10\lg Z_{e,23}+10\lg Z_{e,12}-10\lg Z_{e,31}+\frac{1}{2}\Delta_a d \tag{3-1-14}$$

$$L_{f,3}=10\lg\frac{2d}{\rho_0 f}+10\lg Z_{e,31}+10\lg Z_{e,23}-10\lg Z_{e,12}+\frac{1}{2}\Delta_a d \tag{3-1-15}$$

式中，$\Delta_a=8.686\alpha$，是空气衰减系数，可通过查表或公式计算得到. 表 3-1-1 给出了实验室一般环境条件下自由场互易校准的声压空气衰减系数 Δ_a 的数值，单位为 dB/m.

表 3-1-1 声压空气衰减系数(dB/m)

$p_0=101\ 325$ kPa

f/kHz	$H(T=21℃)$			$H(T=23℃)$			$H(T=25℃)$		
	25%	50%	80%	25%	50%	80%	25%	50%	80%
1.0	0.005 4	0.004 8	0.005 4	0.005 4	0.005 2	0.005 9	0.005 4	0.005 7	0.006 3
1.25	0.007 5	0.005 9	0.006 3	0.007 2	0.006 2	0.006 9	0.007 0	0.006 7	0.007 6
1.6	0.011 1	0.007 5	0.007 7	0.010 4	0.007 8	0.008 3	0.009 9	0.008 2	0.009 1
2.0	0.016 2	0.009 9	0.009 3	0.014 9	0.009 9	0.009 9	0.014 0	0.010 2	0.010 7
2.5	0.024 0	0.013 4	0.011 6	0.022 0	0.013 2	0.012 1	0.020 3	0.013 2	0.012 9
3.15	0.036 5	0.019 2	0.015 3	0.033 2	0.018 4	0.015 5	0.030 4	0.018 0	0.016 1
4.0	0.056 5	0.028 7	0.021 2	0.051 4	0.027 1	0.021 0	0.046 9	0.025 9	0.021 2
5.0	0.084 6	0.042 6	0.029 9	0.077 3	0.039 7	0.029 1	0.070 6	0.037 4	0.028 7
6.3	0.126 7	0.064 9	0.044 1	0.117 0	0.060 1	0.042 1	0.107 6	0.056 1	0.040 7
8.0	0.188 2	0.101 0	0.067 3	0.176 7	0.093 3	0.063 5	0.164 5	0.086 6	0.060 5
10.0	0.264 3	0.152 7	0.101 3	0.253 9	0.141 1	0.094 9	0.240 5	0.130 8	0.089 6
12.5	0.357 8	0.229 2	0.153 5	0.353 7	0.213 1	0.143 4	0.342 9	0.198 0	0.134 7
16.0	0.477 1	0.354 1	0.243 5	0.488 5	0.332 7	0.227 5	0.488 9	0.311 5	0.213 2

续表

f/kHz	$H(T=21℃)$			$H(T=23℃)$			$H(T=25℃)$		
	25%	50%	80%	25%	50%	80%	25%	50%	80%
20.0	0.592 9	0.513 9	0.368 2	0.626 6	0.490 1	0.345 2	0.646 8	0.464 1	0.324 0
25.0	0.712 3	0.725 6	0.551 4	0.773 7	0.706 1	0.520 7	0.822 4	0.679 4	0.491 0
31.5	0.842 1	1.001 9	0.824 4	0.933 2	0.999 8	0.787 6	1.016 6	0.982 8	0.749 1
40.0	0.994 7	1.344 5	1.219 1	1.113 6	1.379 5	1.184 7	1.232 6	1.391 5	1.141 9
50.0	1.175 8	1.713 5	1.708 3	1.315 7	1.800 7	1.693 0	1.463 6	1.861 2	1.659 4

引入的参考传声器灵敏度级的计算结果与标准值之差应小于等于其测量结果不确定度0.2 dB，若满足，则测量数据有效；否则，测量数据无效，需重新测量. 同时应考虑被检传声器是否完全具备互易特性.

此外，在自由场互易法的应用过程中应特别注意传声器声中心位置的确定，避免测量误差. 根据声中心的定义，它取决于方位、频率及观测点到换能器的距离. 对于足够远的观测点，膜片的几何中心即可作为声中心. 但在互易校准中，一般校准距离为150～600 mm，这种情况下应利用图3-1-11和表3-1-2提供的数据(应用于LS1P传声器). 数据表明在传声器参考主轴上，声中心的位置是频率的函数. 以膜片的几何中心为参考，正号表示声中心位于膜片的前方. 图表中的数据的不确定度在传声器共振频率以下小于2 mm.

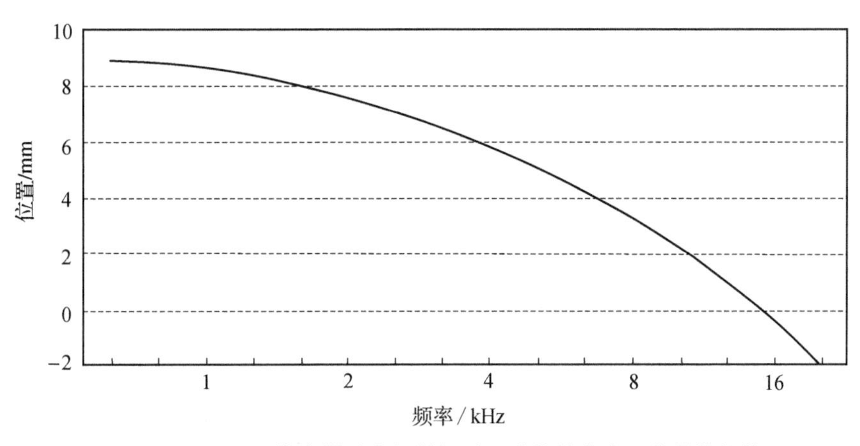

图3-1-11　LS1P传声器垂直入射相对于膜片的声中心位置估评值

表3-1-2　LS1P传声器垂直入射相对于膜片的声中心位置估评值

频率/kHz	0.63	0.8	1.0	1.25	1.6	2.0	2.5	3.15
声中心位置/mm	9.0	8.9	8.7	8.4	8.0	7.5	7.0	6.4
频率/kHz	4.0	5.0	6.3	8.0	10.0	12.5	16.0	20.0
声中心位置/mm	5.7	5.0	4.2	3.3	2.2	0.9	−0.4	−1.9

2. 耦合腔互易法

耦合腔互易法主要用来校准传声器的声压灵敏度，主要包括两种校准方法：① 三传声器法，即测量采用三个实验室标准传声器，其类型必须相同，其中至少有一个为参考用实验室标准传声器;②辅助声源法,即在耦合腔内利用辅助声源建立一个恒稳的声压,那么两个传声器输出电压之比等于在声压相同情况下两传声器声压灵敏度之比.

根据被检实验室标准传声器的类型和所需频率范围,按表 3-1-3 选择平面波耦合腔.

表 3-1-3 检定用平面波耦合腔

实验室标准传声器	LS1P		LS2P	
适用的平面波耦合腔	长腔 5 cm^3	短腔 3 cm^3	长腔 0.7 cm^3	短腔 0.4 cm^3
测量的频率范围	20 Hz～7 kHz	20 Hz～12.5 kHz	20 Hz～13 kHz	20 Hz～25 kHz

三传声器法校准声压灵敏度的步骤及原理如图 3-1-12 所示,具体步骤如下:

① 将传声器 1、2 放入耦合腔,传声器 1 用作声波发射器,传声器 2 用作接收器. 测量出传声器 1 的驱动电流 i_1 和传声器 2 的开路电压 u_2.

② 将传声器 1、3 放入耦合腔,传声器 1 用作声波发射器,传声器 3 用作接收器. 测量出传声器 1 的驱动电流 i_1 和传声器 3 的开路电压 u_3.

③ 将传声器 2、3 放入耦合腔,传声器 2 用作声波发射器,传声器 3 用作接收器. 测量出传声器 2 的驱动电流 i_2 和传声器 3 的开路电压 u_3.

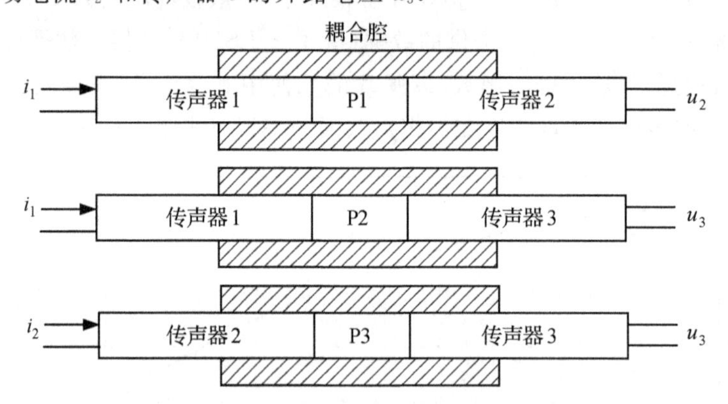

图 3-1-12 耦合腔互易法原理图

根据互易原理和公式推导,传声器 1、2、3 的声压灵敏度分别为

$$M_{p,1}=\left(\frac{Z_{e,12}Z_{e,13}}{Z_{e,23}}\,\frac{Z_{p,23}}{Z_{p,12}Z_{p,13}}\right)^{1/2} \tag{3-1-16}$$

$$M_{p,2}=\left(\frac{Z_{e,12}Z_{e,23}}{Z_{e,13}}\,\frac{Z_{p,13}}{Z_{p,12}Z_{p,23}}\right)^{1/2} \tag{3-1-17}$$

$$M_{p,3}=\left(\frac{Z_{e,13}Z_{e,23}}{Z_{e,12}}\,\frac{Z_{p,12}}{Z_{p,13}Z_{p,23}}\right)^{1/2} \tag{3-1-18}$$

式中,$Z_{e,12}=\frac{u_2}{i_1}$,$Z_{e,13}=\frac{u_3}{i_1}$,$Z_{e,23}=\frac{u_3}{i_2}$,为电转移阻抗,可利用插入电压技术进行测量;$Z_{p,12}$、$Z_{p,13}$、$Z_{p,23}$为声阻抗. 当耦合腔尺寸远小于声波的波长时,声阻抗可表示为

$$Z_{p,12}=\frac{\gamma p_0}{j\omega(V+V_{e,1}+V_{e,2})} \tag{3-1-19}$$

$$Z_{p,13}=\frac{\gamma p_0}{j\omega(V+V_{e,1}+V_{e,3})} \tag{3-1-20}$$

$$Z_{p,23} = \frac{\gamma p_0}{j\omega(V + V_{e,2} + V_{e,3})} \tag{3-1-21}$$

式中，γ 为气体的定压比热容与定容比热容之比；p_0 为标准大气压，单位为 Pa；$\omega = 2\pi f$ 为角频率，单位为 rad；V 是耦合腔体积，$V_{e,1}$、$V_{e,2}$、$V_{e,3}$ 分别为传声器 1、2、3 的前腔与膜片的等效体积之和，单位为 mm^3.

实验室标准传声器声压灵敏度级按照下式计算：

$$L_{Mp,1} = Cor_{R1} + Cor_{CV} + Cor_{FV1} + Cor_{ps} + Cor_C + S_{ref} \quad (dB) \tag{3-1-22}$$

$$L_{Mp,2} = Cor_{R2} + Cor_{CV} + Cor_{FV2} + Cor_{ps} + Cor_C + S_{ref} \quad (dB) \tag{3-1-23}$$

$$L_{Mp,3} = Cor_{R3} + Cor_{CV} + Cor_{FV3} + Cor_{ps} + Cor_C + S_{ref} \quad (dB) \tag{3-1-24}$$

式中，Cor_{R1}、Cor_{R2}、Cor_{R3} 分别为传声器 1、2、3 的电压比修正；Cor_{CV} 为耦合腔体积修正；Cor_{FV1}、Cor_{FV2}、Cor_{FV3} 分别为传声器 1、2、3 的前腔体积修正；Cor_{ps} 为气压修正；Cor_C 为电容量修正；S_{ref} 为参考灵敏度级. 以上这些量的单位均为 dB.

声压灵敏度级计算的修正项主要包括以下内容：

① 传声器的声学参数.

部分实验室标准传声器（B&K 公司）的声学参数标称值如表 3-1-4 所示.

表 3-1-4 声学参数标称值

声学参数	传声器					
	4160	4180	4144 *	4145 *	4133 *	4134 *
前腔体积 V_F/mm^3	535	34	570	570	34	34
前腔长度 L_F/mm	1.95	0.50	1.95	1.95	0.50	0.50
膜片等效体积 V_e/mm^3	136	9.2	136	120	10	10
共振频率 f_0/kHz	8.2	22	8.2	11	22	22
阻尼系数（损耗系数）	1.05	1.05	1.05	3.15	3.05	1.15
膜片有效直径/mm	17.9	8.95	17.9	17.9	8.95	8.95

注：* 为带相应的转接环.

② 电压比修正.

传声器 1、2、3 的电压比修正 Cor_{R1}、Cor_{R2}、Cor_{R3} 计算公式如下：

$$Cor_{R1} = 10\lg Z_{e,12} + 10\lg Z_{e,13} - 10\lg Z_{e,23} \quad (dB) \tag{3-1-25}$$

$$Cor_{R2} = 10\lg Z_{e,12} + 10\lg Z_{e,23} - 10\lg Z_{e,13} \quad (dB) \tag{3-1-26}$$

$$Cor_{R3} = 10\lg Z_{e,13} + 10\lg Z_{e,23} - 10\lg Z_{e,12} \quad (dB) \tag{3-1-27}$$

③ 耦合腔体积修正.

由于实际使用的耦合腔体积与其标称值之间存在偏差，其修正公式为

$$Cor_{CV} = 10\lg\left[\frac{2 \times V_{mic}(nom) + V_{coup}}{2 \times V_{mic}(nom) + V_{coup}(nom)}\right] \tag{3-1-28}$$

式中，$V_{mic}(nom)$ 为被检传声器标称前腔体积和标称膜片等效体积之和；$V_{coup}(nom)$ 为所用耦合腔的标称体积；V_{coup} 为所用耦合腔的实际体积. 以上各量的单位均为 mm^3.

④ 传声器的前腔体积修正.

确定实验室标准传声器 1、2、3 的前腔体积修正 Cor_{FV1}、Cor_{FV2}、Cor_{FV3} 方法如下:在 200 Hz~2 kHz(LS1P)或 200 Hz~4 kHz(LS2P)频率范围内,选择 2~3 个频率点(一般选 250 Hz 和 1 kHz),分别测量出每个传声器不加前腔体积修正的声压灵敏度级,取两个频率上灵敏度级的平均值,找出两个耦合腔测量灵敏度级的差值,利用该差值,从图 3-1-13 和图 3-1-14 查出该传声器的前腔体积修正.

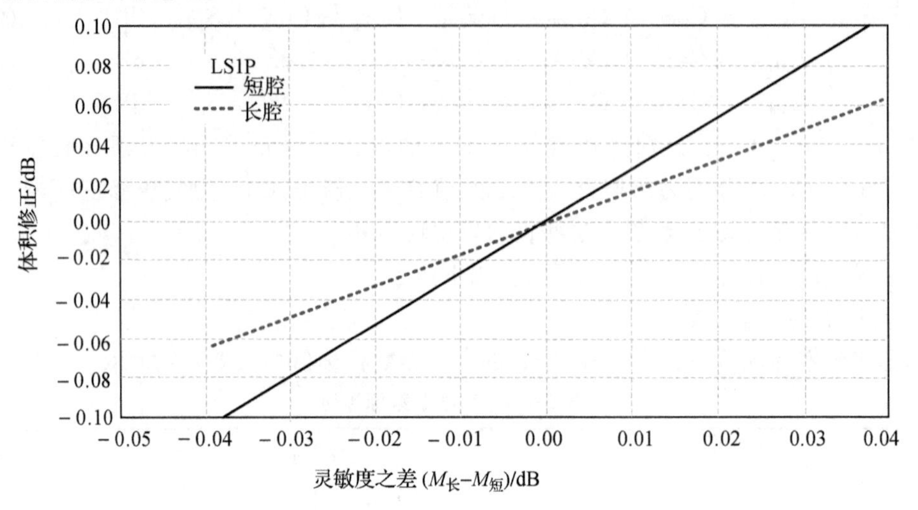

图 3-1-13 LS1P 型实验室标准传声器的前腔体积修正

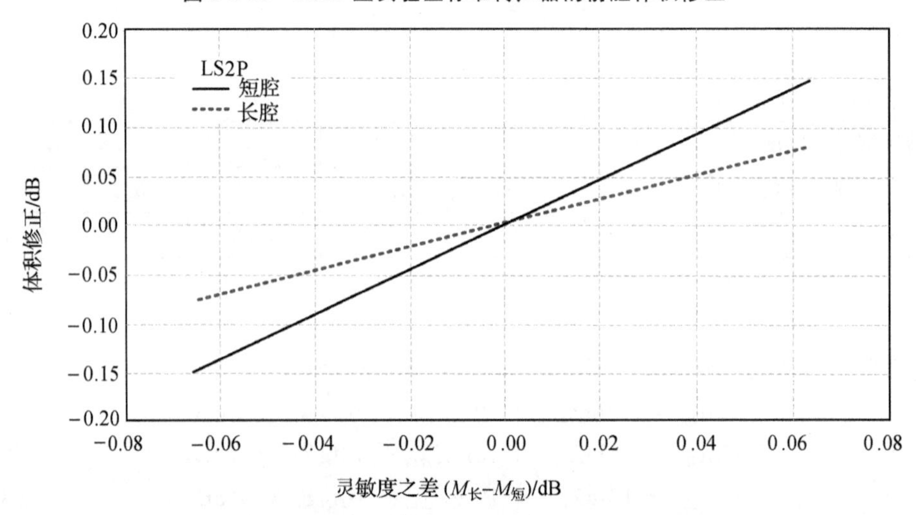

图 3-1-14 LS2P 型实验室标准传声器的前腔体积修正

⑤ 气压修正.

耦合腔校准的结果应当修正到参考气压,其修正公式如下:

$$Cor_{ps} = 10\lg\left(\frac{p_{s,nom}}{p_s}\right)\ (\text{dB}) \tag{3-1-29}$$

式中,$p_{s,nom}$=101.325 kPa;p_s 为检定期间气压平均值,单位为 kPa.

⑥ 电容量修正.

耦合腔校准的结果应该按以下公式进行电容量修正:

$$\mathrm{Cor}_C = 10\lg\left(\frac{C_{\mathrm{nom}}}{C}\right)\ (\mathrm{dB}) \tag{3-1-30}$$

式中，$C_{\mathrm{nom}}=4.7\ \mathrm{nF}$；$C$ 为参考电容的实际值，单位为 nF.

⑦ 参考灵敏度级.

耦合腔修正中参考灵敏度级按照以下公式进行计算：

$$S_{\mathrm{ref}} = S_{\mathrm{list}} + C_p + C_T + C_{\mathrm{RH}} + C_L \tag{3-1-31}$$

式中，S_{list} 是基本参考灵敏度级，可查表获得；C_p 为气压修正；C_T 为温度修正；C_{RH} 为湿度修正；C_L 为长度修正.

3. 活塞发生器法

以上利用互易法进行传声器校准的灵敏度很高，但是需要良好的声学环境和仪器设备，并且需要计算，不适用于现场测试. 因此，对所使用的声学仪器常使用声校准法进行测量，也可以保证测量过程的有效性和数据的可靠性. 实验中常用的声校准法主要包括活塞发生器法及声级校准器法.

如图 3-1-15 所示，活塞发生器包括一个刚性壁空腔，空腔内的一端用来装待校传声器，另一端则装有圆柱形活塞. 活塞用凸轮或弯曲轴推动做正弦运动，测定活塞运动的振幅就可以求出腔内声压的有效值. 活塞发生器运动的频率上限由机械振动的允许速度所控制，因此仅适用于低频校准，标准大气压下，其典型的参量为：频率为 250 Hz，声压级为 124 dB，其准确度大约可达±0.2 dB.

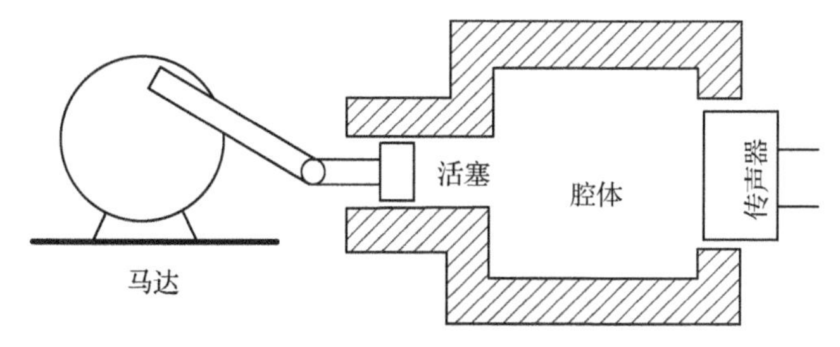

图 3-1-15　活塞发生器的工作原理图

用活塞发生器校准传声器灵敏度的方法很简单，先使待测传声器与活塞发生器耦合，接通活塞发生器的电源，使它在传声器的膜片前产生一个恒定的声压. 这时传声器的输出经放大器放大后，可以用具有声压级刻度的电压表来测量给定声压级的输出电压. 然后断开活塞发生器，将和活塞发生器产生的声压频率相同的电压串接入传声器极头的输出端，调节电压大小以获得相同的输出电压，这时传声器在该频率的灵敏度就是串接的电压和所加声压的比值. 校准应该在标准大气压下进行，如果大气压不同，应该进行修正. 图 3-1-16 给出了活塞发生器使用的气压修正曲线.

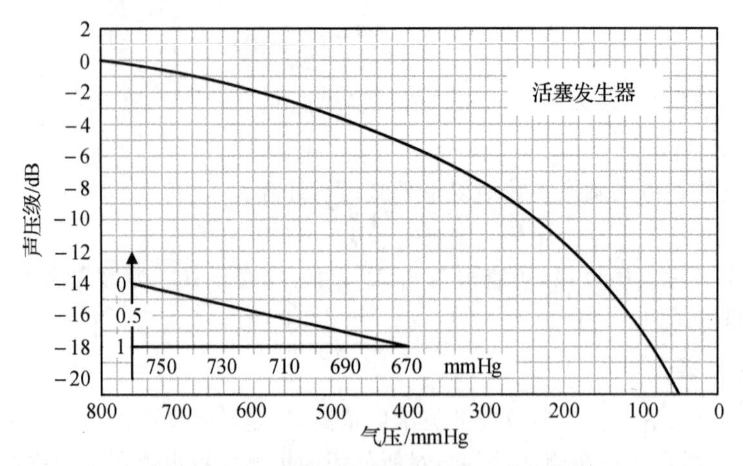

图 3-1-16　活塞发生器使用的气压修正曲线

4. 声级校准器法

声级校准器包括一个性能稳定的频率为 1 kHz 的振荡器和压电原件，其工作原理如图 3-1-17 所示. 声级校准器在使用时，振荡器的输出馈送到压电原件，带动膜片振动并会在耦合腔内产生 1 Pa 的声压(94 dB). 系统在共振频率上工作，等效耦合体积约为 200 cm^3，其产生的声压与传声器等效容积无关. 作为现场测量校准传声器，其准确度通常可达到±0.3 dB.

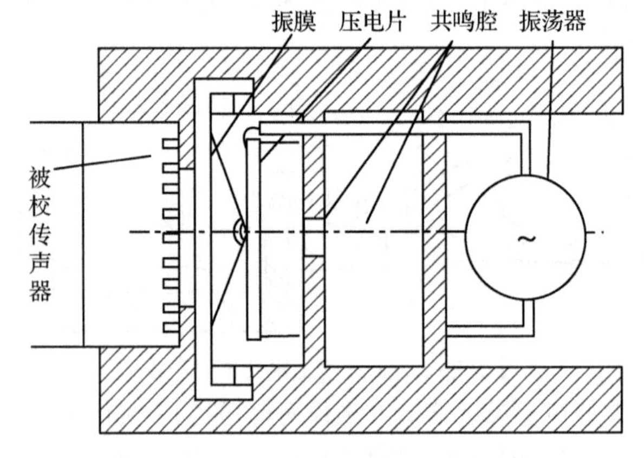

图 3-1-17　声级校准器的工作原理图

目前，声级校准器的振荡器可设计为多个不同输出频率，有效克服了单一频率带来的校准不便问题. 例如，B&K 公司生产的 4226 型多功能声级校准器，可以在 11 个频率上对传声器系统进行校准，并且可以产生 94 dB、104 dB 和 114 dB 三种不同声压级，同时有线性频率响应及 A 计权响应，可以进行声压、自由场和混响场频率响应实验，用途非常广泛. 表 3-1-5 列举了几种常用声校准器的主要性能指标.

表 3-1-5　几种常用声校准器的主要性能指标

型号	B&K 4228	爱华 AWA6011	B&K 4231	红声 ND9	B&K 4226
类型	活塞发生器	活塞发生器	声级校准器	声级校准器	声级校准器
等级	0	1	1	1	1
标称声压级/dB	124	124	94、114	94	94、104、114

续表

型号	B&K 4228	爱华 AWA6011	B&K 4231	红声 ND9	B&K 4226
声压级准确度/dB	±0.12	±0.2 (−10～+50 ℃)	±0.3 (−10～+50 ℃)	±0.3 (20～25 ℃)	±0.2 (94 dB、1 kHz)
标称频率/Hz	250	250	1 000	1 000	31.5 Hz～16 kHz 按倍频程点 12.5 kHz
频率准确度/%	±0.1	±2	±0.1	±2	±0.1
谐波失真/%	≤3	≤3	≤1	≤2	≤1

3.1.4 测量传声器的选择与使用

选择测量传声器时需要考虑到其性能指标、测量的环境和相应的使用方法.测量传声器按照其灵敏度响应方式可以分为三类:声压响应传声器、自由场响应传声器和无规响应传声器.在消声室内使用时,自由场响应传声器应直面声源,声压响应传声器则应该与声源成直角放置.在混响室内使用时则应该选用无规响应传声器,如果选择自由场响应传声器则应该加上附件,如无规入射校准器或鼻锥,使得传声器灵敏度响应与声波入射方向无关.

声学测量中最常使用的传声器为电容式传声器,其优点是灵敏度高、频带响应好且动态范围大、固有噪声水平低、失真小,是一种性能非常优良的传声器;缺点是价格一般较高、比较容易损坏.另外,较常使用驻极体式传声器,其优点是结构简单、电声性能较好、使用方便灵活、抗振能力强、频响曲线平直等;缺点是材料与加工成本较高、灵敏度受限.在一些特殊环境下,还可以选择使用压电式传声器,其优点是灵敏度和输出阻抗高、制作成本低;缺点是温度和湿度稳定性差、频率响应不够平坦.

测量传声器的序列号尾数一般代表传声器的类型,偶数代表传声器为声压型,奇数代表传声器为声场型.表 3-1-6 列出了国产 CH 系列电容式传声器的主要性能参数.

表 3-1-6 国产 CH 系列电容式传声器的主要性能参数

型号	CH−11	CH−12	CH−13	CH−14	CH−16	CH−18
类型	声场型	声压型	声场型	声压型	声场型	声压型
直径/英寸	1	1	1/2	1/2	1/4	1/8
频率响应/Hz	20～18 000	20～7 000	20～10 000	20～20 000	30～80 000	20～140 000
灵敏度/(V/Pa)	50	46	10	10	1	0.3
极化电压/V	200	200	200	200	200	200
传声器极头电容/pF	67～75	67～75	20～30	20～30	<10	<6
等效体积/cm^3	<0.2	<0.2	<0.02	<0.02	<0.002	<0.001
共振频率/kHz	>8	>8	>15	>15	>50	>100
温度系数/(dB/℃)	0.02	0.02	0.02	0.02	0.02	0.02
动态范围/dB	15～146	15～146	30～160	30～160	60～180	70～180
机械稳定性 (1 *g* 加速度产生的电压)/dB	90	90	90	90	90	90

在使用传声器的过程中，根据不同的测量环境条件(如风、雨等特殊环境)，需要添加相应的附件. 例如，在室外测量时，可以使用防风罩，它可以有效降低空气动力噪声. 防风罩通常使用多孔聚氨酯海绵制作而成的防风罩，它同时还具有遮挡灰尘、污染物和雨滴的作用. 在环境非常潮湿的情况下进行连续测量，则需要使用室外专用传声器及防雨罩，防雨罩可长期用在户外. 当防雨罩与1/2″传声器头组装使用时，可以给出(90±1)dB的等效声压级. 在管道内测量时，可以使用湍流罩，它可以有效降低湍流噪声，其抑制湍流噪声的效果比鼻锥略好；在高速气流条件下(>40 km/h)，传声器膜片上就会产生湍流，这时候需要使用鼻锥来降低有固定方向的高速气流所产生的强干扰. 鼻锥的前端做成流线形，可以有效减小风阻、消除湍流，并且不影响正常的声学测量.

3.2 声级计

声级计是一种依据国家标准，根据人耳的听力特性，按照一定的频率计权和时间计权方法来测量声压级大小的仪器. 声级计具有体积小、重量轻、易于携带等特点，广泛使用在环境噪声、机器噪声、车辆噪声及其他各类噪声的测量中. 声级计有多种分类方式：按照用途，声压计可以分为一般声级计、积分声级计、噪声分析仪、脉冲声级计、噪声暴露计、统计声级计、频谱声级计等；按照电路组成方式，声压计可分为模拟声级计和数字声级计；按照使用形式，声压计可分为台式声级计、便携式声级计和袖珍式声级计；按照指示方式，声压计可分为模拟指示声级计和数字指示声级计.

3.2.1 声级计的工作原理

各类型声级计的工作原理基本相同，所不同的往往是附加的一些特殊的功能以完成不同类型的任务. 例如，积分声级计是在一般声级计上附加有积分器和时间平均器；噪声分析仪是在积分声级计的基础上附加数据储存与统计功能，从而形成测量噪声的统计分布；噪声暴露计则是在积分声级计的基础上增加测量声暴露或噪声剂量的转换功能. 声级计通常由传声器、放大器、衰减器、计权网络、检波器、指示器及电源等部分组成，其工作原理如图3-2-1所示.

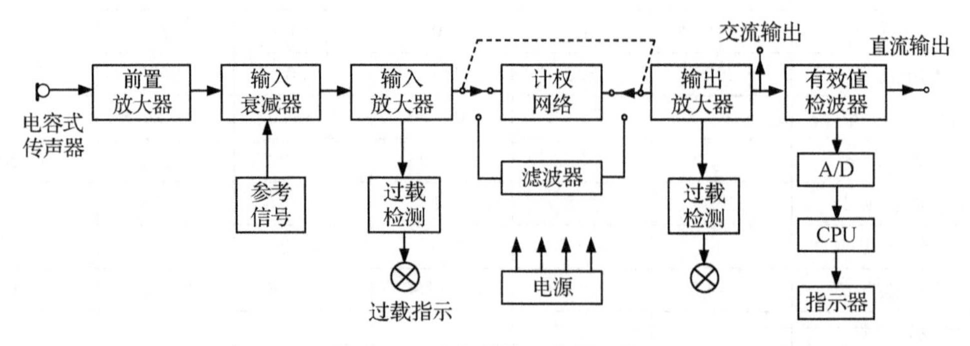

图3-2-1　声级计的工作原理图

被测声信号由传声器接收后转换成电信号，微小的电信号经过前置放大器，被输送到输入衰减器和输入放大器中，输入放大器将微小电信号放大后，输入衰减器对输入信号加以衰减，并在指示器上获得适当的指示. 计权网络对通过的信号进行频率滤波，使得声级计的整机频率响应符合国家规定的频率计权特性要求，以便测量计权声压级. 信号经输出放大器后，被送到检波器进行检波. 交流信号变成直流信号，并由显示器以 dB 为单位指示出来. 检波器可以使声级计具有“快”“慢”“脉冲”等时间计权特性，从而可以使声级计适用于不同时间变化的声音测量指示. 电源部分将交流电和电池电压进行变换供给声级计各部分所需要的电源电压. 部分声级计还具有“外接滤波器”插孔，用来与其他滤波器进行连接来进行频谱分析. “放大器输出”插孔输出交流信号，用来观察信号波形、测量记录、储存与分析.

3.2.2 声级计的主要功能模块

声级计的主要功能模块包括频率计权、时间计权及方向特性. 下面对这几个功能模块进行详细介绍.

1. 频率计权

声级计的频率计权是指其恒幅稳态正弦输入信号级与显示装置上指示信号级两者之间作为频率函数关系而规定的差值，单位为分贝(dB). 一般声级计至少要具有一种频率计权特性网络，通过计权网络测量得到的声压级称为计权声压级. 声级计的频率计权通常有 A、B、C、D 四种计权网络，这是为了模拟人耳听觉在不同频率处有不同的灵敏度而在声级计的电路内设计的不同的计权网络. 如 A 计权声压级，也称 A 声级；不通过计权网络的称为“线性”声压级，目前用 Z(Zero)计权声压级表示. “线性”表示声级计在一定频率范围内的频率响应是平直的，线性响应可以用来测量声信号的总声压级. 由于 A 声级应用最为广泛，更能表征人耳的主观特性，一般声级计都具有 A 计权特性. 在噪声测量中，一些声级计还具有 C 计权特性或 Z 计权特性. D 计权专用于飞机噪声的测量. 几种计权网络的频率响应曲线如图 3-2-2 所示.

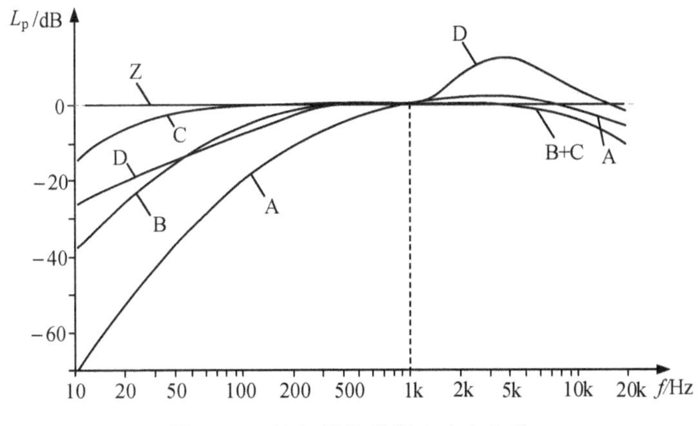

图 3-2-2 计权网络的频率响应曲线

声级计的频率计权特性是指在自由场中参考入射方向上的相对响应，它不仅与计权网络的频率特性有关，也与传声器的频率响应、放大器和检波器的频率响应有关. 由于测试传声器的频率响应基本上是平直的，因此可以用电信号测量声级计的电响应来代替测量自由场响应.高频时,可以根据传声器的频率响应对测量进行修正.

声级计测量的声音频率一般在可听声范围(20 Hz~20 000 Hz),其电性能则要求对应频段有平直的频率响应特性.随着噪声测量与评价的发展,国际电工委员会颁布的标准《声级计》(IEC 61672-1:2013)取代过去的声级计标准,并对一些电、声性能指标和频率计权网络作出新的规定.与之相对应,我国制定了新标准《电声学 声级计 第1部分:规范》(GB/T 3785.1—2023),并规定声级计分为1级和2级,这两种声级计的设计目标相同,主要差别在于误差极限和工作温度范围不同.

对于频率 f 的A、C、Z计权特性值,可以根据下列公式进行计算:

$$A(f)=20\lg\left[\frac{f_4^{\,2}f^4}{(f^2+f_1^{\,2})(f^2+f_2^{\,2})^{1/2}(f^2+f_3^{\,2})^{1/2}(f^2+f_4^{\,2})}\right]-A_{1\,000}\quad(\mathrm{dB})\qquad(3\text{-}2\text{-}1)$$

$$C(f)=20\lg\left[\frac{f_4^{\,2}f^2}{(f^2+f_1^{\,2})(f^2+f_4^{\,2})}\right]-C_{1\,000}\quad(\mathrm{dB})\qquad(3\text{-}2\text{-}2)$$

$$Z(f)=0\quad(\mathrm{dB})\qquad(3\text{-}2\text{-}3)$$

式中,$A_{1\,000}$ 和 $C_{1\,000}$ 表示在1 000 Hz时0 dB频率计权的电增益,一般取常数 $A_{1\,000}=-2.000$ dB,$C_{1\,000}=-0.062$ dB;$f=f_r[10^{0.1(n-30)}]$,$f_r=1\,000$ Hz,n 为10~43之间的一个整数;$f_1\sim f_4$ 取近似值,为 $f_1=20.6$ Hz,$f_2=107.7$ Hz,$f_3=737.9$ Hz,$f_4=12\,194$ Hz.根据式(3-2-1)、式(3-2-2)和式(3-2-3)计算,表3-2-1给出了以1/3倍频程为标称中心,各频率对应的频率计权及不同声级计允差.

表3-2-1 声级计的频率计权和接受限

标称频率/Hz	频率计权/dB			接受限/dB	
	A	C	Z	1级	2级
10	−70.4	−14.3	0.0	+3.0;−∞	+5.0;−∞
12.5	−63.4	−11.2	0.0	+2.5;−∞	+5.0;−∞
16	−56.7	−8.5	0.0	+2.0;−4.0	+5.0;−∞
20	−50.5	−6.2	0.0	±2.0	±3.0
25	−44.7	−4.4	0.0	+2.0;−1.5	±3.0
31.5	−39.4	−3.0	0.0	±1.5	±3.0
40	−34.6	−2.0	0.0	±1.0	±2.0
50	−30.2	−1.3	0.0	±1.0	±2.0
63	−26.2	−0.8	0.0	±1.0	±2.0
80	−22.5	−0.5	0.0	±1.0	±2.0
100	−19.1	−0.3	0.0	±1.0	±1.5
125	−16.1	−0.2	0.0	±1.0	±1.5
160	−13.4	−0.1	0.0	±1.0	±1.5

续表

标称频率/Hz	频率计权/dB			接受限/dB	
	A	C	Z	1级	2级
200	−10.9	0.0	0.0	±1.0	±1.5
250	−8.6	0.0	0.0	±1.0	±1.5
315	−6.6	0.0	0.0	±1.0	±1.5
400	−4.8	0.0	0.0	±1.0	±1.5
500	−3.2	0.0	0.0	±1.0	±1.5
630	−1.9	0.0	0.0	±1.0	±1.5
800	−0.8	0.0	0.0	±1.0	±1.5
1 000	0.0	0.0	0.0	±0.7	±1.0
1 250	+0.6	0.0	0.0	±1.0	±1.5
1 600	+1.0	−0.1	0.0	±1.0	±2.0
2 000	+1.2	−0.2	0.0	±1.0	±2.0
2 500	+1.3	−0.3	0.0	±1.0	±2.5
3 150	+1.2	−0.5	0.0	±1.0	±2.5
4 000	+1.0	−0.8	0.0	±1.0	±3.0
5 000	+0.5	−1.3	0.0	±1.5	±3.5
6 300	−0.1	−2.0	0.0	+1.5;−2.0	±4.5
8 000	−1.1	−3.0	0.0	+1.5;−2.5	±5.0
10 000	−2.5	−4.4	0.0	+2.0;−3.0	+5.0;−∞
12 500	−4.3	−6.2	0.0	+2.0;−5.0	+5.0;−∞
16 000	−6.6	−8.5	0.0	+2.5;−16.0	+5.0;−∞
20 000	−9.3	−11.2	0.0	+3.0;−∞	+5.0;−∞

声级计频率计权测量一般采用替代法，由于目前我国还不能得到理想的 LS1P 和 LS2P 实验室标准传声器的自由声场灵敏度级，传递的量值只是压力场灵敏度级. 因此，在 500 Hz 频率以上，须对传声器自由声场灵敏度级与压力场灵敏度级的差值进行修正. 表 3-2-2、表 3-2-3 给出了典型的 4180 型和 4160 型实验室标准传声器的声压灵敏度级与声场灵敏度级的差值.

表 3-2-2 4180 型电容式传声器的声压灵敏度级与声场灵敏度级的差值

频率/kHz	1.0	2.0	3.15	4.0	5.0	8.0	10.0	16.0	20.0
0°入射差值/dB	0.1	0.3	0.5	1.0	1.5	3.8	5.3	8.5	9.0

表 3-2-3 4160 型电容式传声器的声压灵敏度级与声场灵敏度级的差值

频率/kHz	0.5	0.63	0.8	1.0	1.25	1.6	2.0	2.5	3.15
0°入射差值/dB	0.1	0.1	0.2	0.3	0.5	0.7	1.0	1.6	2.4
频率/kHz	4.0	5.0	6.3	8.0	10.0	12.5	16.0	20.0	
0°入射差值/dB	3.6	5.0	6.9	8.5	9.2	8.8	7.5	6.2	

1 级声级计频率计权测量的频率范围为 10 Hz～20 kHz，在标称 1/3 倍频程间隔上进行

检测;2 级声级计频率计权测量的频率范围为 20 Hz～8 kHz,在标称倍频程间隔上进行.如果声级计具有 C 计权或 Z 计权,则优先在 C 计权或 Z 计权上进行声信号测试.在自由场中进行声信号测量时,声级计的量程控制器应置于参考级量程,时间计权置于“F”挡位置.在自由场中声信号的频率计权和频率响应测量原理图如图 3-2-3 所示.

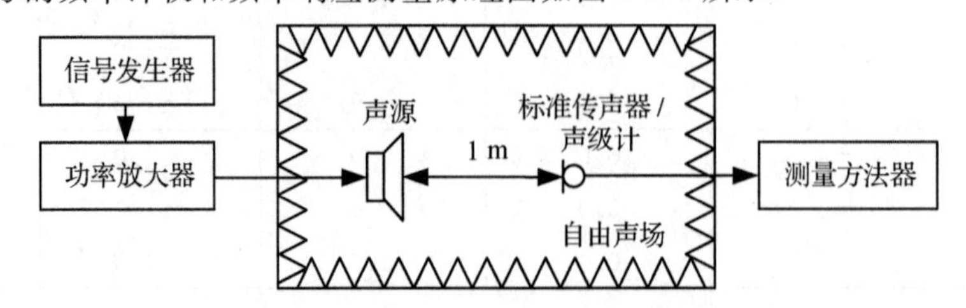

图 3-2-3 自由场中声信号的频率计权及频率响应测量原理图

自由场中声级计的频率计权和频率响应的具体测量步骤如下:

① 将实验室标准传声器放入自由场中,在 500 Hz 及以上的每个测试频率上,调节声源的输出,使实验室标准传声器上产生一个参考声压级,并在所有测试频率上保持这个声压级(高频段按照表 3-2-2、表 3-2-3 进行修正),记录所有声压级对应的信号发生器输出的电信号幅值.

② 用声级计置换实验室标准传声器,保持声级计的传声器参考点与实验室标准传声器参考点的位置相同.在每个测试频率上,调整信号发生器的输出,与测量实验室标准传声器时的电压幅值相同,在每个测试频率上记录声级计的指示声压级.

③ 声级计的自由场频率计权特性和频率响应,是在每个测试频率上,由测得的声级计不同计权位置的指示声级减去用实验室标准传声器测试得到的没有频率计权的声压级计算得到.

在 400 Hz 及以下频率范围内,声级计的传声器和实验室标准传声器应插入封闭声耦合腔中,按照上述方法进行测量和计算.另外,需要注意,在所有测试频率上,声源工作时的声压级至少大于声源不工作时的声压级 20 dB.

由于 4160 型实验室标准传声器在 10 kHz 以上频率的声压灵敏度较低,测量时建议采用 4180 型实验室标准传声器或 WS3 工作标准传声器.WS3 工作标准传声器在 400 Hz～20 kHz 频率范围内频响比较平坦,声压灵敏度级与声场灵敏度级基本相同.因此,除在 16～20 kHz 上作一点修正外,也可用声校准器直接校准整套装置的声压灵敏度级.为了方便理解,表 3-2-4 以 4180 型实验室标准传声器为例,给出了一个声级计频率计权测量的实例,其中前置放大器的输出损失忽略不计.

表 3-2-4 声级计频率计权测量实例(4180 型实验室标准传声器)

频率/kHz	传声器声压灵敏度级/dB	传声器声场灵敏度级/dB	传声器修正值/dB	相对 84 dB 时测量放大器示值/dB	信号发生器输出电压/mV	声级计 A 计权上的读数/dB	声级计 A 计权值/dB	A 计权理论值/dB	允差/dB
1	−38.7	−38.6	+12.6	71.4	500.0	84.2	+0.2	0.0	±1.1
5	−38.5	−37.0	+11.0	73.0	426.6	84.5	+0.5	+0.5	±2.1
20	−39.0	−30.0	+4.0	80.0	208.9	76.0	−8.0	−8.0	−∞～+4

2. 时间计权

时间计权特性是检验声级计性能的一项重要技术指标，在我国修订的《声级计》(JJG 188—2017)检定规程中，对声级计的时间计权特性提出了更高和更新的技术要求. 时间计权的基本定义是规定时间常数的时间指数函数，该函数是对瞬时声压的平方进行计权. 对声级计而言，规定时间常数为快(F)挡 125 ms 和慢(S)挡 1 s. 由于通过声级计测量到的值是以 dB 为单位表示的声级，通常称为时间计权声级，它是已知方均根声压与基准声压之比的以 10 为底的对数乘以 20，方均根声压由标准频率计权和标准时间计权得到.

对于测量稳定的连续噪声，快“F”、慢“S”检波特性没有差别，具有“F”“S”检波特性的仪器如图 3-2-4 所示. 对于起伏较大的声音，应用“S”时间平均，其指示在平均值附近摆动小；对于声音涨落的峰、谷值测量，应用“F”时间平均，可以避免平均时间过长，使得峰、谷值测量误差较大. 对于脉冲声的测量，因为脉冲的宽窄不同，其响度的感觉和稳态声级的响度相比较也不同，应用“脉冲”(I)检波特性，能够更好地反应脉冲声波的特性，其采用的平均时间更短. 具有“I”检波特性的仪器如图 3-2-5 所示.

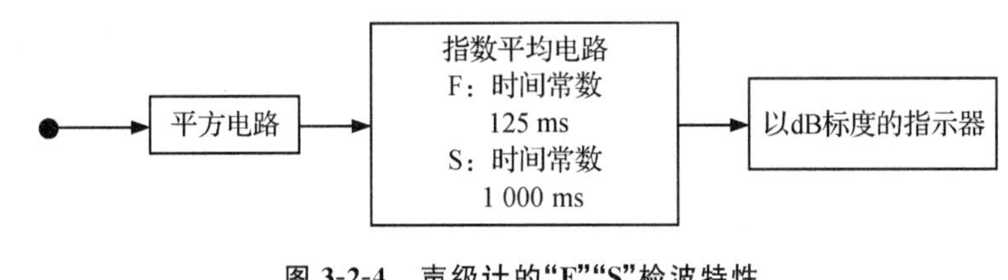

图 3-2-4　声级计的“F”“S”检波特性

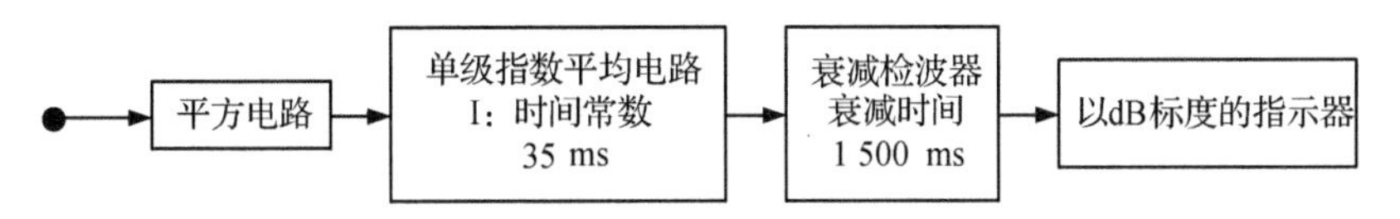

图 3-2-5　声级计的“I”检波特性

对于任何瞬时时间上的 A 计权和时间计权声级 $L_{A\tau}(t)$ 用式(3-2-4)进行计算，其计算过程如图 3-2-6 所示.

$$L_{A\tau}(t) = 20\lg\left\{\left[(1-\tau)\int_{-\infty}^{t} p_A{}^2(\xi)\mathrm{e}^{-(t-\xi)/\tau}\mathrm{d}\xi\right]^{1/2} / p_0\right\} \tag{3-2-4}$$

式中，τ 为时间计权 F 或 S 的指数时间常数，单位为 s；ξ 为从过去的某时刻，如积分下限 $-\infty$ 到观测的时刻 t 的时间积分的变量；$p_A(\xi)$ 为在时间变量为 ξ 时的 A 计权瞬时声压；p_0 为基准声压.

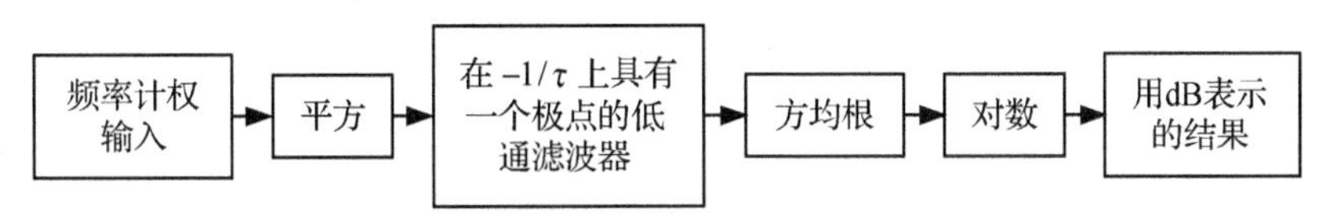

图 3-2-6　形成指数时间计权声级的过程示意图

由式(3-2-4)可以看出，对数自变量分子是在观察时间 t 上的指数时间计权、方均根平方的频率计权声压，因此时间计权均采用猝发音信号进行测试. 猝发音是从稳态正弦输入信号中提取的一种脉冲声，波形起始和终止在零点上的一个或多个完整周期的正弦信号，也称正弦波列. 猝发音响应是用正弦电猝发音信号测量得到的最大时间计权声级、时间平均声级或者声暴露级，减去用响应稳态正弦输入信号输入时测量的声级. 只要规定了猝发音信号的持续时间就能得到相应的猝发音响应理论值. IEC 61672－1:2013 国际标准和《声级计》(JJG 188—2013)检定规程对声级计猝发音响应采用 4 kHz 的电猝发音信号进行测试. 参考猝发音响应及在相应猝发音持续时间上的允差加上测量所引起的扩展不确定度后，应符合表 3-2-5的规定.

表 3-2-5　参考 4 kHz 猝发音响应和接受限

猝发音持续时间 T_b/ms	相对稳态声级的参考 4 kHz 猝发音响应 δ_{ref}/dB		接受限/dB	
	$L_{AFmax}-L_A$	$L_{AE}-L_A$	1 级	2 级
	$L_{CFmax}-L_C$	$L_{CE}-L_C$		
	$L_{ZFmax}-L_Z$	$L_{ZE}-L_Z$		
1 000	0.0	0.0	±0.5	±1.0
500	−0.1	−3.0	±0.5	±1.0
200	−1.0	−7.0	±0.5	±1.0
100	−2.6	−10.0	±1.0	±1.0
50	−4.8	−13.0	±1.0	+1.0；−1.5
20	−8.3	−17.0	±1.0	+1.0；−2.0
10	−11.1	−20.0	±1.0	+1.0；−2.0
5	−14.1	−23.0	±1.0	+1.0；−2.5
2	−18.0	−27.0	+1.0；−1.5	+1.0；−2.5
1	−21.0	−30.0	+1.0；−2.0	+1.0；−3.0
0.5	−24.0	−33.0	+1.0；−2.5	+1.0；−4.0
0.25	−27.0	−36.0	+1.0；−3.0	+1.5；−5.0
	$L_{ASmax}-L_A$			
	$L_{CSmax}-L_C$			
	$L_{ZSmax}-L_Z$			
1 000	−2.0		±0.5	±1.0
500	−4.1		±0.5	±1.0
200	−7.4		±0.5	±1.0
100	−10.2		±1.0	±1.0
50	−13.1		±1.0	+1.0；−1.5
20	−17.0		+1.0；−1.5	+1.0；−2.0
10	−20.0		+1.0；−2.0	+1.0；−3.0
5	−23.0		+1.0；−2.5	+1.0；−4.0
2	−27.0		+1.0；−3.0	+1.0；−5.0

注：L_A、L_C、L_Z 分别表示 A、C、Z 频率计权声压级；L_{AFmax}、L_{CFmax}、L_{ZFmax} 分别表示 A、C、Z 频率计权上的

“F”时间计权猝发音响应最大值；L_{ASmax}、L_{CSmax}、L_{ZSmax}分别表示 A、C、Z 频率计权上的“S”时间计权猝发音响应最大值；L_{AE}、L_{CE}、L_{ZE}分别表示 A、C、Z 频率计权的声暴露级.

表 3-11 给出的猝发音响应值是通过计算得到的 4 kHz 猝发音响应的理论值. 对于具备“F”和“S”时间计权特性的声级计，参考 4 kHz 猝发音响应的最大时间计权声级 δ_{ref}可以利用式(3-2-5)近似确定：

$$\delta_{ref} = 10\lg(1 - e^{-T_b/\tau}) \tag{3-2-5}$$

式中，T_b 为规定的猝发音持续时间，单位为 s；τ 为规定的指数时间常数，“F”时间计权对应 0.125 s，“S”时间计权对应 1 s. 例如，猝发音持续时间为 200 ms，时间计权为“F”，那么猝发音响应 δ_{ref}为

$$\delta_{ref} = 10\lg(1 - e^{-0.2/0.125}) \approx -1.0(\text{dB}) \tag{3-2-6}$$

如果猝发音响应持续时间不变，计权为“S”，那么猝发音响应 δ_{ref}为

$$\delta_{ref} = 10\lg(1 - e^{-0.2/1}) \approx -7.4(\text{dB}) \tag{3-2-7}$$

测量“F”和“S”时间计权猝发音响应时，将声级计的时间计权开关分别置于相应挡位上，在参考级量程上，分别使用持续时间为 500 ms、200 ms、50 ms 和 10 ms 的 4 kHz 正弦电信号单个猝发音进行测量. 不同持续时间的猝发音响应为猝发音信号在“F”“S”挡位上的最大指示声级减去相应连续信号的“F”“S”时间计权的稳态指示声级，所得猝发音响应差值应在表 3-11 规定的允差范围内.

对于积分声级计和积分平均声级计，参考 4 kHz 猝发音响应的频率计权声暴露级 δ_{ref}由下式进行近似计算：

$$\delta_{ref} = 10\lg(T_b/T_0) \tag{3-2-8}$$

式中，T_b 为规定的猝发音持续时间，单位为 s；$T_0=1$ s，为声暴露的参考持续时间，单位为 s. 例如，猝发音持续时间为 200 ms，时间计权为“F”，那么猝发音响应 δ_{ref}为

$$\delta_{ref} = 10\lg(0.2/1) \approx -7.0(\text{dB}) \tag{3-2-9}$$

从 4 kHz 连续正弦信号中提取一定持续时间的单个猝发音构成猝发音序列信号. 为了保证对时间平均声级进行稳定的测量，构成的每个重复猝发音序列中应包括足够数量的猝发音，同一序列中的单个猝发音之间间隔应大于单个猝发音的持续时间的 3 倍以上. 在总测试持续时间内，从稳态正弦信号中提取的 N 个猝发音序列的理论上的时间平均声级与该稳态正弦信号的时间平均声级之间的差值 δ_{ref}由下式给出：

$$\delta_{ref} = 10\lg(NT_b/T_m) \tag{3-2-10}$$

式中，T_b 为单个猝发音持续时间，单位为 s；T_m 为测量总持续时间，单位为 s；N 为测试持续时间内猝发音序列的重复周期数. 例如，单个猝发音持续时间为 200 ms，重复时间间隔为 800 ms，总测量时间 10 s 内包含 10 个重复周期，那么该序列重复猝发音响应 δ_{ref}为

$$\delta_{ref} = 10\lg(10 \times 0.2/10) \approx -7.0(\text{dB}) \tag{3-2-11}$$

若单个猝发音持续时间为 50 ms，重复时间间隔为 200 ms，同样地，总测量时间内，该序列重复猝发音响应 δ_{ref}为

$$\delta_{ref} = 10\lg(40 \times 0.05/10) \approx -7.0(\text{dB}) \tag{3-2-12}$$

总测量时间不变的情况下，不同持续时间的平均声级与相应稳态正弦信号的时间平均声级之差均为−7 dB，这意味着对于选定的不同平均时间内的声音给予了同等重视.

3. 方向特性

理想情况下，声级计应该对所有入射方向传来的声波有相同的响应，这样才能使得所测得的数据更好地反映实际声场情况. 然而，由于传声器系统本身具有一定的方向特性，因此声级计测量不同方向的入射声波时也呈现出一定的方向特性. IEC 对各类声级计的方向特性的规定如表 3-2-6 和表 3-2-7 所示.

表 3-2-6 偏离基准方向±30°角度范围内灵敏度的最大变化 （单位：dB）

频率/Hz	0 型	1 型	2 型	3 型
31.5～1 000	0.5	1.0	2.0	4.0
1 000～2 000	0.5	1.0	2.0	4.0
2 000～4 000	1.0	1.5	4.0	8.0
4 000～8 000	2.0	2.5	9.0	12.0
8 000～12 500	2.5	4.0	—	—

表 3-2-7 偏离基准方向±90°角度范围内灵敏度的最大变化 （单位：dB）

频率/Hz	0 型	1 型	2 型	3 型
31.5～1 000	1.0	1.5	3.0	8.0
1 000～2 000	1.5	2.0	5.0	10.0
2 000～4 000	2.0	4.0	8.0	16.0
4 000～8 000	5.0	8.0	14.0	30.0
8 000～12 500	7.0	16.0	—	—

3.2.3 声级计整机灵敏度的校准

声级计通常是按照某一标称灵敏度设计的，然而，实际传声器的灵敏度和标称值是有一定偏差的，这会导致声级计的整机灵敏度并不是标称灵敏度. 为了保证测量的准确性和可靠性，声级计在使用时需进行整机灵敏度校准，使灵敏度达到标称值. 声级计的整机灵敏度校准主要有两种方法：一种是利用声级计内部的校准信号进行校准，简称为电校准；另一种是用声校准法进行校准，简称为声校准，具体见图 3-2-7.

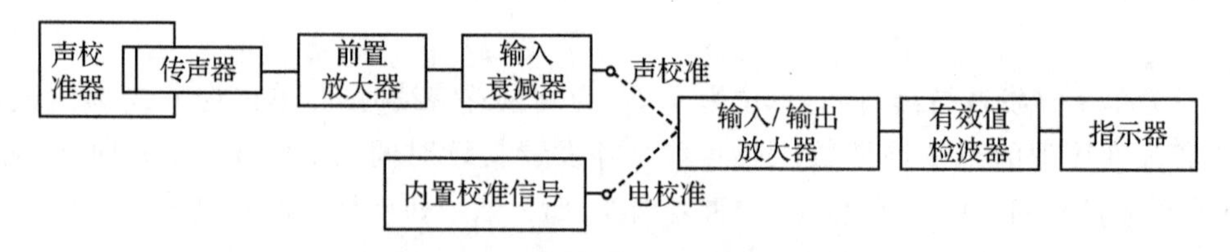

图 3-2-7 声级计校准方法流程示意图

一般声级计均设有对应于标称灵敏度级（−26 dB）的用于校准的参考电压信号，在放大器上有一个对应的指示刻度，在校准的时候根据传声器灵敏度的修正值 K_0 进行放大指示刻度的校准. 传声器灵敏度的修正值 K_0 为传声器的实际灵敏度级与标称灵敏度级（−26 dB，1 V/Pa为参考）的差值，单位是 dB，其计算方法为

$$K_0 = -26 - L_M(\text{dB}) \tag{3-2-13}$$

式中，L_M 是传声器的实际灵敏度级，单位为 dB. 例如，传声器的开路灵敏度为 60 mV/Pa，其实际灵敏度级 L_M 和修正值 K_0 分别为

$$L_M = 20\lg\left(\frac{60\times 10^{-3}}{1}\right)\approx -24.4(\mathrm{dB}) \tag{3-2-14}$$

$$K_0 = -26-(-24.4) = -1.6(\mathrm{dB}) \tag{3-2-15}$$

在校准时调整放大器增益，使仪器的指示低于标称刻度处 −1.6 dB 的位置即可.

声级计在实际测量工作中总是与前置放大器相连，由此带来一定的传输损失. 当使用电校准法时，未考虑到这部分损失，因而会产生一定的校准误差. 声校准法则可以避免这个缺点，常见的声校准法有活塞发生器法和声级校准器法，可以对传声器包括前置放大器、测量放大器电路在内的整个系统灵敏度进行校准. 当使用声级校准器法时，只需将传声器包括前置放大器、电缆等在内的整个系统连接声级校准器，依据声级校准器的声压级，进行放大器指示声级的调整，使之符合计量标定值即可.

3.3 频谱分析仪

频谱分析仪是一种多用途的电子测量仪器，主要用于信号失真度、调制度、谱纯度、频率稳定度和交调失真等信号参数的测量，还可以测量放大器、滤波器等电路系统的部分参数. 频谱分析仪还可以称为频域示波器、谐波分析仪、频率特性分析仪、傅里叶分析仪等. 依据频谱分析仪的应用技术，可将其分为两类：实时频谱分析仪，能够实时显示信号在某一时刻的频率成分及其幅值，常见的形式为并联滤波器型分析仪和快速傅里叶变换式分析仪；扫频型频谱分析仪，主要包括调谐滤波器式频谱分析仪及扫频超外差型分析仪两种形式.

频谱分析仪由多个关键器件组成，主要包括输入衰减器、混频器、中频滤波器、对数放大器、检波器及视频滤波器. 下面对以上器件做简要介绍：

① 输入衰减器. 它是信号在频谱分析仪中的第一级处理器，其作用是保证频谱分析仪在宽频范围内保持良好的匹配特性，保护混频及其他中频处理电路，防止部件损坏和产生过大的非线性失真.

② 混频器. 其作用是完成信号的频谱搬移，将不同频率输入信号变换到相应频率，可通过搭配不同滤波器进行混频过程中的干扰抑制.

③ 中频滤波器. 中频滤波器可以用来分辨不同频率的信号，通常由无源滤波器、晶体滤波器或数字滤波器组合实现，其带宽和特性与频谱分析仪的很多技术指标相关，包括测量的分辨率、灵敏度、速度及精度等.

④ 对数放大器. 其作用是以对数方式处理信号，是一种输出信号幅度与输入信号幅度成对数函数关系的放大电路，主要将信号转换成其等效对数值.

⑤ 检波器. 检波器是用于识别信号存在或变化的器件，可以检出波动信号中有用的信息，针对不同特性的输入信号，需要采用不同的检波方式. 现代频谱分析仪一般采用数字技术，支持所有检波方式.

⑥ 视频滤波器. 视频滤波器用于对检波器输出的视频信号进行低通滤波处理，减小视

频带宽,可对频谱进行平滑处理,减小显示噪声的抖动范围,提高测量的可重复性.

3.3.1 滤波器简介

作为频谱分析仪的主要部件之一,滤波器可以把信号中各分量按照频率加以分离,对特定频率的频点或该频点以外的频率进行有效的滤除,从而得到特定频率或特定频率段的信号.滤波器可以单独工作,也可以和其他仪器组成测量系统工作.按照所处理的信号的频率特性,滤波器可分为低通滤波器(low-pass filter,简称 LPF)、高通滤波器(high-pass filter,简称 HPF)、带通滤波器(band-pass filter,简称 BPF)、带阻滤波器(band-stop filter,简称 BSF),还有一种全通滤波器(all-pass filter,简称 APF),其并不衰减任何频率的信号,也可以被称为全通网络.

如图 3-3-1(a)所示,低通滤波器会衰减高频信号,它有一个截止频率,这个频率是滤波器允许通过的信号的分界线,低于截止频率的信号成分可以基本不受影响地通过,而高于截止频率的信号被衰减,不能顺利通过;与之类似,高通滤波器[图 3-3-1(b)]允许通过频率超过截止频率的信号,而低于截止频率的信号被衰减;带通滤波器[图 3-3-1(c)]有两个截止频率,这两个截止频率之间的信号可以通过,两个截止频率之外的信号则被衰减;带阻滤波器[图 3-3-1(d)]也有两个截止频率,与带通滤波器相反,被衰减的是两个截止频率之间的信号,而两个截止频率之外的信号被允许通过.

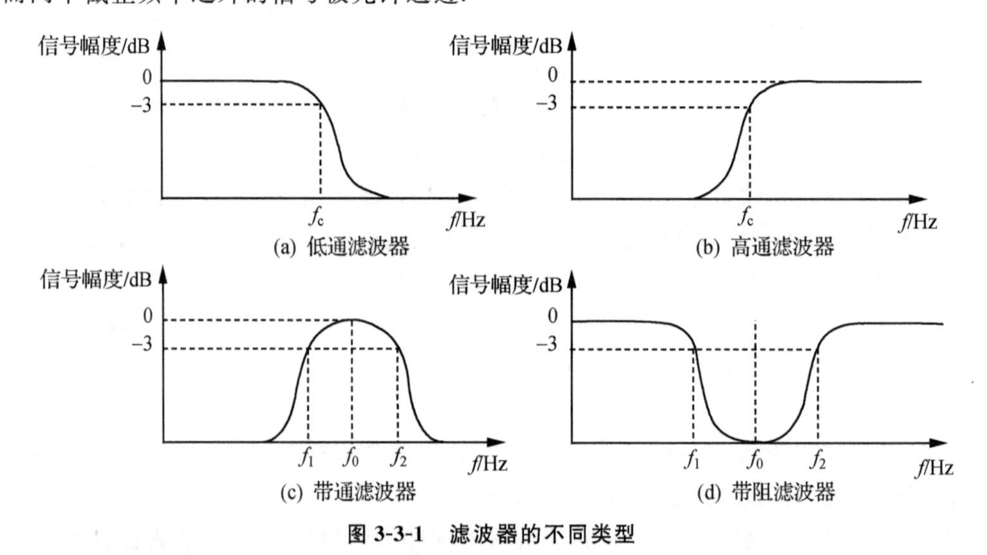

图 3-3-1 滤波器的不同类型

3.3.2 频谱分析仪的主要技术指标

频谱分析仪的主要技术指标有频率(频率范围、频率响应)、带宽(分辨率带宽、视频带宽)、参考电平(参考电平、阈值)和噪声(相位噪声、本底噪声)等.

1. 频率

频率范围一般是指频谱分析仪能够正常准确工作的最大频率区间,单位是 Hz.设置方式有两种:一种是通过设置开始频率和截止频率划定范围(start/stop),另一种是设置中心频率及频率带宽(center/span).

频率响应是指在规定频率范围内的测量信号的幅度与频率的相对变化规律.通过信号发生器产生一定频率、功率的正弦波信号并输入频谱分析仪,考察频谱分析仪在规定频率范围内的幅值对频率的变化情况.

2. 带宽

频谱分析仪带宽主要包括分辨率带宽和视频带宽.

分辨率是指频谱分析仪能够分辨最小等幅信号的能力.分辨率带宽(resolution band width,简称 RBW)是指分辨频谱中两个相邻分量之间的最小谱线间隔,单位是 Hz.它决定了能否将两个相邻的信号分开.信号发生器产生标准的正弦波,改变信号发生器的频率可等效看作改变中频滤波器的频率,通过测量不同频率信号在频谱分析仪固定频点的幅度响应,可以等效看作测量中频滤波器各频率点的幅频响应,从而可以测量中频滤波器的形状(包括 3 dB 带宽和矩形系数).

视频带宽(video band width,简称 VBW)是频谱分析仪检波器之后视频电路中可调低通滤波器的带宽.它表示测量的精度,VBW 设置得越小,测量精度则越高.视频滤波器位于检波器之后,是决定视频放大器带宽的低通滤波器,可对噪声起平滑作用,用于对迹线进行平均或平滑,易于在噪声中检测微弱信号.改变视频带宽,不影响频谱分析仪的分辨率,但选择的视频带宽过窄,将增加扫描时间.

3. 参考电平

频谱分析仪的参考电平是指在测量过程中,为保证测量信号频谱的准确性,对被测信号在输入接口的电平进行补偿.频谱分析仪屏幕上已校准的垂直刻度位置就是幅度测量的参考位置,一般情况下,参考电平应该接近待测信号的最高电平,即该刻度线的顶格.参考电平在切换时会引起增益/衰减的联动现象.参考电平还要结合前置放大器的增益实现动态范围的变化.参考电平转换误差主要用于考核频谱分析仪的中频增益的切换误差.改变标准衰减器的设置值,参考电平切换引起的标记读数差值与标准衰减器的校准值之间的误差即为参考电平转换误差.

参考电平的阈值是指能够被频谱分析仪测量的最低信号电平,低于该电平的信号将不被记录在频谱图中.一般情况下,该阈值应该低于参考电平的 10%～20%左右,如果在实际测量中出现信号干扰,可适当提高参考电平阈值的设置,避免影响频谱分析仪的准确性.

4. 噪声

频谱分析仪的噪声主要涉及相位噪声和本底噪声(固有噪声).

相位噪声是振荡器短时间稳定度的度量参数.相位噪声通常是以一个单载波的幅度为参考,并偏移一定频率下的单边带相位噪声.这个数值是指在 1 Hz 带宽下的相对噪声电平,其单位为 dBc/Hz,c 是指载波.由于相位噪声电平比载波电平低,所以一般定义为负值.相位噪声主要影响频谱分析仪的分辨率和动态范围.

本底噪声(也叫固有噪声)可以理解为频谱分析仪的热噪声,本底噪声会导致输入信号信噪比的恶化.因此,本底噪声是频谱分析仪灵敏度的度量指标,决定了频谱分析仪可检测的最小电平.

3.3.3 频谱分析仪的主要应用

频谱分析仪可以分析信号的频率、功率、谐波、杂波、噪声、干扰及失真等，因此用途十分广泛. 主要的应用有以下几个方面：

① 信号的频率测试. 频谱分析仪内置高分辨率的高精度频率计数器及光标计数器，可以在有高电平时对极低的电平信号进行准确的频率测试.

② 信号的时域测试. 频谱分析仪作为时间函数的时分复用系统对发射机输出功率进行测量.

③ 信号的幅度测试. 频谱分析仪可以利用内置的幅度修正功能改进幅度测量，利用光标直接搜索读数，实现高准确度的幅度测量.

④ 相位噪声测试. 频谱分析仪一般提供针对相位噪声测量的选件，利用该选件，可根据需要灵活改变测量频偏范围、分辨率带宽、中频滤波器类型等参数，准确测量相位噪声.

⑤ 信号的失真测试. 频谱分析仪可以直接显示信号的各次谐波幅度，用于判断信号失真的大小及性质，包括谐波失真、非谐波失真及杂波，还可以测试信号的交调失真.

⑥ 信号的调制测试. 频谱分析仪可以直接测量出信号的调幅深度及调频频偏.

⑦ 信号的电磁干扰测试. 频谱分析仪内置电磁干扰测试功能，可以测试信号的干扰程度.

⑧ 猝发信号的分析测试. 频谱分析仪作为高灵敏度的接收机可以分析猝发信号.

3.3.4 频谱分析仪的使用方法

1. 利用频谱分析仪进行信号测试的步骤

利用频谱分析仪进行信号测试主要包括以下几个步骤：

① 开机校准. 接通电源并开机，等待频谱分析仪完成一系列自诊断及调节程序，预热 30 min 后进行仪器的自校准，一般频谱分析仪具有自动校准的功能.

② 调节设置. 将被分析的信号通过传感器或其他接口连接到频谱分析仪上，设置频谱分析仪的相关参数，包括中心频率、带宽、参考电平、频标等，确保仪器可以正确进行信号测试.

③ 测量分析. 打开仪器的测量模式开始进行测量，通过对信号的频谱图形进行分析，了解信号的频率特征和频谱分布，并可以通过区域选择查看并测量频率、功率、谐波等信息.

④ 数据保存. 测量结果可以保存在仪器存储器中，包括仪表状态、测试结果、显示图形等. 另外，可将分析结果保存到计算机中，以便进一步进行分析.

2. 使用频谱分析仪的注意事项

频谱分析仪是一个高精度、高可靠性的精密仪器，应注意正确使用和规范操作，以避免损坏仪器. 注意频谱分析仪的清洁干燥，禁止擦拭内部器件. 使用前应仔细阅读产品使用手册，保证设备附件的正确连接，尤其要注意以下几点：

① 电源检查. 正确使用频谱分析仪的电源，检查供电电压与仪器标注电压是否匹配，确认仪器保险丝的正确安装，采用要求的电源线.

② 静电防护. 利用有效静电防护措施，可将导电地垫与防静电脚腕带组合，使用提供的

防静电屏障，确保所有仪器正确接地，避免静电积累.

③ 端口保护. 使用中注意接头与电缆及其他连接器之间的匹配性，正确进行连接操作，注意连接器的清洁.

④ 环境检查. 精密仪器在测量过程中较易受环境变化的影响，测量过程中应保持周围环境的稳定，如有环境变化，需重新进行仪器的校准工作.

3.4 声强测量系统

在噪声测量中，通常使用声压测量，其优点是原理简单，仪器也比较成熟，但是声压测量受环境影响较大，如背景噪声、声反射等，一般需要在特殊声场条件下进行测量. 声强是指单位时间内通过一定面积的声波能量，可以描述声场中声能量的流动特性. 相比于声压测量，声强测量更能够反映声场的动态规律，有效地提供复杂环境中的主要噪声来源，因此声强测量在对噪声源的研究中具有一定优势.

3.4.1 声强测量方法

声强是单位时间内与指定方向(或声传播方向)垂直的单位面积上通过的平均声能量. 从时间上划分，声强可分为瞬态声强和平均声强；从功率传输上划分，声强可以分为无功声强和有功声强. 通常在声辐射的研究中所提到的声强是指有功声强. 声强测量的方法主要分为两类：① P－U 法，即将传声器和测量质点振速的传感器结合使用，直接进行声强测量；② P－P 法，即双传声器法，通过双传声器间接获得质点振速，它与 P－U 法相比，更加易于实现. P－P 法还可以分为时域分析法和互谱分析法.

1. 时域分析法

瞬态声强的时间平均即为平均声强，在理想介质中，声强矢量 $\boldsymbol{I}$ 为瞬时声压 $p(t)$ 和相应质点速度 $\boldsymbol{u}(t)$ 乘积的时间平均，即

$$\boldsymbol{I} = \frac{1}{T}\int p(t)\boldsymbol{u}(t)\mathrm{d}t \tag{3-4-1}$$

瞬态声强的矢量方向与声传播方向相同，其时间平均代表声能量的传输情况.

声强测量通常使用双传声器法，两只传声器测量的声压分别为 $p_1(t)$ 和 $p_2(t)$，当两只传声器之间的距离 Δr 远小于声波的波长时，声压可以写成：

$$p(t) = \frac{p_1(t) + p_2(t)}{2} \tag{3-4-2}$$

声传播方向上，质点速度与声压梯度之间存在积分关系：

$$u_r(t) = -\frac{1}{\rho_0}\int \frac{\partial p}{\partial t}\mathrm{d}t \tag{3-4-3}$$

式中，ρ_0 为空气密度. 由于 Δr 相比于声波的波长很小，可以用有限差值来近似声压梯度，这样质点速度可近似为

$$u_r(t) = -\frac{1}{\rho_0}\int \frac{p_2(t) - p_1(t)}{\Delta r}\mathrm{d}t \tag{3-4-4}$$

所测点的声强则可以表示为

$$I_r = -\frac{p_1(t) + p_2(t)}{2\rho_0}\int \frac{p_2(t) - p_1(t)}{\Delta r}\mathrm{d}t \tag{3-4-5}$$

在声强测量系统中，利用相应电子线路即可进行声压的加法、减法处理，信号通过电子积分器就可以得到声强的平均值.

2. **互谱分析法**

根据信号分析理论，在频域中也可以进行声强的计算. 对于非单一频率信号，两个平稳随机信号 $p(t)$和 $u(t)$的互相关函数 R_{pu}与互功率谱密度函数 S_{pu}之间的关系为

$$R_{pu}(\tau) = \int_{-\infty}^{\infty} S_{pu}(\omega)\mathrm{e}^{\mathrm{j}\omega t}\mathrm{d}\omega \tag{3-4-6}$$

互功率谱密度函数 $S_{pu}(\omega)$可以简称为互谱，表示声强的频率分布. $S_{pu}(\omega)$作为双边谱，与单边谱 $G_{pu}(\omega)$的换算关系为

$$G_{pu}(\omega) = \begin{cases} 2S_{pu}(\omega), & \omega > 0 \\ S_{pu}(\omega), & \omega < 0 \\ 0, & \omega = 0 \end{cases} \tag{3-4-7}$$

由相关定理可知，两信号的互谱等于一个信号的傅里叶变换乘以另一个信号傅里叶变换的共轭值，因此，有

$$G_{pu}(\omega) = \lim_{T\to\infty}\left(\frac{2}{T}\right)[P^*(\omega)\cdot U(\omega)] \tag{3-4-8}$$

式中，$P(\omega)$、$U(\omega)$分别对应瞬时声压 $p(t)$、质点振动速度 $u(t)$的傅里叶变换，$P^*(\omega)$为$P(\omega)$的共轭复数. 声强在频域中的表达式为

$$I(\omega) = \mathrm{Re}[G_{pu}(f)] = -\frac{\mathrm{Im}[G_{12}]}{\omega\rho_0 d} \tag{3-4-9}$$

式中，G_{12}为两传声器所测得声压的互功率谱密度函数，ρ_0 为质点在静止平衡状态的密度，d 为两传声器声学中心之间的距离. 通过式(3-4-9)可知，只要获得了两个声压信号的互功率谱，即可求得声强及其频谱.

3.4.2 声强测量系统的分类

声强测量系统根据其功能可以分为模拟式声强测量系统、数字滤波式声强测量系统及互谱式声强测量系统，下面逐一进行简要的介绍.

1. **模拟式声强测量系统**

模拟式声强测量系统的各功能均通过模拟电路完成，可以给出线性或 A 计权声强或声强级，同时也能够进行倍频程或 1/3 倍频程声强分析，适用于现场声强的测量. 模拟式声强测量系统的原理图如图 3-4-1 所示，两只传声器测得的声压信号经过前置放大器放大后，通过高通滤波器滤除低频寄生信号. 接下来各自通过 A 计权滤波器及外部滤波器进行调理分析后，进入加法、减法、积分、乘法及平均电路进行计算，经过线性/对数转换器，在指示器中显示得到的声强级，单位为 dB.

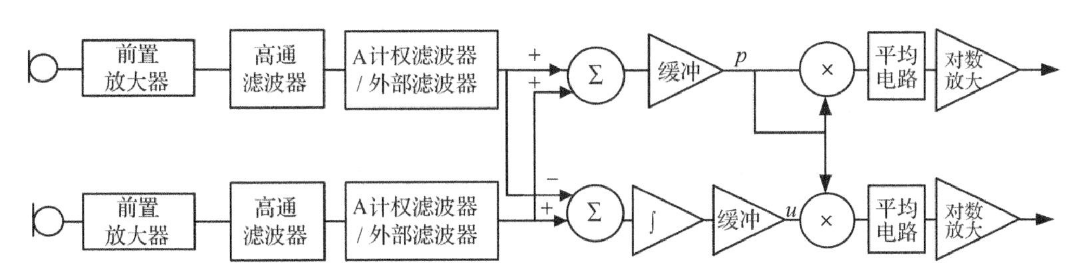

图 3-4-1 模拟式声强测量系统的原理图

2. 数字滤波式声强测量系统

声强测量系统对两个测量通道的幅度和相位匹配情况要求很高,采用模拟滤波器进行声强分析会加大由于相位失配造成的测量误差,使用数字滤波器则可以避免相位失配的问题.图 3-4-2 中给出了数字滤波式声强测量系统的原理图,数字滤波器的输出被交叉送入加法、减法、积分、乘法及平均电路进行计算,经过线性/对数转换器,并经过均方处理,直接在指示器中显示 1/3 倍频程声强级的实时数值.数字滤波式声强测量系统基于时域中的声强测量,对测量探头的传声器和模拟电路的性能要求较高,后期频率分辨率及频谱分析能力均有限.

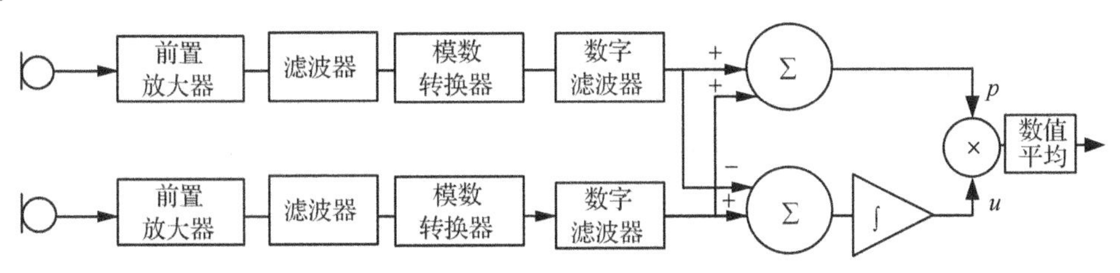

图 3-4-2 数字滤波式声强测量系统的原理图

3. 互谱式声强测量系统

基于互谱法的声强测量系统采用快速傅里叶变换(fast Fourier transform,简称 FFT)分析仪作为核心处理方法,通过测量、计算双通道的声压信号互谱虚部,获得有功声强的窄带谱,其测量系统原理图如图 3-4-3 所示.互谱式声强测量系统可以在普通声学环境中准确测定声源的声功率,适用性很强,可以完成一些在消声室内使用声压法无法完成的测量工作.该测量系统对双通道声压信号的幅值、相位误差修正比较容易.例如,采用传递函数法.另外,互谱式声强测量系统的功能较全,可以获得信号的声压级、声强级和各自的窄带谱,并能够对结果进一步处理,计算得到声功率级、三维声强向量图等.

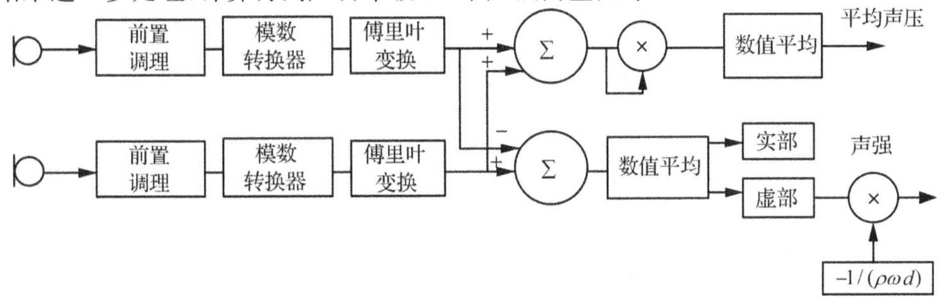

图 3-4-3 互谱式声强测量系统的原理图

根据 IEC 1043:1993 标准,声强处理器根据测量准确度可分为 1 级和 2 级. 1 级声强处理器主要用于精密级和工程级的声功率测量,2 级声强处理器主要用于调查级测量. 不同级别声强处理器的具体指标及性能如表 3-4-1 所示.

表 3-4-1　IEC 1043:1993 标准规定的声强处理器指标及性能要求

级别	1 级	2 级	2X 级
滤波器类型	1 级 1/3 倍频程 (模拟或数字)	2 级倍频程或 1/3 倍频程 (模拟或数字)	2 级倍频程或 1/3 倍频程 (模拟或数字)
实时信号处理	具备		时域分析全部信息
指示器准确度/dB	±0.2	±0.3	±0.3
各传声器准确度/dB	±0.1	±0.2	±0.2
时间平均	10～180 s 连续或以 1 s 以下(含 1 s)分挡	10～180 s 连续或分挡	30～600 s
声强校准	具备	任选	任选
频率范围	45 Hz～7.1 kHz(1/3 倍频程),54 Hz～5.6 kHz(倍频程)		
分辨率/dB	0.1		
峰值因数容量	>5 (14 dB)		
工作环境温度	5～40 ℃		

3.4.3　声强测量探头的校准

声强测量的主要误差之一为相位失配,测量前需要对声强测量系统进行相位和幅值校准. 双传声器面对面安装是比较常用的组合形式,可以使用消声室内基于白噪声的垂直法和平行法进行校准.

1. 垂直法

如图 3-4-4(a)所示,对于面对面结构的声强探头,将探头的双传声器面对面靠在一起,探头轴线方向与指向性较强的噪声源辐射方向垂直,在消声室内通常使用白噪声作为信号源对探头做宽频带的相位校准,此时近似认为双传声器在同一声场环境中. 双传声器面对面紧靠时,双膜片之间的距离 d 约为 3 mm,测试声场的实际相位差为

$$\Delta\varphi = kd\sin\theta \tag{3-4-10}$$

式中,θ 为探头中心轴线与声辐射法向的偏离夹角. 在实际校准时,频率相位校准精度与声场一致性和测试系统的信噪比有关. 相位误差在低频段比较明显,因此当测试系统信噪比一定时,需要尽可能减少双传声器测试声场的低频段相位差,以提高低频段相位差校准精度. 在使用垂直法进行声强探头相位校准时,应尽可能减小 θ.

2. 平行法

如图 3-4-4(b)所示,将面对面紧靠放置的双传声器探头轴线方向与指向性较强的噪声辐射方向平行放置,测试信号采用白噪声信号. 双传声器放置偏角为 θ,将传声器对调(旋转 180°)后,方向偏角记为 θ',双传声器声场相位差为

$$\Delta\varphi = kd\ \frac{\cos\theta' - \cos\theta}{2} \tag{3-4-11}$$

使用平行法进行校准时，相位校准精度受 θ 的方向偏置较小，与垂直法相比，测试精度较易保证.

在实际测量过程中，难以实现高精度的探头固定，而垂直法的同相位与探头轴线方向垂直度相关. 此外，传声器膜片等效声学中心的偏移及探头传声器机械结构的对称性精度也会影响相位校准精度. 平行法采用的是双传声器交换测试，经过两次校准测试，其校准精度受位置偏差影响会大大减小，相比于垂直法，对偏置角度 θ 不敏感，更容易实现高精度的相位校准. 但当非稳态环境噪声传播方向与校准声源方向相反时，平行法的校准精度较差.

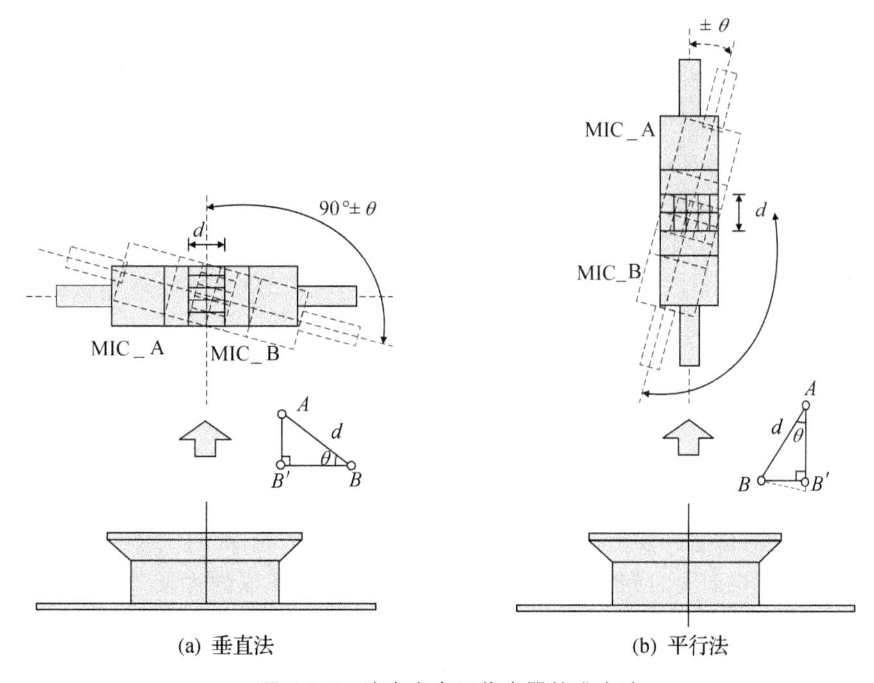

图 3-4-4　消声室内双传声器校准方法

除以上提到的校准方法之外，还有更适用于现场测试条件的基于离散扫频的平行法. 另外，还有专用的 P－P 声强仪校准器(如丹麦 B&K 公司的 3541 型声强校准器)，使用更为快捷方便且校准精度很高. 测量时，双传声器面对面放置，其中心轴线与声波传播方向一致，传声器之间装有分隔垫块，使得声波只能够从传声器边缘径向入射. 使用一种特制的双静电激发器校准结构，能够在整个频率和灵敏度范围内对两只传声器同时进行校准.

第4章 噪声测量

当声音由复杂的非谐波声音组合产生时,我们称之为噪声.噪声通常与不适有关,凡是对人们的休息、学习、工作及生活各方面引起干扰和不适的声音可以统称为噪声.根据《中华人民共和国噪声污染防治法》,常见的环境噪声主要包括工业噪声、交通噪声、建筑施工噪声、社会生活噪声等.工业噪声主要包括由机器机械的撞击、摩擦引起或气流引起的通风机、汽轮机等发出的噪声;交通运输噪声主要包括由街道上的各类机动车辆引起的发动机噪声、路噪声及鸣笛声,临水处轮船行驶的发动机噪声及鸣笛声,铁路、轨道交通、机场等噪声;建筑施工噪声主要包括城市中地铁、高速公路、桥梁等的修建,地下管道、电缆等的铺设及工业或民用建筑施工噪声等;社会生活噪声主要指人为活动产生的噪声,包括文娱场所、商业经营、公共场所及邻里等发出的噪声.

4.1 噪声评价参量

噪声评价参量的建立需要考虑噪声对人类生活和心理的影响.针对不同的噪声环境、噪声源的频率特性、噪声源的时间特性、噪声评价的对象、噪声影响的程度等,研究人员提出了很多不同的评价方法和评价参量,以期得出与主观响应一致的客观评价量.这些评价参量大致可以概括为:与人耳听觉有关的评价量、与心理感受有关的评价量、与身体健康有关的评价量及与室内活动有关的评价量等.下面对一些噪声评价参量分别进行简要的介绍.

4.1.1 响度与响度级

响度是判断声音强弱的物理量,它与人耳听觉特性有关,对于不同频率的声音,人主观产生的响度感觉是不同的.例如,相同声强级的声音,500 Hz 的声音与 50 Hz 的声音相比,人耳听到的感觉要偏轻一些.响度通常记为 S,单位为宋(sone),声压级为 40 dB、频率为 1 000 Hz 的纯音信号的响度为 1 宋.

响度级为响度的相对量,记为 L_S,单位是方(phon).对于 1 000 Hz 的纯音信号,响度级为该信号的声压级.例如,一个 1 000 Hz 纯音信号的声压级为 90 dB,该纯音信号的响度级即为 90 方.响度级每增加 10 方,响度即变化 1 倍.

在等响条件下,声压级与频率的变化关系曲线称为纯音信号的标准等响曲线,如图 4-1-1 所示.同一条等响曲线上每一个频率上的声音听起来都是一样响的.例如,频率为 100 Hz、声压级为 60 dB 的纯音信号,与频率为 1 000 Hz、声压级为 50 dB 的纯音信号位于同一条等响曲线上，响度级均为 50 方. 等响曲线图中最低的一条曲线（虚线）表示的曲线为 0 方等响曲线，它代表人耳刚刚可听到的声音强弱，因此也可称为可听阈. 低于此等响曲线的声音人耳是听不到的. 最上边的一条曲线表示人耳可听到的最高等响曲线，高于此等响曲线的声音人耳也是听不到的，会引起人耳的痛觉，因此也称为痛域. 可听阈与痛域之间的范围即是人耳可听声约 120 dB 的强度范围，可听声的频率一般在 20 Hz～20 kHz 之间.

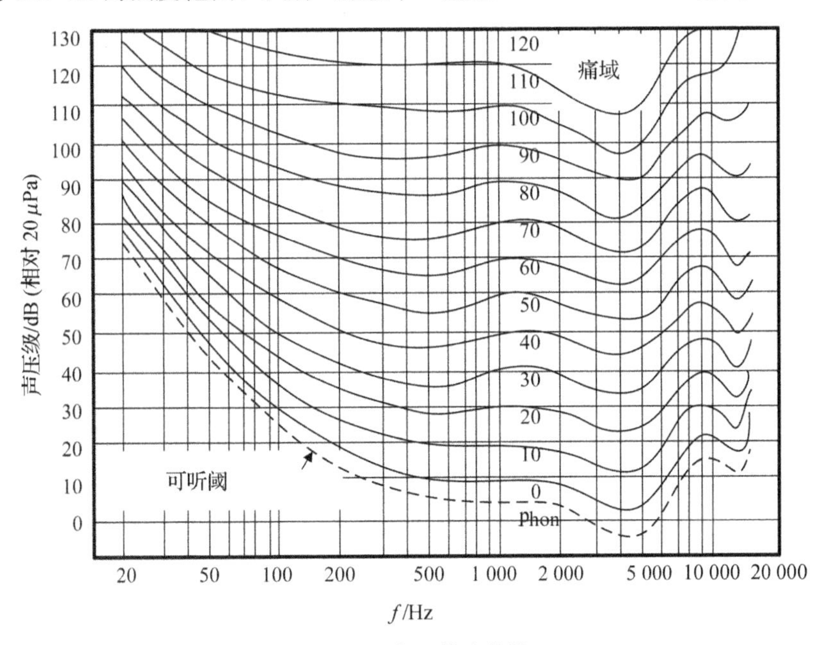

图 4-1-1 人耳等响曲线

对于稳态声音信号，响度 S 与响度级 L_S 之间的关系为

$$L_S = 40 + 33.3\lg S \tag{4-1-1}$$

$$S = 2^{(L_S - 40)/33.3} \tag{4-1-2}$$

实际测量中噪声源的频率范围较宽，不符合纯音或窄带信号. 针对复杂的噪声响度计算，史蒂文斯（Stevens）提出了响度指数的计算方法：根据噪声在倍频程或 1/3 倍频程中心频率的声压级，在图 4-1-2 中找到频带的响度指数. 在各个指数中取最大指数 S_m，总响度 S_t 可以由下式计算：

$$S_t = S_m + F\left(\sum_{i=1}^{n} S_i - S_m\right) \tag{4-1-3}$$

式中，F 为宽带修正因子；n 为频带数；S_i 为每一个倍频带对应的响度指数，单位为宋（sone）.

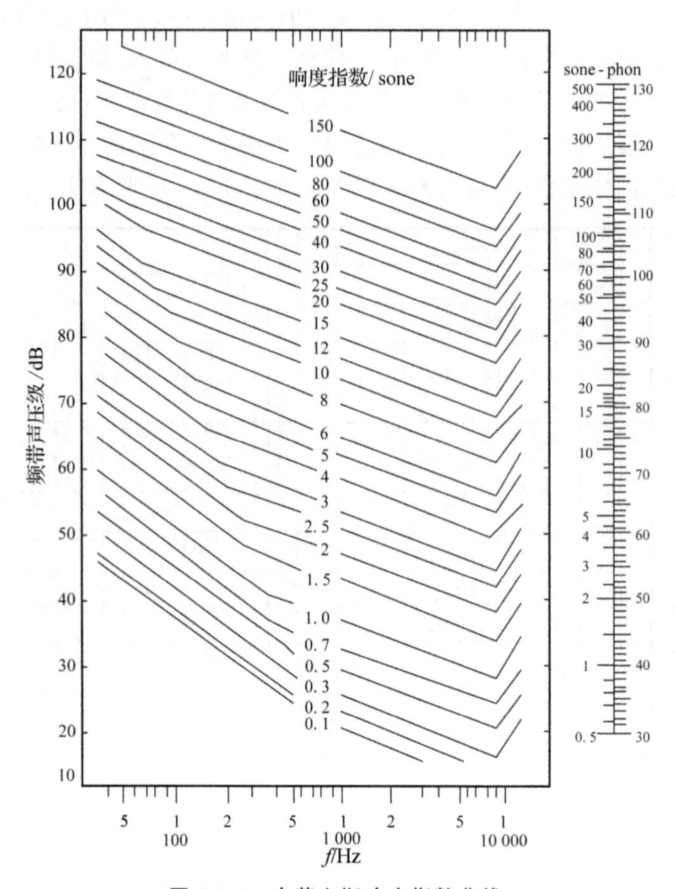

图 4-1-2 史蒂文斯响度指数曲线

计算总响度 S_t 时，最大响度指数 S_m 的宽带修正因子 F 为 1，而其他响度指数对应的 F 值小于 1 且随频带的宽度变化而变化，具体参见表 4-1-1.

表 4-1-1 宽带修正因子 F 的取值

倍频带宽	1/3 倍频带	1/2 倍频带	1/1 倍频带
宽带修正因子 F	0.15	0.20	0.30

4.1.2 计权声级与等效声级

1. 计权声级

响度和响度级反映了人们对声音频率的敏感性，声压级相同但频率不同的声音引起人的主观感觉是不同的. 因此，测量声音的仪器（如声级计）一般都装有频率计权网络，目的是使声音的客观量度与主观听觉感受近似一致. 计权声级是利用一定频率的计权网络测量得到的计权声压级. 图 4-1-3 所示的计权网络频率特性曲线中给出了 A、B、C、D 及 Z（Zero 不计权）几种计权网络频率特性，单位是 dB.

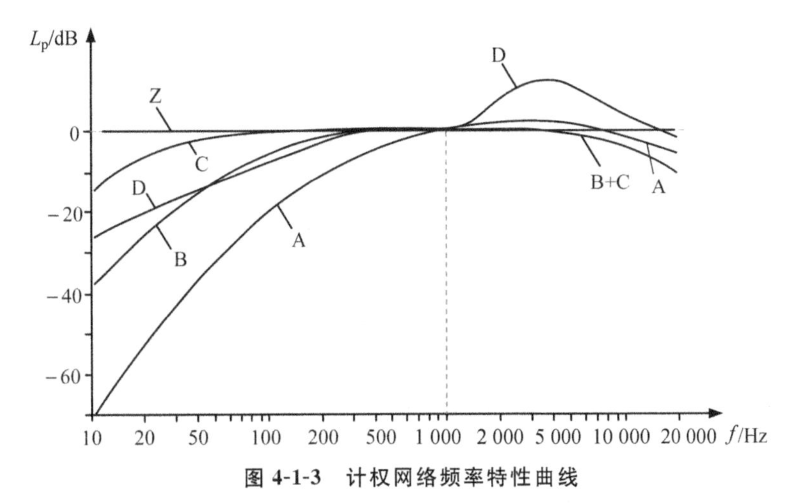

图 4-1-3　计权网络频率特性曲线

A 计权网络是模拟人耳对 40 方纯音的响度，是 40 方等响曲线的倒置，当信号通过时，其中低频段（<1 000 Hz）有较大的衰减；B 计权网络是模拟人耳对 70 方纯音的响度，对低频有一定衰减；C 计权网络是模拟人耳对 100 方纯音的响度感觉，在整个频域的响应近乎平直；D 计权网络常用于测量航空噪声，在低频段有一定衰减；Z 计权网络，即不计权，为全频段 0 dB.

大量研究表明，A 声级能较好地反映噪声对人耳听力的主观感觉，因此是噪声评价的基本量之一. A 声级基于一个信号的倍频带或 1/3 倍频带，通过 A 计权网络特性得到的声压级计算公式为

$$L_A = 10\lg\left(\sum_{i=1}^{N} 10^{(L_i+A_i)/10}\right) \tag{4-1-4}$$

式中，L_i 是倍频带或 1/3 倍频带声压级，单位为 dB；A_i 是表 3-2-1 对应倍频带或 1/3 倍频带的 A 计权网络响应值. B 计权网络对应的声级即为 B 声级，较少被用作噪声评价量，在现行的声级计国家标准中已经取消了对 B 计权网络的要求；C 声级，可以近似作为可听声范围的总声压级来使用.

2. 等效连续声级

A 声级比较适合稳定宽频带噪声的评价，对于一个起伏较大或不连续的噪声来说，A 声级不能很好地进行噪声评价. 例如，交通噪声的测量中，有车通过时和没有车通过时，所测得的 A 声级可能差 20～30 dB. 连续噪声和间歇性噪声对人的影响也不同，因此，等效连续声级的概念被提出，标记为 L_{eq}，它是指用噪声能量时间平均的方法来进行噪声评价. 测量过程中仍使用 A 声级，因此等效连续声级也叫等效连续 A 声级. 具体的定义为：在声场中某一位置上，用一段时间能量平均的方法，将间歇出现变化的 A 声级用一个同样持续时间、等效能量的稳态 A 声级来表示该时间段内噪声大小，此 A 声级即为该段时间内的等效连续声级，计算公式为

$$L_{eq} = 10\lg\left[\frac{1}{t_2-t_1}\int_{t_1}^{t_2}\frac{p^2(t)}{p_0^{\ 2}}\mathrm{d}t\right] = 10\lg\left[\frac{1}{t_2-t_1}\int_{t_1}^{t_2}10^{0.1L_A}\,\mathrm{d}t\right] \tag{4-1-5}$$

式中，$p(t)$是瞬时 A 计权声压，单位为 Pa；$p_0=2\times10^{-5}$ Pa，是参考声压；L_A 是 A 声级瞬时

值，单位为 dB；t_1 和 t_2 分别是计算等效连续声级的起始时间和终止时间，单位为 s.

实际测量时，在相等时间间隔上记录 A 声级的读数，得到 n 个 L_{Ai}，代入下式进行等效连续声级的计算：

$$L_{eq} = 10\lg\left(\frac{1}{n}\sum_{i=1}^{n}10^{0.1L_{Ai}}\right) \tag{4-1-6}$$

3. 昼夜等效声级

人们在夜间休息的时间对噪声更为敏感. 因此，规定夜间测得的等效声级需要增加 10 dB 作为修正. 昼夜等效声级，标记为 L_{dn}，是指在昼间和夜间规定时间内所测得的等效连续 A 声级，单位为 dB. 昼间一般规定为 15 h(7：00—22：00)，夜间一般规定为9 h(22：00—7：00)，我国噪声标准中规定了昼夜时段可由地方政府根据当地实际情况自行调整. 以上述时间段为例，昼夜等效声级可由下式进行计算：

$$L_{dn} = 10\lg\{[15\times 10^{0.1L_d} + 9\times 10^{0.1(L_n+10)}]\div 24\} \tag{4-1-7}$$

式中，L_d 和 L_n 分别为昼间和夜间的等效声级，单位为 dB.

4. 累积百分声级（统计声级）

对于现实生活中的非稳态噪声，等效连续噪声 L_{eq} 可以表示噪声的大小，但不能表示出噪声的起伏等时间特性. 利用统计方法，以噪声级出现的概率或累积概率来表示的参量，叫作累积百分声级或统计声级，通常标记为 L_N. 这意味着噪声测试数据中，在一次测量中有 $N\%$ 的时间内所测得的声级超过 L_N，或者在 m 次测量中有 $m\times N\%$ 的时间内所测得的声级超过 L_N.

例如，$L_{10}=80$ dB 表示在取样时间内只有 10％的时间噪声超过了 80 dB，其余时间内噪声均低于 80 dB，这也相当于噪声的平均峰值为 80 dB；$L_{50}=60$ dB 则表示在取样时间内有一半的时间噪声超过了 60 dB，相当于噪声中值为 60 dB；同理，$L_{90}=40$ dB 则表示在取样时间内有 90％的时间噪声超过了 40 dB，只有 10％的时间噪声低于 40 dB，相当于噪声的背景值在 40 dB. 因此，L_{10}、L_{50}、L_{90} 也分别可以代表噪声的峰值噪声级、中值噪声级和本底噪声级.

如果某噪声测量的声级符合正态分布条件，那么等效声级可用下式进行计算：

$$L_{eq} \approx L_{50} + \frac{(L_{10}-L_{90})^2}{60} \tag{4-1-8}$$

4.1.3 噪度与噪声级

1. 感觉噪度与感觉噪声级

响度可以反映人耳对不同频率声音大小的感觉，但不能反映噪声对人的干扰程度. 噪声引起的烦恼程度与噪声的频率特性和时间特性都有关系，高频噪声通常比同响度的低频噪声更令人不适，起伏较大的噪声比稳定的噪声感觉更吵，不明声源的噪声比确定声源的噪声更令人烦恼，等等. 因此，感觉噪度的概念被克瑞特(Kryter)提出，其单位是呐(noy). 中心频率为 1 kHz 的倍频带，声压级为 40 dB，规定其感觉噪度为 1 呐. 类似于等响曲线，等感觉噪度曲线如图 4-1-4 所示，通过此组曲线可以确定频带声压级、频率与感觉噪度大小的关系. 例如,中心频率为 100 Hz、频带声压级约为 60 dB 的噪声感觉噪度与中心频率为 5 kHz、频带声压级约为 40 dB 的噪声感觉噪度相同,同为 2 呐.

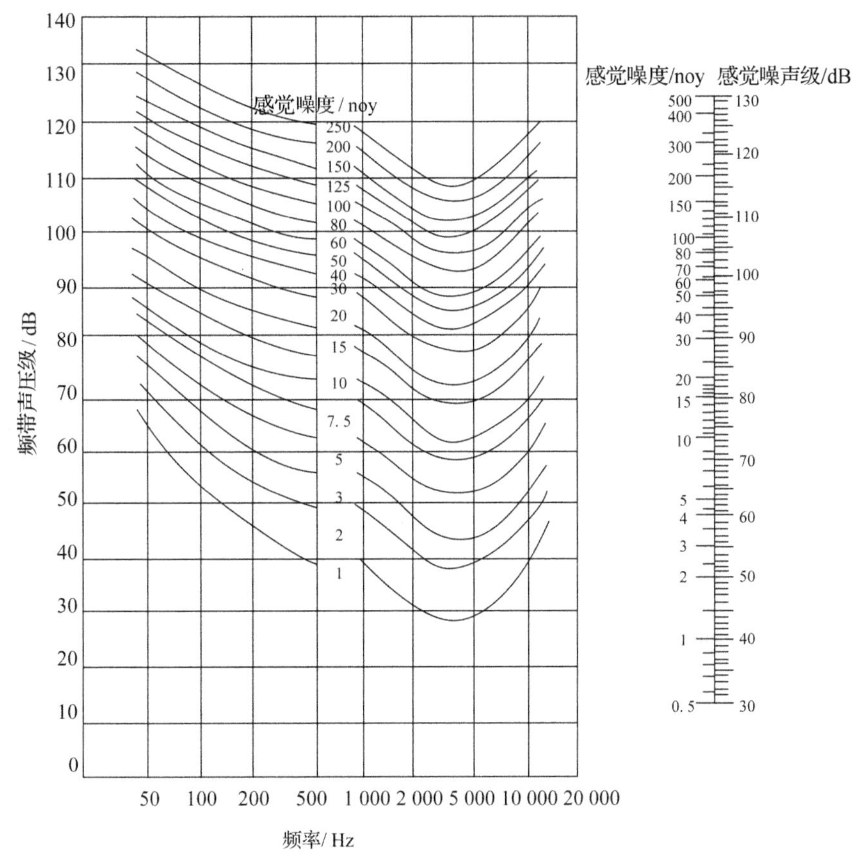

图 4-1-4 等感觉噪度曲线

与史蒂文斯的响度计算方法类似,总感觉噪度为 N_t 个频带的噪度之和:

$$N_t = N_m + F\left(\sum_{i=0}^{n} N_i - N_m\right) \tag{4-1-9}$$

式中,N_i 为各倍频带的感觉噪度,单位为 noy;N_m 为各倍频带感觉噪度的最大值,单位为 noy;F 是宽带修正因子,对于倍频带,$F=0.30$,对于 1/3 倍频带,$F=0.15$.

感觉噪声级为感觉噪度转换为 dB 表示的评价量,通常标记为 L_{PN},其计算公式为

$$L_{PN} = 40 + 33.3\lg N_t \tag{4-1-10}$$

2. 噪声污染级

除了感觉噪度外,可以评价噪声对人造成的烦恼程度的量还有噪声污染级,通常标记为 L_{NP}. 噪声污染级是利用噪声的能量平均值和标准偏差进行计算的:

$$L_{NP} = L_{eq} + 2.56\sigma \tag{4-1-11}$$

式中,L_{eq}为在一定测量时间内的等效连续声级,单位为 dB;σ 为声级的标准偏差,能够表示噪声的起伏程度,其计算公式为

$$\sigma = \sqrt{\frac{1}{n-1}\sum_{i=1}^{n}(L_i - \overline{L})^2} \tag{4-1-12}$$

式中，n 为取样总数；L_i 为第 i 个声级的大小，单位为 dB；L 为 n 个测量声级的算术平均值，单位为 dB. σ 越大，代表噪声的离散程度越高，噪声的起伏也就越大.

在满足正态分布的条件下，噪声污染级可以通过等效连续声级或累积百分声级来进行计算：

$$L_{NP} = L_{eq} + d \tag{4-1-13}$$

$$L_{NP} = L_{50} + d + \frac{d^2}{60} \tag{4-1-14}$$

式中，$d = L_{10} - L_{90}$，d 的大小与噪声声级的离散程度有关，d 越大，则噪声声级离散程度越高，噪声的起伏越大.

噪声污染级的测量时段与人们的活动时间和发生事件有关，比较适合公共噪声的测量评价.

4.1.4 噪声指数与噪声剂量

1. 交通噪声指数

交通噪声指数（TNI）的测量是在一定周期内（通常为 24 h）对室外交通噪声进行大量 A 声级采样，并进行统计分析求出累积百分声级 L_{10} 和 L_{90} 后，通过下式进行计算：

$$\text{TNI} = L_{90} + 4(L_{10} - L_{90}) - 30 \tag{4-1-15}$$

式中，累积百分声级 L_{10} 为 24 h 内不连续观测时间内超过 10% 的声级，L_{90} 为 24 h 内不连续观测时间内超过 90% 的声级. 式中，第一项表示本底噪声级，第二项表示噪声的起伏程度，第三项是经过大量测量和调查给出的修正值. 交通噪声指数适用于机动车辆噪声对周围环境干扰的评价，且只限于交通车辆较多的时段和路段.

2. 噪声冲击指数

考虑主观因素和客观量的综合情况，又将人口因素加以计权，可以得到噪声冲击指数（NII），计算公式如下：

$$\text{NII} = \frac{\text{TWP}}{\sum_i P_i} = \frac{\sum_i W_i P_i}{\sum_i P_i} \tag{4-1-16}$$

式中，TWP 代表噪声冲击的总计权人口数；W_i 为某一干扰级（昼夜等效声级 L_{dn}）的计权因子；P_i 为暴露在某一干扰噪声级（昼夜等效声级 L_{dn}）的人口数；$\sum_i P_i$ 为城市总人口数. 不同范围昼夜等效声级 L_{dn} 对应的计权因子 W_i 的数值可参考表 4-1-2.

表 4-1-2 不同范围昼夜等效声级 L_{dn} 对应的计权因子 W_i

昼夜等效声级 L_{dn}/dB	W_i	昼夜等效声级 L_{dn}/dB	W_i
35～40	0.01	65～70	0.54
40～45	0.02	70～75	0.83
45～50	0.05	75～80	1.20
50～55	0.09	80～85	1.70
55～60	0.18	85～90	2.31
60～65	0.32		

通过噪声冲击指数可以简明、科学地评价总的交通噪声影响或某一具体地点的环境噪声质量，可用作声环境质量的评价和不同环境的相互比较.

3. 噪声剂量

噪声剂量主要用于劳动保护，通过测量累积噪声暴露来评价工作环境噪声状况，以避免噪声对人造成的听力损失等声损伤. 对于稳态噪声，噪声剂量和测得的声压与暴露时间有关. 对于起伏大的噪声，则要计算等效声级后才能确定噪声剂量. 按照《工业企业噪声控制设计规范》(GB/T 50087—2013)中有关的噪声标准规定，个人在 90 dB 的噪声中连续工作，一天可工作 8 h，这是标准的噪声剂量. 噪声剂量用百分比形式表示，100%的噪声剂量即为 90 dB 持续 8 h 的噪声总量，不同国家所制定的标准略有不同. 按照上述标准，噪声增加 3 dB，即噪声的声级为 93 dB，那么总工作时间则减半，即减为 4 h. 噪声剂量的计算如下：

$$D = \frac{T_a}{T_p} \tag{4-1-17}$$

式中，T_a 为实际的噪声暴露时间，T_p 为允许的噪声暴露时间，单位均为 h.

4.1.5 噪声干扰

1. 噪声掩蔽

在一个安静环境中，即使一个声音的声压级很低，人耳也可以听到，但是当存在其他声音(掩蔽声)时，就会影响到人耳对所听声音的听闻效果，就要通过提高所听声音的响度才可以听到，听阈则随之变高. 这种由于某个声音的存在而使人耳对所听声音的听觉灵敏度降低，听阈发生迁移的现象，称为掩蔽效应. 一个声音的听阈因为掩蔽声的存在而提高，听阈提高的分贝数叫作掩蔽值. 例如，根据等响曲线可知，频率为 1 kHz 的纯音，声压级为 5 dB 时可达到人耳听阈值，这时出现 60 dB 的噪声，要能听到此声音的听阈值需要提高到75 dB，那么噪声对该纯音信号的掩蔽值为 75 dB 减去 5 dB，即 70 dB.

2. 语言干扰级

在日常生活中经常出现因噪声而产生的对人们交谈时声音的掩蔽效应，存在噪声的情况下，人们不得不高声交谈，当噪声特别大的时候，即使大喊可能也会互相听不见. 为了评价噪声对语言通话的干扰程度，白瑞奈克(Beranek)提出了一个噪声评价参量，即语言干扰级，标记为 SIL，单位为 dB. 由于语言的频谱特性，声能量主要集中在中心频率为 500 Hz、1 000 Hz和 2 000 Hz 的三个倍频带中，因此语言干扰级的计算为这三个倍频带声压级的算术平均值：

$$\mathrm{SIL} = \frac{L_{500\ \mathrm{Hz}} + L_{1\,000\ \mathrm{Hz}} + L_{2\,000\ \mathrm{Hz}}}{3} \tag{4-1-18}$$

语言通话除受噪声掩蔽效应的影响外，与距离远近也有关系. 因此，优先语言干扰级(PSIL)的概念被提出，考虑到上述频带以外的高、低频成分对语言通话的影响，在 SIL 的基础上附加另一个分贝值：

$$\mathrm{PSIL} = \mathrm{SIL} + 3 \tag{4-1-19}$$

不同说话距离对应的优先语言干扰级及声音大小情况之间的关系参见表 4-1-3.

表 4-1-3 不同说话距离的优先语言干扰级及声音大小情况之间的关系

交谈者之间的距离/ m	PSIL / dB			
	正常声音	声音提高	声音很响	声音非常响
0.15	74	80	86	92
0.30	68	74	80	86
0.60	62	68	74	80
1.20	56	62	68	74
1.80	52	58	64	70
3.70	46	52	58	64

由表 4-1-3 中数据可知,当交谈者之间的距离为 0.15 m 时,正常可以听到彼此声音情况下的优先噪声干扰级为 74 dB,如果干扰级到 80 dB,则需要提高说话声音. 如果说话声音很响,那么优先噪声干扰级可为 86 dB,说话声音特别响时可到 92 dB. 随着距离的增加,保证能听到彼此说话声音的允许的优先噪声干扰级逐渐降低,当两者距离为 3.70 m 时,正常交谈的优先噪声干扰级不能超过 46 dB,否则就要提高声音才能够使对方听得见.

4.1.6 噪声评价标准

对于室内噪声评价,白瑞奈克(Beranek)提出了以语言干扰级和响度级为基础的噪声评价标准(NC),并用一组 NC 曲线进行表示,这个评价方法最早在美国得到普遍的推广与应用. 由于 NC 曲线对于单调低频声与高频声的噪声评价不够准确,经过大量研究与实践后得到了一组优先噪声评价标准(PNC)曲线,如图 4-1-5 所示. PNC 曲线不仅适用于室内场所稳态环境噪声的评价,也同样适用于以噪声控制为主的其他场合,如大型船舶(客轮、邮轮)的舱室等. 利用 PNC 曲线进行噪声评价时,首先对环境噪声取频率从 31.5 Hz 至 8 kHz 内共 9 个倍频带的声压级,然后由 PNC 曲线分别取得对应的 PNC 数值,最终最大的 PNC 数值即为该环境噪声的噪声评价标准. 例如,环境噪声测量中所有倍频带声压级中最高点为中心频率 500 Hz、声压级 50 dB,那么对应的 PNC 曲线数值为 PNC-45,这表示该环境噪声的噪声评价标准为 PNC-45.

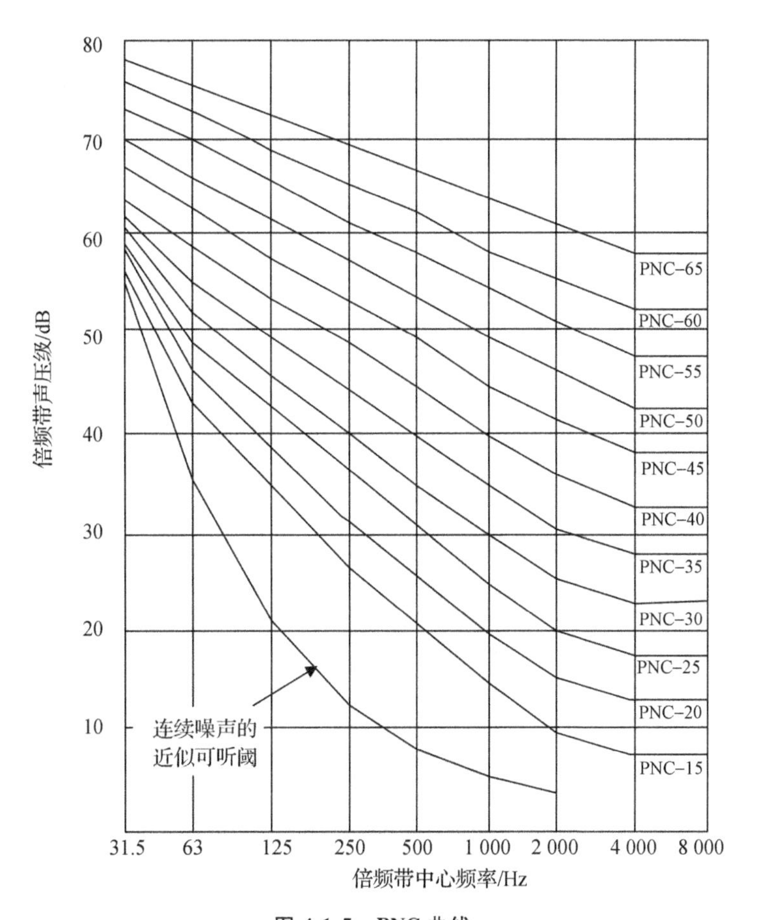

图 4-1-5　PNC 曲线

与 PNC 曲线类似，欧美国家多采用噪声评价数(NR)曲线进行室内噪声的评价，如图 4-1-6 所示. NR 曲线是基于等响曲线提出的，兼顾了声压级和频率对人的影响. 噪声评价数与 PNC 的计算方法类似，首先将所测环境噪声按倍频程进行频谱分析，后叠加在 NR 曲线上进行读数，取最大值所接触到的对应 NR 曲线即为该环境噪声的噪声评价数值.

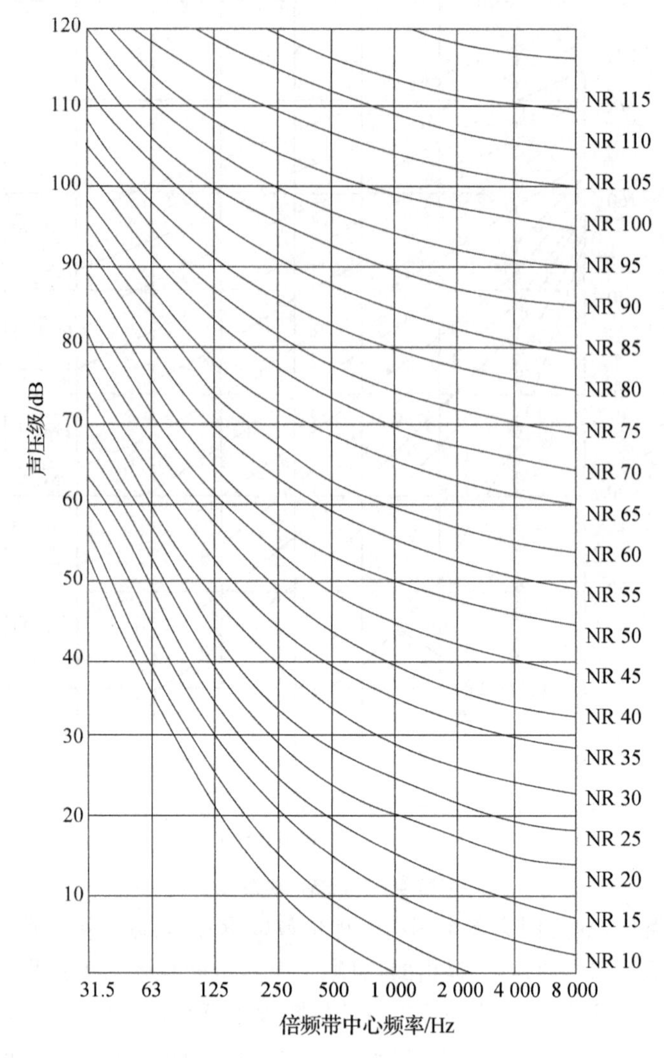

图 4-1-6　NR 曲线

4.2　噪声标准

作为我国环境保护法体系中重要的组成之一,环境噪声标准是具有法律性质的技术规范.本节将列举部分环境噪声标准文本,以及部分相关标准的具体限值,以便于了解噪声标准的基本情况.

4.2.1　噪声标准文本

表 4-2-1 和表 4-2-2 列举了我国现行的部分环境噪声与振动相关的标准文本及其开始实施时间.

表 4-2-1　声环境质量标准

GB/T 15190—2014	声环境功能区划分技术规范	2015-01-01 实施
GB 3096—2008	声环境质量标准	2008-10-01 实施
GB 9660—1988	机场周围飞机噪声环境标准	1988-11-01 实施
GB 10070—1988	城市区域环境振动标准	1989-07-01 实施

表 4-2-2　环境噪声排放标准

GB 12523—2011	建筑施工场界环境噪声排放标准	2012-07-01 实施
GB 22337—2008	社会生活环境噪声排放标准	2008-10-01 实施
GB 12348—2008	工业企业厂界环境噪声排放标准	2008-10-01 实施
GB 12525—1990	铁路边界噪声限值及其测量方法	1991-03-01 实施
GB 4569—2005	摩托车和轻便摩托车定置噪声排放限值及测量方法	2005-07-01 实施
GB 19757—2005	三轮汽车和低速货车加速行驶车外噪声限值及测量方法(中国 I、II 阶段)	2005-07-01 实施
GB 16169—2005	摩托车和轻便摩托车加速行驶噪声限值及测量方法	2005-07-01 实施
GB 1495—2002	汽车加速行驶车外噪声限值及测量方法	2002-10-01 实施
GB 16170－1996	汽车定置噪声限值	1997-01-01 实施

4.2.2　不同声环境功能区噪声限值

1. 声功能区划分

根据《声环境质量标准》(GB 3096—2008),声环境功能区主要划分为以下五种类型:

0 类声环境功能区:指康复疗养区等特别需要安静的区域,该区域内及附近区域应无明显噪声源,区域界线明确.

1 类声环境功能区:指以居民住宅、医疗卫生、文化教育、科研设计、行政办公为主要功能,需要保持安静的区域.

2 类声环境功能区:指以商业金融、集市贸易为主要功能,或者居住、商业、工业混杂,需要维护住宅安静的区域.

3 类声环境功能区:指以工业生产、仓储物流为主要功能,需要防止工业噪声对周围环境产生严重影响的区域.

4 类声环境功能区:指交通干线两侧一定距离之内,需要防止交通噪声对周围环境产生严重影响的区域,包括 4a 类和 4b 类两种类型. 4a 类为高速公路、一级公路、二级公路、城市快速路、城市主干路、城市次干路、城市轨道交通(地面段)、内河航道两侧区域;4b 类为铁路干线两侧区域.

针对 4 类(4a、4b)声环境功能区划分时,边界线外的距离按照如下规定进行划分:① 相邻区域为 1 类声环境功能区,距离为(50±5)m;② 相邻区域为 2 类声环境功能区,距离为(35±5)m;③ 相邻区域为 3 类声环境功能区,距离为(20±5)m. 此外,不同的道路、不同的路段、同路段的两侧及道路的同侧其距离可以不统一.

2. 环境噪声限值

针对不同声环境功能区，环境噪声昼夜等效声级的限值有所不同，具体参见表 4-2-3.

表 4-2-3　环境噪声限值

声环境功能区类别		不同时段等效声级 / dB(A)	
		昼间	夜间
0 类		50	40
1 类		55	45
2 类		60	50
3 类		65	55
4 类	4a 类	70	55
	4b 类	70	60

对于 4b 类铁路干线两侧区域的环境噪声限值规定，在以下两种情况下应按昼间 70 dB(A)、夜间 55 dB(A)执行：① 穿越城区的既有铁路干线；② 对穿越城区的既有铁路干线进行改建、扩建的铁路建设项目. 应该注意，对于各类声环境功能区夜间的突发噪声，要求其最大声级超过环境噪声限值的幅度不得高于 15 dB(A).

4.2.3　区域噪声限值标准

1. 社会生活噪声限值标准

《社会生活环境噪声排放标准》(GB 22337—2008)是根据现行法律对社会生活噪声污染源达标排放义务的规定而制定的. 该标准主要针对营业性文化娱乐场所和商业经营活动中可能产生环境噪声污染的设备和设施，规定了边界噪声排放限值. 文本中提供了边界噪声排放限值和室内噪声排放限值的相关规定. 其中，社会生活噪声排放源边界噪声排放限值的规定与表 4-2-3中有关规定基本相同，唯一的差别是针对 4 类声环境功能区，不区分 4a 类和 4b 类，均执行昼间噪声排放不得超过 70 dB(A)，夜间噪声排放不得超过 55 dB(A)的限值标准.

噪声敏感建筑物是指医院、学校、机关、科研单位、住宅等需要保持安静的建筑物. 当社会生活噪声排放源边界与噪声敏感建筑物距离小于 1 m 时，应在噪声敏感建筑物内进行噪声测量，并且在表 4-2-3 有关排放限值的标准上减去 10 dB(A)作为评价依据. 当社会噪声排放源位于噪声敏感建筑物内的情况下，噪声通过建筑物结构传播至噪声敏感建筑物室内时，室内测量的等效声级不得超过表 4-2-4 和表 4-2-5 中的规定限值.

表 4-2-4　结构传播固定设备室内噪声排放限值(等效声级)

噪声敏感建筑物所处声环境功能区类别	等效声级/ dB(A)			
	A 类房间		B 类房间	
	昼间	夜间	昼间	夜间
0	40	30	40	30
1	40	30	45	35
2～4	45	35	50	40

说明:A类房间指以睡眠为主要目的,需要保证夜间安静的房间,包括住宅卧室、医院病房、宾馆客房等.B类房间指主要在昼间使用,需要保证思考与精神集中、正常讲话不被干扰的房间,包括学校教室、会议室、办公室、住宅中卧室以外的其他房间等.

表4-2-5 结构传播固定设备室内噪声排放限值(倍频带声压级)

<table>
<tr><th rowspan="2">噪声敏感建筑物所处声环境功能区类别</th><th rowspan="2">时段</th><th rowspan="2">房间类型</th><th colspan="5">倍频带声压级/dB</th></tr>
<tr><th>31.5 Hz</th><th>63 Hz</th><th>125 Hz</th><th>250 Hz</th><th>500 Hz</th></tr>
<tr><td rowspan="2">0</td><td>昼间</td><td>A、B类房间</td><td>76</td><td>59</td><td>48</td><td>39</td><td>34</td></tr>
<tr><td>夜间</td><td>A、B类房间</td><td>69</td><td>51</td><td>39</td><td>30</td><td>24</td></tr>
<tr><td rowspan="4">1</td><td rowspan="2">昼间</td><td>A类房间</td><td>76</td><td>59</td><td>48</td><td>39</td><td>34</td></tr>
<tr><td>B类房间</td><td>79</td><td>63</td><td>52</td><td>44</td><td>38</td></tr>
<tr><td rowspan="2">夜间</td><td>A类房间</td><td>69</td><td>51</td><td>39</td><td>30</td><td>24</td></tr>
<tr><td>B类房间</td><td>72</td><td>55</td><td>43</td><td>35</td><td>29</td></tr>
<tr><td rowspan="4">2～4</td><td rowspan="2">昼间</td><td>A类房间</td><td>79</td><td>63</td><td>52</td><td>44</td><td>38</td></tr>
<tr><td>B类房间</td><td>82</td><td>67</td><td>56</td><td>49</td><td>43</td></tr>
<tr><td rowspan="2">夜间</td><td>A类房间</td><td>72</td><td>55</td><td>43</td><td>35</td><td>29</td></tr>
<tr><td>B类房间</td><td>76</td><td>59</td><td>48</td><td>39</td><td>34</td></tr>
</table>

需要注意的是,对于环境中的非稳态噪声,如电梯噪声等情况,最大声级超过限值的幅度不能高于10 dB(A).

2. 工业噪声限值标准

《工业企业厂界环境噪声排放标准》(GB 12348—2008)适用于管理、评价和控制工业企业的噪声排放.除工业企业外,机关、事业单位、团体等对外环境排放噪声的单位也需按照该标准执行.该标准的主要目的是保护劳动者的健康和居民的生活环境,确保工业活动不对周围环境造成过大的噪声干扰.该标准具体规范了室外声环境质量要求和固定设备结构传声的室内声环境质量要求两个部分.在室外声环境质量要求方面,对于不同声环境功能区,工业企业厂界环境噪声排放限值与表4-2-3中有关规定基本相同,唯一的区别是4b类声环境功能区与4a类声环境功能区执行统一标准.在室内固定设备结构传声的噪声排放限值方面,与《社会生活环境噪声排放标准》中的规定相同,具体参考表4-2-4和表4-2-5.

此外,在《工业企业厂界环境噪声排放标准》中还规定了夜间噪声的控制要求.夜间频发噪声的最大声级超过限值的幅度不能高于10 dB(A),夜间偶发噪声的最大声级超过限值的幅度不能高于15 dB(A).这是为了保障夜间居民的休息和安宁.工业企业如果位于未划分声环境功能区的区域,并且周围有噪声敏感建筑物存在,当地县级以上人民政府将按照《声环境质量标准》(GB 3096—2008)和《声环境功能区划分技术规范》(GB/T 15190—2014)的规定确定厂界外区域的声环境质量要求,并要求企业执行相应的厂界环境噪声排放限值.

3. 建筑施工噪声限值标准

《建筑施工场界环境噪声排放标准》(GB 12523—2011)中给出了建筑施工场界环境噪声排放限值及测量方法.该标准适用于周围有包括住宅区、学校、医院、文化设施等噪声敏感建筑物的建筑施工噪声排放的管理、评价及控制.其他类型的施工,如市政(如道路维修和市政设施建设等)、通信(如基站建设和通信网络维护等)、交通(如道路拓宽、桥梁建设和隧道施工等)及水利(如水库建设和排水管道维修等)的施工噪声排放,都可以参考并遵循《建筑施工场界环境噪声排放标准》的执行要求.该标准不适用于抢修、抢险施工过程中产生噪声的排放监管.在紧急情况下,噪声限制放宽,但施工方仍应尽量减少噪声对环境和居民的影响,采取适当措施减少噪声传播.

在建筑施工过程中,场界环境噪声不得超过表 4-2-6 中规定的排放限值.夜间噪声的最大声级超过限值时,超过的幅度不得高于 15 dB(A).当场界距离噪声敏感建筑物较近且室外测量条件不满足时,需要在室内进行测量,并将表 4-2-6 中规定的限值相应减去 10 dB(A)作为评价依据.

表 4-2-6　建筑施工场界环境噪声排放限值

单位:dB(A)

昼间	夜间
70	55

4. 城市区域环境振动标准值

根据《城市区域环境振动标准》(GB 10070—1988)中对城市区域环境振动标准值及适用范围的有关规定,城市各类区域铅垂向 Z 振级标准值参见表 4-2-7.

表 4-2-7　城市各类区域铅垂向 Z 振级标准值

适用地带范围	不同时段对应的声级/ dB(A)	
	昼间	夜间
特殊住宅区	65	65
居民、文教区	70	67
混合区、商业中心区	75	72
工业集中区	75	72
交通干线道路两侧	75	72
铁路干线两侧	80	80

注:表中规定的不同地带范围按如下规定划分:a) 特殊住宅区是指特别需要安宁的住宅区;b) 居民、文教区是指纯居民区和文教、机关区;c) 混合区是指一般商业与居民混合区,工业、商业、少量交通与居民混合区;d) 商业中心区是指商业集中的繁华地区;e) 工业集中区是指在一个城市或区域内规划明确的工业区;f) 交通干线道路两侧是指车流量每小时 100 辆以上的道路两侧;g) 铁路干线两侧是指距每日车流量不少于 20 列的铁道外轨 30 m 外两侧的住宅区.

以上标准适用于连续发生的稳态振动、冲击振动及无归振动.针对每日发生的个别冲击振动,其最大值昼间不允许超过标准限值 10 dB(A),夜间不允许超过标准限值 3 dB(A).以上标准规定可以由当地政府按照地方习惯及季节变化划定.

5. 机场环境噪声限值

《机场周围飞机噪声环境标准》(GB 9660—1988)适用于机场周围受飞机通过所产生噪声影响的区域,该标准采用昼夜的计权等效连续感觉噪声级 L_{WECPN} 作为评价量,单位为 dB,

具体标准值和适用区域见表 4-2-8.

表 4-2-8 机场周围飞机噪声环境噪声标准限值 L_{WECPN}

适用区域	标准限值
一类区域	≤70 dB
二类区域	≤75 dB

说明:一类区域是指特殊住宅区,居住、文教区;二类区域是指除一类区域以外的生活区.

6. 铁路边界噪声限值

2008 年对《铁路边界噪声限值及其测量方法》(GB 12525—1990)进行了修订,对铁路边界铁路噪声限值的规定分为两个标准:既有铁路边界铁路噪声限值(表 4-2-9)和新建铁路边界铁路噪声限值(表 4-2-10).既有铁路是指 2010 年 12 月 31 日前已建成运营的铁路或环境影响评价文件已通过审批的铁路建设项目;新建铁路是指自 2011 年 1 月 1 日起环境影响评价文件通过审批的铁路建设项目,其中不包括改建、扩建的既有铁路建设项目.

表 4-2-9 既有铁路边界铁路噪声限值

单位:dB(A)

昼间	夜间
70	70

表 4-2-10 新建铁路边界铁路噪声限值

单位:dB(A)

昼间	夜间
70	60

4.3 噪声源测量

噪声源测量是噪声控制的基础,也是噪声测量的重要内容之一.它涵盖了两个主要方面:噪声强度及其特性的测量和声源参数及其特性的测量.噪声强度及其特性的测量包括声压级、声功率、时间分布和空间分布的分析,这些信息能够帮助评估噪声对人体和环境的影响程度,并为制定噪声控制措施提供依据.声源参数及其特性的测量包括识别和定位噪声源,以便准确定位噪声源的位置并分析其特性.噪声源测量的结果可用于科学研究、噪声管理和噪声控制策略制定,同时也为推动噪声控制技术的发展提供了数据支持.

4.3.1 噪声级测量

噪声级测量是噪声源测量的重要组成部分,通常通过使用声级计来进行.声级计可以模拟人耳对不同频率声音的感知方式,并根据加权方式(不同计权网络)评估噪声的强度和声压级.声级计具备不同的测量参数和功能,可以提供实时数据和测量结果,如声压级、等效声压级和频谱分布.目前,在噪声测量中 A 声级的使用最为广泛,它能够更准确地反映人耳对不同频率声音的感知敏感度，与人类听觉更为接近，可以更准确地评估噪声对人体的影响. 此外，A 声级已被广泛接受并应用于国际标准化组织和许多国家的噪声规定和标准中，使不同地区和国家的噪声数据具有可比性.

声级计通常有快挡（“F”）和慢挡（“S”）两种测量时间选择. 快挡通常是以较短的时间间隔对声压级进行测量，适用于捕捉瞬时噪声或快速变化的声音. 慢挡则是以较长的时间间隔进行测量，能够平滑地对声压级进行平均，适用于对长时间持续性噪声进行测量和评估. 使用快挡读数时，对于频率为 1 000 Hz 的纯音信号输入，一般需要 200～250 ms 的时间得到真实的声压级，慢挡则需要更长时间才能得到平均声压级. 对于噪声频谱分析，通常用倍频程或 1/3 倍频程声压级谱，常用的 8 个倍频带中心频率分别为 63 Hz、125 Hz、250 Hz、500 Hz、1 000 Hz、2 000 Hz、4 000 Hz 及 8 000 Hz.

噪声级测量主要分为稳态噪声测量和非稳态噪声测量. 稳态噪声测量用于测量持续较长时间并保持稳定的噪声，如工厂机器的运行噪声；非稳态噪声测量用于捕捉短暂的噪声变化，如突发事件或设备启停时的噪声. 具体地，稳态噪声一般指噪声强度波动范围在 5 dB 以内的连续性噪声，或重复频率大于 10 Hz 的脉冲噪声. 在《工业企业厂界环境噪声排放标准》中，对稳态噪声与非稳态噪声的定义由波动范围 5 dB 调整为 3 dB，也就是说，在测量期间，被测声源的声级起伏不大于 3 dB 的噪声为稳态噪声；反之，大于 3 dB 的噪声为非稳态噪声.

针对不同类型的噪声测量，如工业企业厂界环境噪声、社会生活环境噪声、建筑施工场界环境噪声、声环境质量、民用建筑隔声测量等，其测量方法略有不同. 通常，稳态噪声测量采用 1 min 的等效连续声压值. 非稳态噪声的测量时段是指被测噪声源有代表性出现时段的等效声压值，必要时要测量被测噪声源整个发生时段的等效声压值. 开展非稳态噪声监测时，为避免因为仪器自身系统响应间的差异导致的测量数据间的显著性差异，一般通过增加测量时间的方式来降低这种差异的影响，建议采用 10～20 min的测量时间.

实际测量中，测得 N 个声压级数值后，平均声压级可以通过下式计算：

$$\overline{L}_p = 20\lg \frac{1}{N}\sum_{i=1}^{N} 10^{L_i/20} \tag{4-3-1}$$

式中，L_i 为第 i 次所测得的声压级. 对于分贝数比较接近的声压级值可根据下列公式计算其平均值和标准方差来表达噪声级水平：

$$\overline{L}_p = \frac{1}{N}\sum_{i=1}^{N} L_i \tag{4-3-2}$$

$$\delta = \frac{1}{\sqrt{N-1}}\left[\sum_{i=1}^{N}(L_i - \overline{L}_p)\right]^{1/2} \tag{4-3-3}$$

环境噪声的测量受背景噪声的影响较大，进行测量时需要进行一定的修正. 设含背景噪声的总声压级为 L_{T}，背景噪声声压级为 L_{b}，经过背景噪声修正后的被测噪声声压级 L_{N} 可由下式进行计算：

$$L_{\mathrm{N}} = L_{\mathrm{T}} - K_{\mathrm{b}} \tag{4-3-4}$$

$$K_{\mathrm{b}} = -10\lg(1 - 10^{-\Delta L/10}) \tag{4-3-5}$$

式中，$\Delta L = L_{\mathrm{T}} - L_{\mathrm{b}}$，即总声压级与背景噪声声压级之差. 当 $\Delta L < 3$ dB 时，说明被测噪声声

压级与背景噪声声压级接近，需要更换到更安静的低点重新测量；当 $\Delta L>10$ dB 时，背景噪声的影响几乎可以忽略；当 ΔL 在 3～10 dB 之间时，可参考表 4-3-1 中的数值进行修正，通常可取近似整数值以便于计算.

表 4-3-1　背景噪声修正值

ΔL/ dB	3	4	5	6	7	8	9	10
K_b/ dB	3.0	2.2	1.65	1.26	1	0.75	0.59	0.46

非稳态噪声包括起伏噪声、间歇噪声、脉冲噪声和撞击噪声. 起伏噪声是指在测量期间使用声级计慢挡进行动态测量时声级波动大于 3 dB 但通常小于 10 dB 的噪声. 间歇噪声是指在测量过程中持续时间超过 1 s 且多次突然下降至背景噪声水平的噪声. 建筑业和维修业等许多工业噪声属于间歇噪声. 脉冲噪声和撞击噪声是指声压迅速上升到峰值后迅速下降的瞬时噪声. 根据 ISO 标准，脉冲噪声由持续时间小于 1 s 的单个或多个猝发声组成，而撞击噪声的声压上升和下降时间比脉冲噪声长. 前者通常出现在武器发射或爆炸声中，而后者常见于锤锻和冲压噪声. 在非稳态噪声中，脉冲噪声的参数主要包括峰值声压级、脉冲宽度、脉冲次数或暴露次数等，这与对人体的危害密切相关.

针对不规则噪声，可以根据需要测量声压级的时间和频率特性分布，其中包括最大值、最小值和平均值，声压级的统计分布（如累积百分声级），等效连续声级，噪声的频谱分布. 在测量和分析声压级时间分布特性时，可以选择每 5 s 进行一次采样，总共测量约 250 s，以获得 50 个数据点，然后进行统计分析. 时间间隔越小，测量结果越精确，可以使用积分声级计进行测量. 噪声评价参数中最常用的是等效连续 A 声级 L_{eq}，单位是 dB(A)，表达式为

$$L_{eq}=10\lg\frac{1}{T}\int_{0}^{T}10^{0.1L_A}\,dt \tag{4-3-6}$$

式中，T 为测量的总时间，单位为 s；L_A 为瞬时 A 声级，单位为 dB(A).

4.3.2　声功率测量

当描述噪声源辐射特性时，仅使用声压级呈现的信息是不全面准确的，因为声压级的测量结果受到测量位置和声学环境的影响. 因此，在声学测量中，声功率的测量具有重要意义. 声功率表示噪声源在单位时间内辐射声波的平均能量，是对噪声实际辐射能力的定量表征，它不受测量位置和环境的影响. 声源声功率级的频率特性和指向特性可用声功率级、频率函数或频谱表示. 声功率级与声功率之间的换算公式为

$$L_W=10\lg\frac{W_A}{W_0}=10\lg W_A+120 \tag{4-3-7}$$

式中，L_W 表示声功率级，单位为 dB；W_A 为声源辐射的声功率，单位为 W；$W_0=10^{-12}$ W 是基准声功率.

噪声源声功率测量按照测量环境可以分为自由场法（消声室和半消声室）、混响场法（专用混响室或硬壁测试室）、户外声场法；按照测量精度可以分为精密法、工程法和简易法（又称 1 级、2 级和 3 级精度）；按照测量方法可以分为声压法、声强法和振速法. 我国针对以上不同类别的声源声功率测量方法制定了 10 余条国家标准（与 ISO 标准相对应），不同测量方法适用于不同的测试环境和测试精度，具体参见表 4-3-2 和表 4-3-3.

表 4-3-2　噪声源声功率测试标准简介

测试方法	标准编号	精度分类	具体方法	声源体积	对应 ISO 标准
声压法	GB/T 3767—1996	工程	反射面上方近似自由场法	由有效测试环境限定	ISO 3744:1994
	GB/T 3768—1996	简易	反射面上方采用包络测量表面的简易法	由有效测试环境限定	ISO 3746:1995
	GB/T 6881.1—2023	精密	混响室精密法	小于混响室体积的 1%	ISO 3741:2010
	GB/T 6881.2—2017	工程	硬壁测试室比较法	小于混响室体积的 1%	ISO 3743-1:2010
	GB/T 6881.3—2002	工程	专用混响测试室法	小于混响室体积的 1%	ISO 3743-2:1994
	GB/T 6882—2016	精密	消声室和半消声室精密法	小于测试房间体积的 0.5%	ISO 3745:2012
	GB/T 16538—2008	简易	标准声源比较法	无限制	ISO 3747:2000
声强法	GB/T 16404—1996	精密	定点式测量法	测量表面由声源尺寸决定	ISO 9614-1:1993
	GB/T 16404.2—1999	精密	扫描式测量法	测量表面由声源尺寸决定	ISO 9614-2:1996
	GB/T 16404.3—2006	精密	扫描式测量法	测量表面由声源尺寸决定	ISO 1964-3:2002
振速法	GB/T 16539—1996	精密	封闭机器的测量法	无限制	ISO 7849:1987

表 4-3-3　噪声源声功率测试方法(按测量精度划分)

参量	精密法(1 级)	工程法(2 级)	简易法(3 级)
测试环境	半消声室	室内或室外	室内或室外
声源体积	小于测量房间体积的 0.5%	由有效测试环境限定	由有效测试环境限定
测点数目	$\geqslant 10$	$\geqslant 9$	$\geqslant 4$
背景噪声限定/ dB	$\Delta L \geqslant 10, K_1 \leqslant 0.4$	$\Delta L \geqslant 6, K_1 \leqslant 0.4$	$\Delta L \geqslant 3, K_1 \leqslant 0.4$
评判标准/ dB	$K_2 \leqslant 0.5$	$K_2 \leqslant 2$	$K_2 \leqslant 7$

表 4-3-3 中,ΔL 为被测声源工作期间的测量表面总声压级与背景噪声声压级之差,其修正值 K_1 参见表 4-3-1;K_2 为声学环境修正值,可以通过标准声源比较法确定,K_2 等于所测得的声功率级减去标准声源校准的声功率级.

根据以上标准,下面对噪声源声功率的测量方法分别进行介绍.

1. 声压法

声压法是通过测量噪声源的声压值并换算成声功率的一种测量方法,其主要原理是先建立被测声源周围的封闭测量包络面,再通过包络面上分布的多个测量点的声压级计算得到声功率级.根据国家标准(表 4-3-2),分别对声压法测量声功率的部分方法进行简要介绍.

(1) 反射面上方近似自由场法

该方法适用于各类噪声信号,包括稳态信号、非稳态信号和脉冲信号等,但需要被测声源尺寸不过大.测量方法是在近似自由场环境中建立多个反射面,通过计算测量面上的声压级来确定噪声源的声功率级.该方法要求声功率与时间和空间平均的均方声压成正比.然而,反射面上方近似自由场法不适用于测量超高或超长的声源,如烟囱、管道和输送机械.

(2) 反射面上方采用包络测量表面的简易法

反射面上方采用包络测量表面的简易法可以测量声功率,与反射面上方近似自由场法相比,它在声学环境条件和测量准确度等级上有所不同.反射面上方采用包络测量表面的简易法要求测试环境修正值 $K_2 \leqslant 7$ dB,并且被测声压级至少比在传声器位置上平均后的背景噪声 A 计权声压级低 3 dB.而反射面上方近似自由场法要求更高的准确度,$K_2 \leqslant 2$ dB,并且在测试频率范围内的每个频带上都需要满足 $K_2 \leqslant 2$ dB,同时背景噪声 A 计权声压级至少比被测声压级低 6 dB.

(3) 硬壁测试室比较法

硬壁测试室比较法测量声功率适用于具有特定声学性能的硬壁测试室.在测量过程中,使用比较法分析噪声源的频谱,得到声功率级,然后通过 A 计权处理得到 A 计权声功率级.该方法是一种相对简单的工程法,适用于测量各种类型的噪声,但不包括孤立的猝发声.

(4) 专用混响测试室法

专用混响测试室法是一种测量声功率级的方法,它将声源放置在具有规定混响时间的专门设计的房间内.与硬壁测试室比较法相比,专用混响测试室法有以下不同之处:① 可以使用直接法在专用混响测试室中进行测量,通过计算平均 A 计权声压级与混响时间来得到 A 计权声功率级,而无须使用标准声源;② 相对于硬壁测试室比较法而言,专用混响测试室法对测量条件有更多的限制.因此,在无法应用专用混响测试室法时,可以使用硬壁测试室比较法来测量声功率.

(5) 标准声源比较法

标准声源比较法是一种用于测量非移动声源声功率级的现场测定方法.该方法使用比较法来测量声功率,首先通过比较法获取固定噪声源的倍频程声功率级,然后通过 A 计权处理得到 A 计权声功率级.其测量环境要求较低,只要该环境的背景噪声足够低和传声器位置处的声压级主要依赖于房间表面的反射即可.标准声源比较法适用于辐射宽频带、窄频带或离散纯音的噪声源.

标准声源作为声学测量和校准的参考工具,具备频率响应平坦、输出水平稳定、失真度低和声压级可调节的特点.标准声源有空气动力式、电声式和机械式三种.空气动力式标准声源是一种特殊设计的风扇,通过调节旋转速度和风扇叶片的形状来控制声功率输出和频谱特性.电声式标准声源由多个扬声器组成,并通过激发无固有噪声信号来产生声音.机械式标准声源通过将标准冲击机放入金属罩内,使其击打薄板以产生辐射噪声.标准声源通常分为两类声功率水平,一类为(90±5)dB,另一类大于 100 dB.此外,标准声源的功率谱特性通常在 200～6 000 Hz 范围内基本平直,并且具备非常低的方向性.

从声环境角度来说,声压法测量声功率可以分为自由场法(消声室和半消声室精密法)和扩散场法(混响室精密法)两类,下面就这两种声环境对应的声功率具体计算方法及所测参量分别进行较为详细的介绍.

(6) 消声室和半消声室精密法

自由场环境一般指消声室或半消声室,以及近似满足自由场条件的室内或室外环境.消声室和半消声室精密法是一种实验室方法,用于在具有特定声学性能的消声室或半消声室中测量噪声源的声功率级或声能量级. 具体实现方法是先测量噪声源包络面上的声压级,然后计算噪声源的声功率级. 此方法还可用于测定声能量级,并适用于描述单个猝发声或瞬时声的时间历程.

利用声压法,可以测量无指向性和有指向性声源的声功率,以及指向性声源的指向性指数和指向性因数.

如果声源是放在自由空间中的无指向性声源,那么利用在声源远场某处测量的声压级或频率声压级可用来计算声功率. 对于半径为 r 的球面,声功率为 L_W(单位是 dB),可通过下式计算得到:

$$L_W = L_p + 20\lg r + 11 \tag{4-3-8}$$

式中,r 为声源与传声器之间的距离,单位为 m;L_p 为距离声源 r 处的声压级,单位为 dB. 对于半径为 r 的半球测量表面,在式(4-3-8)的计算结果中再减去 3 dB.

在消声室内进行精密测量时,有几个重要的要求需要满足. 首先,消声室内各表面的吸声系数应大于 0.99,以确保尽可能地吸收声波能量,减少回音和干扰,实现准确的测量结果. 其次,传声器的位置应与被测声源的尺寸相匹配,一般选择在距离被测声源尺寸 2～5 倍的位置,这样可以减少近场效应和辐射扩散带来的影响,并提高信号的稳定性和精确度. 最后,传声器与边界面的距离应不小于被测信号波长的 1/4,这样可以避免边界反射对测量结果的影响.

根据《声学 声压法测定噪声源声功率级和声能量级 消声室和半消声室精密法》(GB/T 6882—2016),对于有指向性的声源,测量出包围声源球面上固定距离 r 的具有相等面积的 20 个测点位置声压级,具体位置参见图 4-3-1(a)和表 4-3-4. 在声功率的计算中,式(4-3-8)中的 L_p 需要用多个测点的平均声压级 $\overline{L}_p$ 来替代,具体计算公式为

$$L_W = \overline{L}_p + 20\lg r + 11 \tag{4-3-9}$$

$$\overline{L}_p = 10\lg \frac{1}{N}\sum_{i=0}^{N} 10^{0.1L_{pi}} + 20\lg r + 11 \tag{4-3-10}$$

式中,L_{pi} 为第 i 个测点测量所得的频带声压级,单位为 dB;N 为总测点数.

在半自由场中进行测量时,传声器在反射面上半球面规定的坐标测点[图 4-3-1(b)和表 4-3-5]上求平均声压级,然后通过式(4-3-10)中的计算减去 3 dB 后求得声功率级.

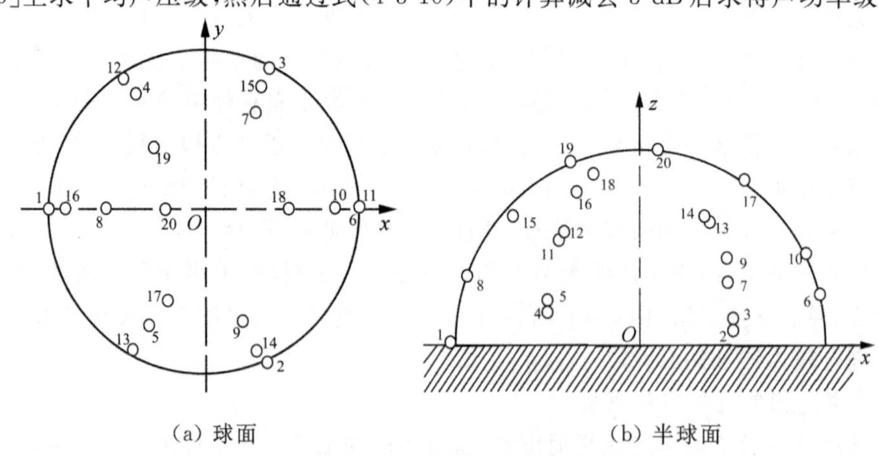

图 4-3-1 声功率测点位置

表 4-3-4　自由场中传声器位置坐标

测点编号	x/r	y/r	z/r	测点编号	x/r	y/r	z/r
1	−1.00	0	0.05	11	1.00	0	−0.05
2	0.49	−0.86	0.15	12	−0.49	0.86	−0.15
3	0.48	0.84	0.25	13	−0.48	−0.84	−0.25
4	−0.47	0.81	0.35	14	0.47	−0.81	−0.35
5	−0.45	−0.77	0.45	15	0.45	0.77	−0.45
6	0.84	0	0.55	16	−0.84	0	−0.55
7	0.38	0.66	0.65	17	−0.38	−0.66	−0.65
8	−0.66	0	0.75	18	0.66	0	−0.75
9	0.26	−0.46	0.85	19	−0.26	0.46	−0.85
10	0.84	0	0.95	20	−0.31	0	−0.95

表 4-3-5　反射面上方自由场传声器位置坐标

测点编号	x/r	y/r	z/r	测点编号	x/r	y/r	z/r
1	−1.00	0	0.025	11	−0.43	0.74	0.525
2	0.50	−0.86	0.075	12	−0.41	−0.71	0.575
3	0.50	−0.86	0.125	13	0.39	−0.68	0.625
4	−0.49	0.85	0.175	14	0.37	0.64	0.675
5	−0.49	−0.84	0.225	15	−0.69	0	0.725
6	0.96	0	0.275	16	−0.32	−0.55	0.775
7	0.47	0.82	0.325	17	0.57	0	0.825
8	−0.93	0	0.375	18	−0.24	0.42	0.875
9	0.45	−0.78	0.425	19	−0.38	0	0.925
10	0.88	0	0.475	20	0.11	−0.19	0.975

对于有指向性的噪声源，其指向性通常用指向性指数和指向性因数来表示. 如果将某方向给定距离的声强以 I 表示，与之相同距离的声的各方向平均声强以 $\overline{I}$ 表示，那么指向性因数 Q 与指向性指数 DI 定义如下：

$$Q = \frac{I}{\overline{I}} \tag{4-3-11}$$

$$\mathrm{DI} = 10\lg Q = L_{p\theta} - \overline{L}_p \tag{4-3-12}$$

式中，$L_{p\theta}$ 为半径 r 的球面上角度 θ 处的声压级，单位为 dB；$\overline{L}_p$ 为半径 r 的球面上测得的平均声压级，单位为 dB.

指向性指数通常可以在自由场中直接进行测量. 沿特定方向的指向性指数 $\mathrm{DI}(\theta,\varphi)$ 与在距离声源 r 处所测得的声压级 $L_p(r,\theta,\varphi)$ 有如下关系：

$$\mathrm{DI}(\theta,\varphi) = L_p(r,\theta,\varphi) - \overline{L}_p \tag{4-3-13}$$

指向性因数 Q 与指向性指数 DI 可以通过式(4-3-12)中的对数关系进行换算.

在自由场中，声源在反射面上的指向性图案通常比较复杂. 然而，当声源直接安装在坚硬反射面上时，我们可以将反射面视为声源的一部分，以便计算声源的指向性指数(DI)和指向性因数(Q). 声源指向性指数 DI 可以从反射面上自由场中测量并计算得出：

$$\mathrm{DI} = L_{pi} - \overline{L}_p + 3 \tag{4-3-14}$$

式中，L_{pi}是在 DI 方向上测得的离声源距离为 r 的声压级，单位为 dB；$\overline{L}_p$ 为在半径 r 的半球面上测得的平均声压级.

(7) 混响室精密法

根据《声学 声压法测定噪声源声功率级和声能量级 混响室精密法》(GB/T 6881—2023)，混响室精密法是一种实验室方法，通过在具有规定声学特性的混响测试室内测量声压级来计算声源的辐射声功率. 测量声源声功率级时，需要满足以下条件：① 声源需要在混响测试室中释放一定的声功率，其空间和时间平均的均方声压与声功率直接成正比，只与房间的声学和几何性质及空气物理常数有关；② 声源需要在特定的标准气象条件环境下具备特性阻抗$\rho c = 400\ \mathrm{N \cdot s \cdot m^{-3}}$($\rho$ 是空气的密度，c 是声速).

混响室精密法可进一步分为直接法和间接法. 直接法利用室内平均声压级与已知声源的混响室等效吸声面积相结合，计算声源的声功率级；间接法则通过将被测声源产生的空间平均声压级与已知标准声源产生的空间平均声压级进行比较来进行计算.

如果测点布放在扩散声场区域，声源总功率 W 与声压 p 的关系为

$$W = \frac{\alpha S}{4} \frac{p^2}{\rho c} \tag{4-3-15}$$

式中，αS 为室内总吸声量；特性阻抗 $\rho c = 400\ \mathrm{N \cdot s \cdot m^{-3}}$. 声功率级 L_W 为

$$L_W = \overline{L}_p + 10\lg(\alpha S) - 6 \tag{4-3-16}$$

式中，$\overline{L}_p$ 为室内平均声压级，单位为 dB。

在进行测量时，应该使用无规响应传感器. 传感器的位置需要离墙角和墙边至少为$\frac{3\lambda}{4}$的距离，离墙面至少有$\frac{\lambda}{4}$个波长的距离(其中 λ 为最低频率声波的波长). 传感器与噪声源之间应该至少相距 1 m，并且平均声压级的测量应该在一个波长的空间内进行. 在进行测量时，通常需要选择 3～8 个测点位置进行测量，具体取决于噪声源的频谱特性. 如果噪声源具有离散频率成分，那么可能需要更多的测点来进行准确测量.

混响室的总吸声量可以通过测量混响时间来计算. 在这种情况下，噪声源的声功率可以使用下式计算：

$$L_W = \overline{L}_p + 10\lg\frac{V}{T} + 10\lg\left(1 + \frac{S\lambda}{8V}\right) - 14 \tag{4-3-17}$$

式中，$\overline{L}_p$ 为室内平均声压级，单位为 dB；V 为混响室体积，单位为 $\mathrm{m^3}$；λ 为相应于测试频带中心频率的声波波长，单位为 m；S 为混响室内表面的总面积，单位为 $\mathrm{m^2}$.

相较于自由场法，混响室法测量噪声源声功率所要求的条件更简单，因此在实际中被广泛使用. 为了获得准确的结果，需要注意正确选择衰减曲线的起始点，特别是在低频情况下，通常会从衰减曲线下降 10 dB 的斜率开始计算测量时间. 这样做是为了排除混响室的反射

影响，避免低估声功率值，以确保测量结果的准确性.

2. 声强法

声强法是利用包围声源的测量表面上的声强来测定噪声源声功率级的测量方法. 根据声强的定义，声功率 W 可表示为

$$W = \iint_S I_n(x,y)\mathrm{d}S \tag{4-3-18}$$

式中，S 为声源周围的测量包络面；$I_n(x,y)$ 为包络面上坐标为 (x,y) 的测点处法向声强幅值. 噪声源在该点处时均法向声强为

$$\overline{I}_n(x,y) = \lim_{T\to\infty}\frac{1}{T}\int_0^T I_n(x,y,t)\mathrm{d}t \tag{4-3-19}$$

式中，$I_n(x,y,t)$ 为坐标为 (x,y) 的测点处的瞬时法向声强，T 为平均时间.

与声压法相比，声强法测定声源声功率有如下优点：① 不需要使用消声室或混响室等声学设施；② 在多个声源辐射叠加声场中能区分不同声源的辐射功率，因此可在现场条件下测定各种噪声源的辐射功率. 利用声强法测量声功率主要有两种方法：定点式测量法和扫描式测量法. 下面分别就这两种方法进行介绍.

(1) 定点式测量法

根据《声学 声强法测定噪声源的声功率级 第1部分：离散点上的测量》(GB/T 16404—1996)中的规定，测量表面应包围被测噪声源. 倍频带或1/3倍频带等带宽计权声功率级根据测量值进行计算. 该方法适用于具有确定测量表面的任何声源，且在测量表面上，声源产生的噪声在时间上是稳态的. 测量表面根据声源尺寸和形状进行选择. 图4-3-2中给出了几种可选的初始测量面.

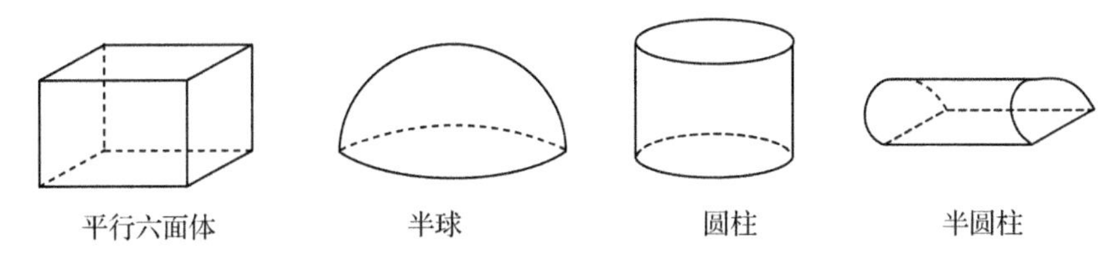

图 4-3-2 可选的初始测量面

考虑到测量表面对声源声功率的影响，测量表面与被测声源表面之间的平均距离一般应不小于0.5 m. 在进行测量时，需要测量各个频带的法向声强级和声压级. 为了获得更可靠的结果，至少每1 m^2 需设置一个测点. 整个测量表面至少应选取10个测点，并尽可能均匀地分布在表面上. 然而，如果存在明显的外部噪声，则需要增加测点数量，通常测点要超过50个. 在总测点数不少于50个的情况下，可以将标准降为每2 m^2 一个. 如果外部噪声不明显，并且测量表面大于50 m^2，那么整个测量表面可取50个均匀分布的测点.

如果在每个面元的中心测量垂直于面元方向的声强，那么每个面元的每个频带的局部声功率 W_i 为

$$W_i = I_{Wi}S_i \tag{4-3-20}$$

式中，I_{Wi} 为测点 i 处测得的法向声强分量幅值，单位为 dB；S_i 为面元 i 的面积，单位为 m^2. 每个频带的噪声源声功率级 L_W 为

$$L_W = 10\lg \sum_{i=1}^{N} \frac{W_i}{W_0} \tag{4-3-21}$$

式中，W_0 为基准声功率，取值 10^{-12} W.

(2) 扫描式测量法

《声学 声强法测定噪声源的声功率级 第 2 部分：扫描测量》(GB/T 16404.2—1999)中规定了一种与测量面垂直的声强分量的测量方法，与定点式测量法类似的是，扫描法同样需要在被测噪声源周围建立一个测量包络面，并将测量面进行分区，用测量探头对每个分区测量面进行周期扫描，将周期内测得的数据进行时间平均，得到这个面元的时均法向声强，再将所测的声强与该扫描面面积进行积分，计算得到该区域的声功率.

扫描方式可以通过手动或机械扫描系统来实现.在使用机械扫描系统时，为了获得准确的测量结果，测量面上由机械扫描系统产生的外部声强级应至少比测量面上的声强级低 20 dB.在选定的测量面上的每个面元上，需要沿着指定的路径连续移动(扫描)声强探头.测量仪器会以每个面元上的扫描总持续时间对声强和声压以时间为基准进行平均处理.在进行扫描操作时，需要准确地遵循规定的扫描路径，保持探头轴线始终垂直于测量面，并保持探头移动速度均匀.对于任何形状的测量面，机械扫描可以技术上精确地满足这些条件.然而，对于不规则形状或两边有弯曲的测量面，手动扫描很难满足这些条件，因此通常选择简单且规则的形状.图 4-3-3 展示了一个典型的平面段测量图.扫描的基本单元是一条直线，扫描路径应该保证以均匀的速度覆盖每个面元.图 4-3-4 提供了一个扫描路径的示例，相邻两条线的平均距离应该相等.

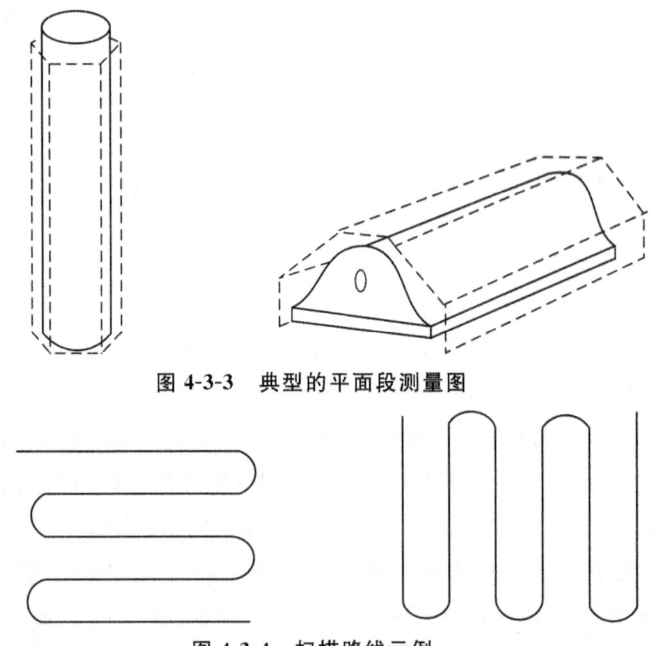

图 4-3-3 典型的平面段测量图

图 4-3-4 扫描路线示例

扫描式测量法在估算声功率流时使用了曲线积分来近似曲面积分，这导致了一定的估算误差.相比定点式测量法，扫描式测量法具有测量快速和操作简便等优点，因此在工程测量中得到了广泛的应用.

3. 振速法

根据《声学 振速法测定噪声源声功率级 用于封闭机器的测量》(GB/T 16539—1996),振速法是指用测量表面振动来确定机器表面振动所辐射的空气声功率的测量方法.该方法适用于以下情况:当背景噪声比被测机器直接辐射的噪声更高时;当需要分离结构噪声和空气动力噪声时;当需要确定机器的结构噪声是否对整个声源负责,或者来自机组的其他部分时;当需要确定机器在负载时的噪声,并排除其他噪声和被拖动负载的影响时.振速法在工程测量中具有较快的测量速度和简便的操作方法,因此被广泛应用.

在利用振速法测量机器表面振动辐射的空气声功率时,需要将振动传感器安装在机器振动表面上.在进行宽频率范围的振动测量时,首选压电加速度计作为传感器.在特殊场合选择传感器时,应根据环境条件的要求选择适当的传感器参数.在测量过程中,将振动测量面分成相等面积的不同部分,并将测点置于每个面元的中心位置.如果已知某个部分的振动较强,则需要在相应部分配置更多的测点.在规定的条件下,各测点在规定的频率范围内按频带测定振动速度级,由下式计算各测点 $i=1,\cdots,N$ 的速度级 L_{vi}:

$$L_{vi} = L_{vi}' - K_{1i} + K_{mi} \tag{4-3-22}$$

式中,L_{vi}'为未修正的实测振动速度级,单位是 dB;K_{li} 是附加结构修正因数,单位是 dB;K_{mi} 是传感器质量修正因数.一般情况下,上述修正因数可忽略.

对于均匀分布的测点,以分贝值表示的平均速度级$\overline{L}_v$ 为

$$\overline{L}_v = 10\lg\left[\frac{1}{N}\sum_{i=1}^{N}10^{0.1L_{vi}}\right] \tag{4-3-23}$$

对于不均匀分布的测点,其平均速度级 $\overline{L}_v$ 为

$$\overline{L}_v = 10\lg\left[\frac{1}{S_s}\sum_{i=1}^{N}S_{si}10^{0.1L_{vi}}\right] \tag{4-3-24}$$

式中,S_s 为振动测量面的面积,单位为 m^2.

声功率级 L_{Ws}的分贝值为

$$L_{Ws} = \overline{L}_v + \left[10\lg\frac{S_s}{S_0} + 10\lg\sigma + 10\lg\frac{\rho c}{(\rho c)_0}\right] \tag{4-3-25}$$

式中,S_0 为参考面积,取值 1 m^2;σ 为辐射指数;ρc 是空气特性阻抗,$(\rho c)_0=400\ N\cdot s\cdot m^{-3}$(空气在 20 ℃、气压为 105 Pa 时的阻抗).

如果被测机器作为一种零阶振动球形声辐射模式考虑,如尺度远小于主要振动波长的小振源,那么可以按照图 4-3-5 或式(4-3-26)求得辐射指数 $10\lg\sigma$:

$$10\lg\sigma = -10\lg\left[1 + 0.1\frac{c_0^{\ 2}}{(fd)^2}\right] \tag{4-3-26}$$

式中,f 为声源的频率,单位是 Hz;c_0 为空气中的声速,单位是 m/s;d 是声源的特征尺寸(零阶球源的直径),单位是 m,$d\approx\sqrt{\dfrac{S}{\pi}}$或 $d\approx\sqrt[3]{2V}$,其中 S 为声源近似的辐射面积,V 是声源的体积.

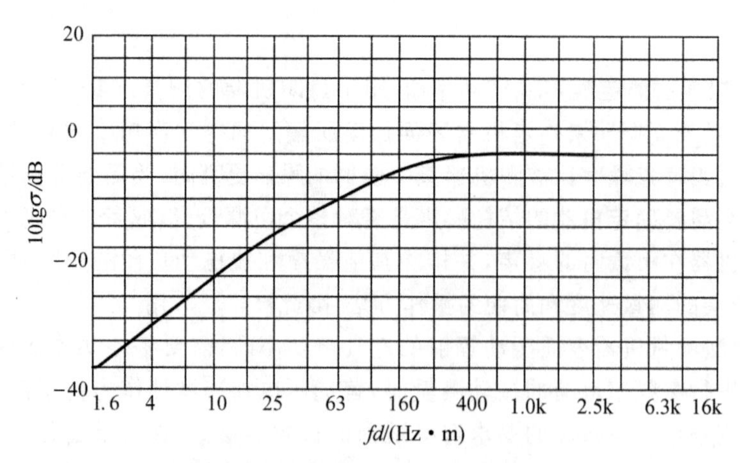

图 4-3-5　零阶球源辐射指数 10lgσ

4.4　环境噪声测量

4.4.1　环境噪声监测

根据《声环境质量标准》(GB 3096—2008),环境噪声监测分为声环境功能区监测和噪声敏感建筑物监测两种类型.接下来将逐一介绍测量前的准备工作及具体的测量方法.

1. 测量前的准备工作

(1) 测量仪器

进行环境噪声监测时,应使用精度为 2 型及 2 型以上的积分平均声级计或环境噪声自动监测仪器.这些仪器的性能必须符合 GB 3785.1—2023 的规定,并且需要定期进行校验.在进行测量之前和之后,需要使用声校准器来校准测量仪器的示值偏差,确保示值偏差不超过 0.5 dB,否则测量结果将无效.声校准器应满足 GB/T 15173—2010 对 1 级或 2 级声校准器的要求.在测量过程中,传声器应加上防风罩,以保证测量的准确性.

(2) 测点选择

根据监测对象和目的,进行环境噪声测量时,可以选择以下四种测点条件:一般户外测量,要求距离任何反射物(除地面外)至少 3.5 m,传声器高度在地面以上 1.2 m,必要时可安装在高层建筑上以扩大监测范围;使用监测车辆时,传声器应固定在车顶部高度 1.2 m 处;噪声敏感物建筑物户外测量,要求距离墙壁或窗户 1 m 处,传声器高度在地面以上 1.2 m;噪声敏感建筑物室内测量,要求距离墙面和其他反射面至少 1 m,距离墙壁约 1.5 m,高度在 1.2～1.5 m 之间.

(3) 测量条件

测量应在无雨雪、无雷电天气,风速为 5 m/s 以下时进行.

(4) 测量记录

进行测量记录时,应包括以下内容:日期、时间、地点及进行测量的人员信息;使用的仪器型号、编号及相应的校准记录；测量期间的气象条件，如风向、风速、降雨或降雪等天气状况；所测量的项目及相应的测定结果；测量所依据的标准或规范；测点的示意图，清楚标示测点位置；声源的相关信息及其运行工况说明，如对于交通噪声测量，应记录交通流量等相关信息；此外，还应包括其他需要记录的相关事项.

2. 声环境功能区监测方法

监测目的是评价不同声环境昼间、夜间的声环境质量，了解功能区环境噪声时空分布特征. 监测方法主要有定点监测法和普查监测法.

(1) 定点监测法

为了选择能够反映各类功能区声环境质量特征的监测点，需要长期进行定点监测，并确保每次测量的位置和高度保持不变. 对于 0～3 类声环境功能区，监测点应选择在户外长期稳定的位置，并且距离地面的高度应为声场空间垂直分布的可能最大值. 同时，监测点的位置应避开反射面和附近的固定噪声源. 对于 4 类声环境功能区，监测点应设在第一排噪声敏感建筑物户外交通噪声空间垂直分布的可能最大值处.

声环境功能区的监测应该每次至少连续监测一昼夜(24 h)，以获得每小时的等效声级(L_{eq})、昼间声级(L_d)、夜间声级(L_n)和最大声级(L_{max})数据. 为了进行噪声分析，还可以适当增加其他监测项目，如累积百分声级(L_{10}、L_{50}、L_{90}等). 同时，监测应尽量避开节假日和非正常工作日.

对于每个监测点，测量结果将独立评价，以昼间等效声级(L_d)和夜间等效声级(L_n)作为评价声环境质量是否达标的主要指标. 对于功能区设有多个测点的情况，应分别统计每个点位在昼间和夜间的达标率.

在全国重点环保城市及其他具备条件的城市和地区，建议设置环境噪声自动监测系统，用于连续自动监测不同声环境功能区的监测点位. 环境噪声自动监测系统由自动监测子站、中心站和通信系统组成. 自动监测子站包括全天候户外传声器、智能噪声自动监测仪器、数据传输设备等.

(2) 普查监测法

针对 0～3 类声环境功能区，为了进行普查监测，需要将待测的声环境功能区划分为多个等大的正方形网格，以确保完全覆盖被普查的区域. 同时，有效的网格总数应多于 100 个. 在每个网格的中心设置一个测点，测点应处于一般户外环境条件下. 监测分为两个时间段进行：昼间工作时间和夜间 22:00 至 24:00(若时间不够可顺延). 在这两个时间段内，每个测点应进行 10 min 的等效声级(L_{eq})测量，并同时记录主要噪声来源. 监测过程需要避开节假日和非正常工作日.

对于所有网格中心测得的 10 min 等效声级(L_{eq})进行算术平均运算，得到的平均值代表声环境功能区的总体环境噪声水平，并计算标准偏差. 根据每个网格中心的噪声数值及对应的网格面积，可以统计不同噪声影响水平下的面积百分比，以及昼间和夜间的达标面积比例. 如果有相关数据，还可以估算受到噪声影响的人口数量. 这些统计数据可以帮助评估声环境功能区的噪声水平，并提供相关的面积百分比和达标比例数据，进一步了解不同区域的噪声影响情况. 另外，通过估算受影响人口数量，可以更好地了解噪声对居民生活的影响程度.

针对4类声环境功能区，根据自然路段、站场、河段等基础条件，考虑交通运行特征和两侧噪声敏感建筑物的分布情况，划分典型路段(包括河段). 在每个典型路段对应的4类区边界上(当4类区内没有噪声敏感建筑物时)或者第一排噪声敏感建筑物户外(当4类区内有噪声敏感建筑物时)，选择一个测点进行噪声监测. 这些测点应与站、场、码头、岔路口、河流汇入口等相隔一定距离，以避免这些地点的噪声干扰.

在监测过程中，需要分别进行昼间和夜间的测量. 测点应测量规定时间内的等效声级L_{eq}和交通流量. 对于铁路、城市轨道交通线路(地面段)，还应同时测量最大声级L_{max}. 对于道路交通噪声，还应同时测量累积百分声级L_{10}、L_{50}和L_{90}. 根据不同交通类型的特点，规定的测量时间有所不同. 对于铁路、城市轨道交通(地面段)和内河航道两侧，昼间和夜间的测量时间不应低于平均运行密度的1 h值. 如果城市轨道交通(地面段)车次密集，测量时间可缩短至20 min. 对于高速公路、一级公路、二级公路、城市快速路、城市主干路和城市次干路两侧，昼间和夜间的测量时间不应低于平均运行密度的20 min值.

针对某条交通干线的各典型路段，测得的噪声值按照路段长度进行加权算术平均，从而得出该交通干线两侧4类声环境功能区的环境噪声平均值. 同样的方法进行长度加权统计后也可以应用于某一区域内所有铁路、确定为交通干线的道路、城市轨道交通(地面段)及内河航道，从而得出针对该区域某一交通类型的环境噪声平均值. 根据每个典型路段的噪声值及对应的路段长度，可以统计不同噪声影响水平下的路段百分比，以及昼间和夜间的达标路段比例. 如果有相关数据，还可以估算受到噪声影响的人口数量. 对于通过抽样测量某条交通干线或某一区域某一交通类型的情况，还需要统计抽样路段的比例. 这些统计数据有助于评估交通干线或特定区域的噪声影响水平，提供相关路段百分比和达标比例数据，以及估算受影响人口的数量. 抽样路段的统计信息也能够合理代表整个交通干线或区域的噪声情况.

3. **噪声敏感建筑物监测方法**

为了评估噪声敏感建筑物户外(或室内)的环境噪声水平，以评估其是否符合所处声环境功能区的环境质量要求，需要进行相应的噪声监测. 一般来说，监测点应设在噪声敏感建筑物的户外位置. 如果不得不在噪声敏感建筑物的室内进行监测，应确保所有门窗完全打开，并采用较该噪声敏感建筑物所在声环境功能区对应环境噪声限值低10 dB(A)的值作为评价依据.

对于敏感建筑物的环境噪声监测，应在正常工作条件下进行，根据噪声源的类型和运行状况，分为昼间和夜间两个时段连续监测. 根据噪声源的特征，可以优化测量时间，如稳态噪声测量1 min的等效声级L_{eq}，非稳态噪声测量整个正常工作时间(或代表性时段)的L_{eq}. 若存在夜间突发噪声，还需同时监测最大声级L_{max}.

4.4.2 城市环境噪声测量

根据《社会生活环境噪声排放标准》(GB 22337—2008)、《工业企业厂界环境噪声排放标准》(GB 12348—2008)以及《建筑施工场界环境噪声排放标准》(GB 12523—2011)，边界(厂界、场界)噪声测量的相关要求和步骤总结如下：

1. **测量仪器**

《社会生活环境噪声排放标准》规定，测量仪器为积分平均声级计或环境噪声自动监测仪,其性能要求不低于 GB/T 3785.1—2023 对 2 型仪器的要求.测量35 dB 以下的噪声时应使用 1 型声级计,且测量范围要满足所需测量噪声的要求.校准所用仪器应符合 GB/T 15173—2010 对 1 级或 2 级声校准器的要求.当需要进行噪声频谱分析时,仪器性能应符合 GB/T 3241 中的滤波器要求.测量仪器和校准仪器应定期检定合格,并在有效使用期限内使用;每次测量前、后必须在测量现场进行声学校准,其前、后校准示值偏差不得超过 0.5 dB,否则测量结果无效.测量时要给传声器加防风罩.测量仪器的时间计权特性设为"F"挡,采样时间间隔不应超过 1 s.

2. 测量条件

在进行测量时,需要符合以下气象条件:测量应在没有雨雪和雷电的天气下进行,同时风速不得超过 5 m/s.如果必须在特殊气象条件下进行测量,必须采取必要措施来确保测量的准确性,并同时注明所采取的措施和气象情况.此外,测量应在被测声源正常工作时间进行,并同时注明当时的工况.

3. 测点位置

根据噪声排放源、周围噪声敏感建筑物的布局及毗邻区域的分类,需要在社会生活噪声排放源边界(或工业企业厂界、建筑施工场界,以下统称为噪声排放边界)上设置多个测点,特别是在离噪声敏感建筑物较近和受到被测声源影响较大的位置.一般规定,测点应选择在噪声排放源边界外 1 m,高度超过 4.2 m,并且距离任一反射面不小于 1 m 的位置.

当边界存在围墙并且周围还有受影响的噪声敏感建筑物时,测点应选在边界外 1 m,高出围墙至少 0.5 m 的位置.当测量到声源的实际排放情况受到边界限制(如声源位于高空或边界设置声屏障)时,应按照一般规定设置测点,并在受影响的噪声敏感建筑物户外距离 1 m 处另外设立测点.

在室内进行噪声测量时,测点应位于距离任一反射面至少 0.5 m、地面高度至少 1.2 m 的位置,在受噪声影响的方向下窗户保持开启状态进行测量.对于噪声排放源的固定设备结构传声至噪声敏感建筑物室内的情况,在噪声敏感建筑物室内测量时,测点应距离任一反射面至少 0.5 m、地面高度至少 1.2 m、距离外窗至少 1 m,并关闭窗户.此外,被测房间内的其他可能干扰测量的声源(如电视机、空调机、排气扇、镇流器较响的日光灯、运转时出声的时钟等)应关闭.

4. 测量时段

需要在昼间和夜间两个时段分别进行测量.如果夜间有频发或偶发噪声的影响,还需要同时测量最大声级.对于稳态噪声的被测声源,应使用 1 min 的等效声级进行测量.对于非稳态噪声的被测声源,需要选择代表性时段进行等效声级的测量,若必要,还需要对整个正常工作时段进行等效声级的测量.

5. 背景噪声测量

测量环境应该与被测声源的环境相同,不受被测声源的影响,并且其他声环境与测量被测声源时保持一致.测量时段应与被测声源测量的时间长度相同.

6. 测量记录

在进行噪声测量时,需要进行详细的测量记录.记录内容应包括以下主要信息:被测量单位的名称、地址,边界所处声环境的功能区类别,测量时的气象条件,使用的测量仪器和校准仪器,测点的位置,测量的时间和时段,仪器的校准值(测前和测后),主要的声源,测量的工况,测量时的示意图(包括边界、声源、噪声敏感建筑物、测点等位置),噪声的测量值和背景值,参与测量的人员,以及校对和审核的人员等相关信息.

7. 测量结果修正

当噪声测量值与背景噪声值的差异大于 10 dB(A)时,不需要对噪声测量值进行修正.而当噪声测量值与背景噪声值的差异在 3～10 dB(A)之间时,需要将差值取整,并按照表 4-4-1进行修正.

表 4-4-1 测量结果修正表

单位:dB(A)

差值	3	4～5	6～10
修正值	−3	−2	−1

4.4.3 交通环境噪声测量

1. 机场周围飞机噪声测量

《机场周围飞机噪声测量方法》(GB 9661—1988)中规定了机场周围飞机噪声的测量条件、测量仪器、测量方法和测量数据的计算方法.适用于测量机场周围由于飞机起飞、降落或低空飞越时所产生的噪声.主要包括:测量单个飞行事件引起的噪声,测量相继一系列飞行事件引起的噪声,在一段监测时间内测量飞行事件引起的噪声.

(1) 测量条件

在气候条件方面,测量飞机噪声时应确保没有雨、雪,地面上 10 m 高处的风速不超过 5 m/s,相对湿度不应超过 90%,也不应低于 30%.

测量传声器应安装在开阔平坦的地方,离地面高度应为 1.2 m,距离其他反射壁面应不少于 1 m,并且要注意避开高压电线和大型变压器的干扰.为了获得准确的测量结果,应将传声器的膜片置于飞机标称飞行航线和测点所确定的平面内,实现掠入射的测量方式.在机场附近的测量点应使用声压型传声器,并且其频率响应的平坦部分要达到 10 kHz.

进行飞机噪声测量时,要求测量得到的飞机噪声级最大值至少比环境背景噪声级高出 20 dB,才能认为测量结果可靠.所使用的测量仪器要求精度不低于 2 型声级计或机场噪声检测系统,并可以使用其他适当的仪器.声级计的性能需符合 GB 3785.1—2023 的规定,而测量录音机和其他仪器的性能应参照 IEC 60050-561:2014 的相关规定.

(2) 测量方法

测量飞机噪声有精密测量和简易测量两种方法.精密测量需要进行频谱分析,传声器通过声级计将飞机噪声信号送入测量录音机,并将其记录在磁带上.然后,将录音信号在实验室按原速回放,并进行频谱分析.在进行测量之前,应进行从传声器到录音机系统的校准和标定.在录音过程中,根据飞机噪声级的高低,适当调整声级计衰减器的位置,并在记录本上记录下其位置,以确保录音信号既不会过载,也不会过小.当飞机飞过测量点时,通过声级计线性输出,将飞机信号完整地记录下来.为此,在录音开始和结束时,录音信号的声级应该比最大噪声级低 10 dB 以上. 同时,在录音过程中需要记录飞行时间、状态和飞机型号等测量条件.

简易测量是一种只需通过频率计权的测量方法. 在进行测量之前,需要对测量仪器进行校准. 为了校准整个测量系统的灵敏度,可以使用一个已知频率上产生已知声压级的声源校准器,在一系列飞行事件的飞行噪声级测量前后进行校准. 当声级计与声级记录器连接并进行绝对测量时,两者必须一起进行校准和标定. 在测量过程中,需要记录一次飞行过程中的 A 声级最大值. 通常使用慢响应模式("S"挡)来记录,而在飞机低空高速通过和离跑道较近的测量点上使用快响应模式("F"挡). 当将声级计的输出与声级记录器相连时,记录器的笔速应与声级计上的慢响应模式对应,为 10 mm/s,快响应模式对应为 100 mm/s. 在记录纸上需要注明所使用的纸速、测量日期、测量点位置、气温,以及 10 m 高处的风向和风速、飞行时间、飞行状态、飞机型号和最大噪声级等信息. 如果没有声级计记录器,可以使用录音机记录飞行信号的时间历程,并在录音带上说明飞行时间、飞行状态、飞机型号等测量条件,然后可以在实验室中进行信号回放和分析.

(3) 数据处理

① 精密测量记录信号的分析与处理.

在对信号进行分析与处理时,将在磁带上记录的标准信号通过原录音机回放,然后送到分析仪进行定标. 根据录音时记下的声级计衰减位置,调整分析仪的输入衰减器位置,以确定飞机噪声级. 按照 0.5 s 的时间间隔进行采样,进行 1/3 倍频程频谱分析,相应频率范围为 50 Hz～10 kHz. 计算飞机噪声噪度时,把从 50 Hz～10 kHz 中 24 个频带的声压级 L 代入式(4-4-1),计算得到相应的噪度 N_i:

$$N_i = 10^{m(L-L_0)} \tag{4-4-1}$$

式中,m 和 L_0 取决于频带中心频率和声压级 L 的范围. 表 4-4-2 中给出了系数 m 和 L_0 对应不同频带的取值. 对于 400～6 300 Hz(包括其本身)中心频率的频带,可以用单个值 m 和 L_0 来确定每个频带中的噪声值. 对于其他频带,需要分别规定两个值 m 和 L_0(表 4-4-2),具体取决于 L 是大于还是小于临界值.

表 4-4-2 飞机噪声计算中系数 m 和 L_0 取值表

频带中心频率/ Hz	L/ dB	m	L_0/ dB	L/ dB	m	L_0/ dB
	L 的低值范围			L 的高值范围		
50	64～91	0.043 48	64	92～150	0.030 10	52
63	60～85	0.040 57	60	86～150	0.030 10	51
80	56～85	0.036 83	56	86～150	0.030 10	49
100	53～79	0.036 83	53	80～150	0.030 10	47
125	51～79	0.035 34	51	80～150	0.030 10	46
160	48～75	0.033 33	48	76～150	0.030 10	45
200	46～73	0.033 33	46	74～150	0.030 10	43
250	44～77	0.032 05	44	75～150	0.030 10	42
315	42～94	0.030 68	42	95～150	0.030 10	41

续表

频带中心频率/ Hz	L/ dB	m	L_0/ dB	L/ dB	m	L_0/ dB
	L 的全部范围					
400				40～150	0.030 10	40
500				40～150	0.030 10	40
630				40～150	0.030 10	40
800				40～150	0.030 10	40
1 000				40～150	0.030 10	40
1 250				38～148	0.030 10	38
1 600				34～144	0.029 96	34
2 000				32～142	0.029 96	32
2 500				30～140	0.029 96	30
3 150				29～139	0.029 96	29
4 000				29～139	0.029 96	29
5 000				36～140	0.029 96	30
6 300				32～141	0.029 96	31
	L 的低值范围			L 的高值范围		
8 000	38～47	0.042 29	37	48～144	0.029 96	34
10 000	41～50	0.042 29	41	51～147	0.029 96	37

总噪度 N 按照下式进行计算：

$$N = N_{\max} + 0.15\left(\sum_{i=1}^{24} N_i - N_{\max}\right) \tag{4-4-2}$$

式中，N_i 为 50 Hz～10 kHz 中 24 个频带的声压级换算得到的响应的噪度；$N_{\max}$ 为 N_i 中的最大值.

感觉噪声级 L_{PN} 为

$$L_{PN} = 40 + 10\left(\frac{\lg N}{\lg 2}\right) \tag{4-4-3}$$

如果在频谱中有显著的纯音成分，那么可以按照 GB 9661—1988 标准中附录 B 介绍的修正方法计算纯音修正值. 经过纯音修正的感觉噪声级 L_{TPN} 可用下式计算：

$$L_{TPN} = L_{PN} + C \tag{4-4-4}$$

在一次飞行事件中，经纯音修正的最大感觉噪声级标记为 $L_{TPN\max}$. 实际持续时间 T_d 为最大值 $L_{TPN\max}$ 下 10 dB 的延续时间. 有效感觉噪声级 L_{EPN} 为

$$L_{EPN} = 10\lg\left[\frac{1}{T_0}\left(\sum_{i=1}^{n} 0.5 \times 10^{L_{TPNi}/10}\right)\right] \tag{4-4-5}$$

式中，L_{TPNi} 为 T_d 时间内、0.5 s 采样间隔情况下经纯音修正后的感觉噪声级；$T_0 = 10$ s，为标准时间；n 为 T_d 时间内的采样数.

等效持续时间 T_e 为

$$T_e = \frac{\sum_{i=1}^{n} 0.5 \times 10^{L_{TPNi}/10}}{10^{L_{TPNmax}/10}} \tag{4-4-6}$$

② 简易测量记录信号的分析与处理.

用声级计读出并记录一次飞行噪声的 A 声级或 D 声级的最大值. 声级计接声级记录器或用录音机记录相应飞行事件的时间历程,记下飞行时间、飞行状态和飞机型号等条件. 在实验室分析和计算记录信号,按照 GB 9661—1988 标准中附录 C 介绍的方法算出持续时间 T_d.

用最大声级 L_{Amax} 或 L_{Dmax} 及持续时间 T_d 按照下式可以计算出有效感觉噪声级 L_{EPN}:

$$L_{EPN} = L_{Amax} + 10\lg\left(\frac{T_d}{20}\right) + 13 = L_{Dmax} + 10\lg\left(\frac{T_d}{20}\right) + 7 \tag{4-4-7}$$

2. 铁路边界噪声测量

根据《铁路边界噪声限值及其测量方法》(GB 12525—1990),铁路边界指距离铁路外侧轨道中心线 30 m 处. 规定的铁路边界噪声限值在昼间和夜间均为 70 dB(A)[针对新建铁路,这一噪声限值为 60 dB(A)]. 测点一般选择在铁路边界高于地面 1.2 m 处,并且距离反射物不小于 1 m 处. 测量时要使用符合GB 3785.1—2023 标准中 2 型或 2 型以上的积分声级计或同等精度的测量仪器. 在测量过程中,应该调整仪器至"F"挡,采样间隔不超过 1 s. 气象条件要符合 GB/T 3222.2—2022 标准中规定的条件,选择无雨、雪的天气进行测量,并且在风力达到四级及以上时停止测量,测量仪器也应该使用防风罩进行保护.

根据要求,测量时间应选择昼间和夜间接近机车车辆运行平均密度的某一小时,以代表昼间和夜间的情况. 在必要时,应分别进行全时段的测量. 测量方法是利用积分声级计(或其他具有相同功能的测量仪器)读取 1 h 的等效声级. 背景噪声应比铁路噪声低 10 dB(A)以上,如果两者的声级差值小于 10 dB(A),则需要按照表 4-4-1 进行修正.

测量内容应该包括以下方面:测量仪器的类型,测量环境的描述(包括测点距离轨面的相对高度、线路股数及测点与轨道之间的地面状况,如土地或草地等),车流密度(指每小时通过的机车车辆数),背景噪声级,以及测量得到的等效连续 A 声级等信息.

第5章 建筑声学测量

建筑声学测量是评估建筑物声学性能的重要步骤，主要涉及对建筑材料吸声性能和建筑结构隔声性能的测量. 测量建筑材料吸声性能的目的是评估材料对声波的吸收能力，以确定其在降低室内噪声和提高声音质量方面的效果. 这一过程可通过实验室测试方法或现场测量进行. 测量建筑结构隔声性能侧重于评估建筑内不同区域之间的隔声效果，以确定建筑结构对外界噪声的屏障能力. 这包括对空气传播和冲击传播噪声的测量，使用声衰减指数来评估隔声效果. 通过准确测量和评估建筑物声学性能，可以为建筑设计和改善室内声环境提供有效的指导和依据.

5.1 建筑材料吸声性能测量

在剧院、礼堂、会议厅等功能性建筑物中，除了注重结构建设和美学外，音质要求同样关键. 为了满足音质要求，选择合适的吸声材料是非常重要的. 吸声材料具有吸收声音能量、减少混响和回音、提升声音清晰度和音质效果的功能. 通过合理选择和布置吸声材料，可以优化音频环境，为参与者提供更好的音质体验.

吸声性能主要涉及吸声系数和声阻抗率两个参数. 根据《声学 阻抗管中吸声系数和声阻抗的测量 第1部分：驻波比法》(GB/T 18696.1—2004)、《声学 阻抗管中吸声系数和声阻抗的测量 第2部分：传递函数法》(GB/T 18696.2—2002)和《声学 混响室吸声测量》(GB/T 20247—2006)等国家标准，测量吸声性能常用的方法包括阻抗管法和混响室法. 阻抗管法通常规定声波由法向入射到试件表面，混响室法在理想条件下可以测定无规入射吸声系数. 阻抗管法的原理是假设存在一个入射平面声波，并在此条件下测量吸声系数，从而得到准确的测量值(不考虑测量误差和安装误差). 混响室中吸声系数的测定是建立在对声场和试件大小的简化和近似假设的基础上的，所以有时会产生大于1的吸声系数. 另外，阻抗管法要求试件与阻抗管的横截面尺寸相同. 而混响室法则需要相当大的试件，并且可以用于在横向和/或表面的垂直方向上具有明显不均匀结构的试件.

5.1.1 阻抗管中吸声系数和声阻抗率的测量

利用阻抗管法测量吸声系数和声阻抗率可以进一步细分为驻波比法和传递函数法，下面将对这两种测量方法分别进行介绍.

1. 驻波比法

(1) 测量装置

利用驻波比法测量吸声系数和声阻抗率的测量装置如图 5-1-1 所示. 测试设备由阻抗管、探管传声器、移动和定位探管传声器的装置、传声器信号的处理设备(包括测量放大器、带通滤波器)、扬声器、信号发生器等组成,有时还包括阻抗管的吸声末端和温度计.

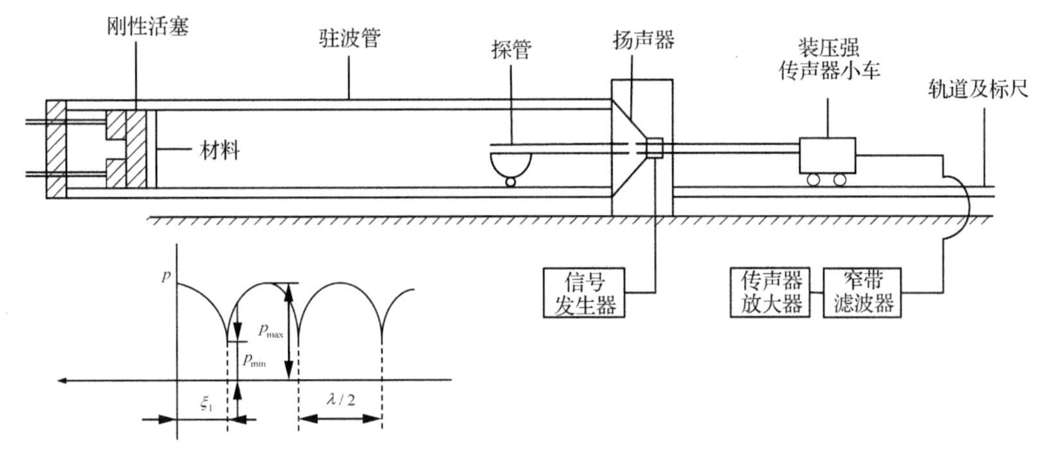

图 5-1-1　驻波比法测量装置简图

阻抗管要求平直、横截面保持不变(允许偏差在 0.2%之内),管壁刚硬光滑,测试段无孔缝. 对于金属制作的圆形阻抗管和矩形阻抗管,建议壁厚分别取为直径的 5% 和横截面尺寸的 10%. 混凝土和木材管壁应涂刷光滑稠密黏合漆密封,外包铁皮或铅皮以增加强度和抑制振动. 阻抗管的横截面形状可以是任意的,但建议选择圆形或矩形截面,并小心保证矩形阻抗管的边角处无缝隙.

阻抗管的工作频率范围($f_1<f<f_2$)是由其长度和横截面尺寸决定的. 为了在测量中避免相位对测定两个声压极小值产生不利影响,阻抗管测试段的长度 l 应大于等于$0.75\frac{c_0}{f_1}$. 除了平面波外,扬声器还经常在管内激发高次波. 那些频率低于第 1 个高次波的截止频率的非平面波模式将在大约 3 倍管径(对于圆形管)或 3 倍长边长度(对于矩形管)的路程上衰减. 为了避免高次波的产生,并且能够在不利的反射波情况下进行测量,试件前表面到扬声器之间的管长 l(m)应满足与工作频率的下限 f_1(Hz)及圆形管的直径 d(m)或矩形管的长边边长 d'(m)之间的特定关系:

$$l\geqslant 0.75\frac{c_0}{f_1}+3d \tag{5-1-1}$$

$$l\geqslant 0.75\frac{c_0}{f_1}+3d' \tag{5-1-2}$$

工作频率上限 f_2(Hz)由可能产生传播的高次波初始条件确定,对于圆形管,有

$$f_2\leqslant\frac{0.58c_0}{d} \tag{5-1-3}$$

对于矩形管,有

$$f_2\leqslant\frac{c_0}{2d'} \tag{5-1-4}$$

一般使用有足够壁厚的金属制作的探管，避免驻波声场进入探管. 探管孔径与长度相关，应避免使用会引起过大衰减的小直径长探管. 水平放置的阻抗管中，中心的探管应安装支架以防止弯曲产生高次波. 避免探管与阻抗管接触，并在开孔处使用柔软泡沫材料支撑探管. 探管传声器和测量器具的定位准确度为±0.5 mm. 在低频率下(低于 300 Hz 甚至 50 Hz)，误差可能会线性增加，最大误差为±2 mm. 传声器的定位与移动方向无关，可以使用可调节的米尺将传声器的声中心与探管上的指针对齐. 校准时可以使用允许探管传声器以恒定速度连续移动的器械.

扬声器置于阻抗管相对测试材料试件的另一端，扬声器振膜面积应至少为阻抗管横截面积的 2/3. 扬声器可以与阻抗管同轴或倾斜连接，或通过弯头与阻抗管连接以便插入探管(图 5-1-2). 扬声器应置于隔声箱中，以防止空气声从侧后方传入传声器中. 阻抗管、扬声器支架和扬声器箱之间应使用弹性隔振垫，最好在阻抗管与传声器之间也使用隔音垫，以防止阻抗管的结构声干扰. 如果采用多个扬声器，如大型阻抗管，需要对各个扬声器的相位和状态进行校准，以降低高次波的产生. 如果扬声器的振膜机械阻抗很大，可能会导致阻抗管内的空气柱共振现象，使阻抗管中的声压级随频率变化而产生干扰. 在这种情况下，可在靠近扬声器的阻抗管壁上放置多孔吸声材料，以减轻该干扰效应.

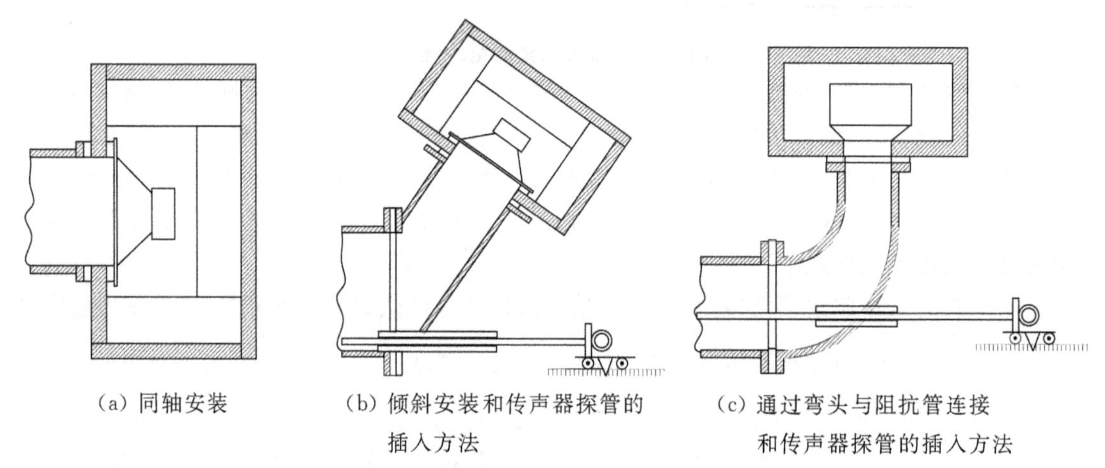

(a) 同轴安装　　(b) 倾斜安装和传声器探管的插入方法　　(c) 通过弯头与阻抗管连接和传声器探管的插入方法

图 5-1-2　扬声器与阻抗管之间的不同连接方式

(2) 吸声系数测量原理及方法

被测材料试件安装在一端为平直刚性的阻抗管内，而扬声器振膜可作为与试件相对的末端. 入射正弦平面声波 p_i 由扬声器产生，入射波 p_i 与试件端的反射波 p_r 相叠加，在阻抗管中建立驻波，如图 5-1-3 所示.

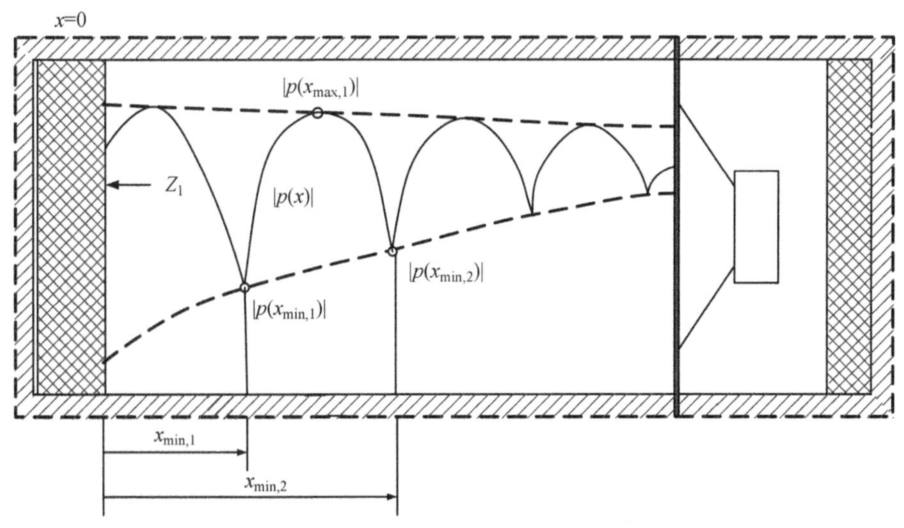

图 5-1-3 阻抗管中的驻波图

设入射波 p_i 为频率 f 的正弦平面波，且无衰减地沿管轴（设为 x 轴正方向）传播，那么 p_i 可以表示为

$$p_i = p_0 e^{j(\omega t - kx)} \tag{5-1-5}$$

式中，$k=\frac{\omega}{c_0}=\frac{2\pi f}{c_0}$，$p_0$ 为声压振幅. 设反射因数为 r，那么反射波 p_r 可表示为

$$p_r = r p_0 e^{j(\omega t + kx)} \tag{5-1-6}$$

略去时间因子，式(5-1-5)和式(5-1-6)相加可得到管内总声压 p 为

$$p = p_i + p_r = p_0(e^{-kx} + |r| e^{kx}) \tag{5-1-7}$$

反射系数 r 一般为复数形式，可写为 $r=|r|e^{j\delta}$，δ 为反射相位位移.

当入射波 p_i 与反射波 p_r 同相位时，即 $kx=-\left(n\pi+\frac{\delta}{2}\right)$，$n=0,1,2,\cdots$ 时，出现声压极大值：

$$|p_{max}| = |p_0| \cdot (1 + |r|) \tag{5-1-8}$$

当入射波 p_i 与反射波 p_r 反相时，即 $kx=-\left(\frac{2n+1}{2}\pi+\frac{\delta}{2}\right)$，$n=0,1,2,\cdots$ 时，出现声压极小值：

$$|p_{min}| = |p_0| \cdot (1 - |r|) \tag{5-1-9}$$

若用 G 表示驻波比，那么驻波比与反射系数的关系为

$$G = \frac{|p_{max}|}{|p_{min}|} = \frac{1+|r|}{1-|r|} \tag{5-1-10}$$

根据法向入射吸声系数的定义，有

$$\alpha = 1 - |r|^2 \tag{5-1-11}$$

通过式(5-1-10)和式(5-1-11)，可以得到吸声系数 α 和驻波比 G 之间的关系：

$$\alpha = \frac{4G}{(1+G)^2} \tag{5-1-12}$$

由式(5-1-10)和式(5-1-12)可知，测得声压级极大值和极小值，即可计算求出法向入射

的吸声系数.

如果实际测量得到的是声压级极大值和极小值之间的差值 L,并以分贝为单位,即 $L=-20\lg G$,那么吸声系数 α 可由下式求得:

$$\alpha=\frac{4\times 10^{-L/20}}{(1+10^{-L/20})^2} \tag{5-1-13}$$

吸声系数 α 的具体测量方法为:① 调整信号源的频率至指定数值,并调节输出以获得适当的声压大小;② 在传声器小车停留在除极小值外的任意位置时,调整接收滤波器通带的中心频率,使指示仪表读数最大化;③ 将探管端部移至试件表面并慢慢移开,找到最大声压值,并调整放大器增益,使仪表指针完全显示,然后小心地找到相邻的第一个极小值. 通过式(5-1-10)可得到 G,并由式(5-1-12)可以计算得到吸声系数 α. 若以分贝为单位进行减法运算,得到 L,则通过式(5-1-13)可以计算得到吸声系数 α. 如果测量仪器的指示标头专门刻有吸声系数的读数时,那么通过步骤③后,可以通过指针指示直接读取吸声系数值的百分数.

(3) 声阻抗率测量原理及方法

声场中任意一点的总声压为 p,相应点处的质点振动速度为 u,根据定义,法向声阻抗率 Z_{n} 为

$$Z_{\mathrm{n}}=\left(\frac{p}{u}\right)_{x=0} \tag{5-1-14}$$

根据运动方程,平面波质点振动速度 u 与声压 p 有如下关系:

$$u=-\frac{1}{\mathrm{j}\omega\rho_0}\frac{\partial p}{\partial x} \tag{5-1-15}$$

将式(5-1-7)代入式(5-1-15),可求得阻抗管内任意一点处的质点速度:

$$u=\frac{p}{\rho_0 c_0}(\mathrm{e}^{-\mathrm{j}kx}-r\mathrm{e}^{\mathrm{j}kx}) \tag{5-1-16}$$

式中,$\rho_0 c_0$ 为空气特性阻抗. 将式(5-1-7)和式(5-1-16)代入式(5-1-14),在 $x=0$ 处,负载声阻抗率比 ξ 为

$$\xi=\frac{Z_{\mathrm{n}}}{\rho_0 c_0}=\frac{1+r}{1-r} \tag{5-1-17}$$

声阻抗率比一般为复数,即 $\xi=|\xi|\mathrm{e}^{\mathrm{j}\varphi}$,$\varphi$ 为相位角. 由式(5-1-17)推导可得

$$|\xi|^2=\frac{1+|r|^2+2|r|\cos\delta}{1+|r|^2-2|r|\cos\delta} \tag{5-1-18}$$

$$\tan\varphi=\frac{2|r|\sin\delta}{1-|r|^2} \tag{5-1-19}$$

如果在确定驻波比 G 外,又测得第一个声压极小值的位置,即图 5-1-1 中的距离 ξ_1,有

$$\frac{2\xi_1}{\lambda}=\frac{1}{2}+\frac{\delta}{2\pi}=b \tag{5-1-20}$$

将式(5-1-11)和式(5-1-20)代入式(5-1-18)和式(5-1-19)中,得

$$|\xi|^2=\frac{(2-\alpha)-2\sqrt{1-\alpha}\cos 2\pi b}{(2-\alpha)+2\sqrt{1-\alpha}\cos 2\pi b} \tag{5-1-21}$$

$$\tan\varphi=\frac{-2\sqrt{1-\alpha}}{\alpha}\sin 2\pi b \tag{5-1-22}$$

由此可见，在声阻抗率的测量中，只需要在测定法向吸声系数 α 的同时，读取第一个声压极小值至试件表面的距离 ξ_1. 波长 $\lambda=\frac{c_0}{f}$，其中 $c_0=331.5+0.607T(\mathrm{m/s})$，$T$ 为测量时的空气温度，单位是℃.

(4) 测量校正

在预备测试阶段，需要注意校正探管声中心和阻抗管内声波衰减的影响. 由于探管衍射效应，实际上在探管几何末端处测得的极小值声压位置并不准确，而是在其前方的 Δ 位置. 根据理论计算，这个位置大约在探管内半径的 0.8 倍处. 因此，在测量声阻抗率时，第一个极小值 ξ_1 必须减去 Δ.

声波在阻抗管内传播的过程中由于黏滞损失和热传导损失而发生衰减. 这种衰减的主要影响是随着距离反射面的距离增加，声压极小值的幅值会逐渐增大. 如果被测试材料的吸声系数较低，那么管壁的吸声效果(不考虑管壁振动吸收)会给测量结果带来较大的误差，因此，需要对测量结果加以修正.

一般阻抗管内空气的体积吸收可忽略不计，设阻抗管管壁的吸收系数为 β，考虑到平面声波受吸收的影响，并略去时间因子，管内任一点的总声压可以写为

$$p=p_0(\mathrm{e}^{-\mathrm{j}kx}\mathrm{e}^{\beta x}+r\mathrm{e}^{\mathrm{j}kx}\mathrm{e}^{-\beta x}) \tag{5-1-23}$$

第 M 个极大值振幅 $|p_{\max}|$ 和其后第 N 个极小值振幅 $|p_{\min}|$ 之比为

$$G_{MN}=\left|\frac{p_{\max}}{p_{\min}}\right|_{MN}=\frac{\mathrm{e}^{\beta x_M}+|r|\mathrm{e}^{-\beta x_M}}{\mathrm{e}^{\beta x_N}-|r|\mathrm{e}^{-\beta x_N}} \tag{5-1-24}$$

那么声压反射系数幅值为

$$|r|=\frac{G_{MN}\mathrm{e}^{\beta x_N}-\mathrm{e}^{\beta x_M}}{G_{MN}\mathrm{e}^{-\beta x_N}+\mathrm{e}^{-\beta x_M}} \tag{5-1-25}$$

如图 5-1-3 所示，极大值与极小值相距 $\frac{\lambda}{4}$，即 $x_M=x_N+\frac{\lambda}{4}$，代入式(5-1-25)，可得

$$|r|=\left(\frac{G_{MN}-\mathrm{e}^{\beta\lambda/4}}{G_{MN}+\mathrm{e}^{-\beta\lambda/4}}\right)\cdot \mathrm{e}^{2\beta x_N} \tag{5-1-26}$$

衰减的校正量记为 $\frac{\beta\lambda}{4}$，可在 $|r|=1$ 的刚性末端空阻抗管中进行测定.

2. 传递函数法

(1) 测量装置

利用单传声器驻波比法测量法向入射吸声系数的缺点是，当测试频率较低时，需要使用很长的管子，并且只能使用纯音进行测量. 为了弥补这些缺点，可以采用双传声器传递函数法. 双传声器传递函数法利用一种测量装置来测量法向入射吸声系数，如图 5-1-4 所示，该装置包括阻抗管中布放的两个具有相同特性的传声器，这两个传声器相距一定距离. 传声器接收到管中的声压，并将其输出的电信号馈送到频率分析仪的接收端. 经过处理后，可以分离出入射波信号和反射波信号，并通过传递函数来获取吸声材料或结构的吸声系数.

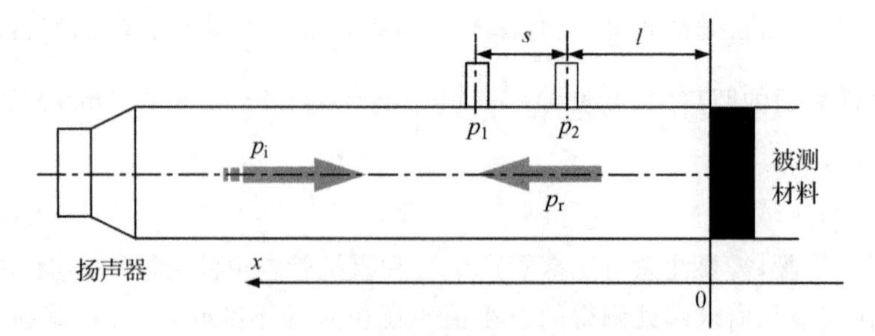

图 5-1-4　双传声器法测量装置示意图

(2) 测量原理

如图 5-1-4 所示，阻抗管中的入射波 p_i 和反射波 p_r 可分别表示为

$$p_i = p_{i0}e^{jk_0x} \tag{5-1-27}$$

$$p_r = p_{r0}e^{-jk_0x} \tag{5-1-28}$$

式中，p_{i0} 和 p_{r0} 分别为材料表面处的声压上 p_i 和 p_r 的幅值；$k_0 = \dfrac{2\pi f}{c_0}$ 是复波数. 两传声器位置上的声压分别为

$$p_1 = p_{i0}e^{jk_0x_1} + p_{r0}e^{-jk_0x_1} \tag{5-1-29}$$

$$p_2 = p_{i0}e^{jk_0x_2} + p_{r0}e^{-jk_0x_2} \tag{5-1-30}$$

两传声器之间的距离为 $\Delta x = x_1 - x_2$，从位置 1 到位置 2 处入射波及反射波的传递函数分别为 H_i 和 H_r，有

$$H_i = \frac{p_{2i}}{p_{1i}} = e^{-jk_0\Delta x} \tag{5-1-31}$$

$$H_r = \frac{p_{2r}}{p_{1r}} = e^{jk_0\Delta x} \tag{5-1-32}$$

总声场的传递函数定义为 H_{12}，已知 $p_{r0} = rp_{i0}$，则有

$$H_{12} = \frac{p_2}{p_1} = \frac{e^{jk_0x_2} + re^{-jk_0x_2}}{e^{jk_0x_1} + re^{-jk_0x_1}} \tag{5-1-33}$$

将式(5-1-31)和式(5-1-32)代入式(5-1-33)中，可得反射系数 r 为

$$r = \frac{H_{12} - H_i}{H_r - H_{12}}e^{2jk_0x_1} \tag{5-1-34}$$

通过测得传递函数、两个传声器的位置及波数，即可确定反射系数 r，由此可以进一步计算材料的吸声系数 α[式(5-1-11)]和法向声阻抗率 Z_n[式(5-1-17)].

传递函数是一个复数量，其定义如下：

$$H_{12} = \frac{S_{12}}{S_{11}} = |H_{12}|e^{j\varphi} = H_R + jH_I \tag{5-1-35}$$

$$H_{12} = \frac{S_{22}}{S_{21}} = |H_{12}|e^{j\varphi} = H_R + jH_I \tag{5-1-36}$$

$$H_{12} = \left[\frac{S_{12}}{S_{11}} \cdot \frac{S_{22}}{S_{21}}\right]^{1/2} = H_R + jH_I \tag{5-1-37}$$

式中，H_R 和 H_I 分别为 H_{12} 的实部和虚部；S_{11} 为传声器从位置 1 处的瞬时声压 p_1 与经过傅里叶变换后的复声压 p_1^* 的乘积 $p_1 \cdot p_1^*$，称为自谱；S_{12} 为相应的复声压乘积 $p_1 \cdot p_2^*$，称为互谱;S_{22}和S_{21}定义相同,分别为传声器位置2处的自谱及传声器位置2处与1处的互谱.

(3) 测量校正

在单传声器法的情况下,由于只使用一个传声器,因此在估算传递函数时无须对传声器的失配进行校正.而采用双传声器法时,可以应用以下两种方法之一:交替通道重复测量或预先计算校正因子,来校正通道间失配时测得的传递函数.每个通道都由传声器、前置放大器和分析器组成.

交替通道重复测量是一种传声器失配的校正方法,通过在每次对样品进行测量时交换通道来实现.当测试样品数量有限时,这种校正方法是可行的.在进行测量时,将样品放置在阻抗管中.使用相同的方法测量两个传递函数H_{12}^{I}和H_{12}^{II}.首先按照图5-1-5(a)所示的标准布置方式安装传声器,并进行测量.然后交换两个传声器,并按照图5-1-5(b)所示的布置方式进行安装.在交换传声器时,需要确保图5-1-5(b)中传声器A的位置与图5-1-5(a)中传声器B的精确位置相对应,反之亦然.需要注意的是,在交换传声器时,不要将传声器连接到前置放大器或信号分析器上.

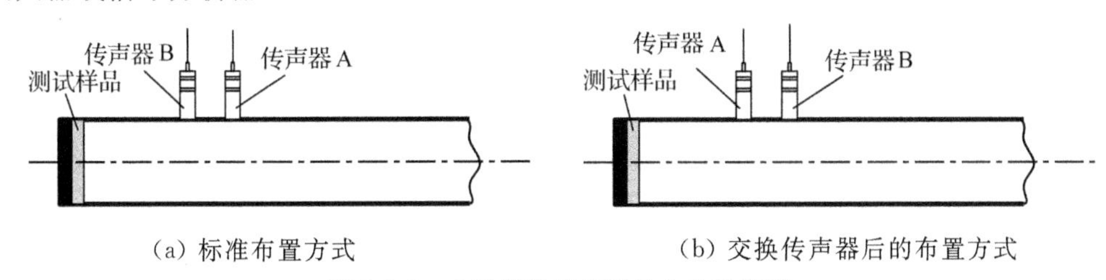

(a) 标准布置方式　　(b) 交换传声器后的布置方式

图5-1-5　交替通道重复测量方法示意图

传递函数的计算公式为

$$H_{12}=(H_{12}^{\mathrm{I}}\cdot H_{12}^{\mathrm{II}})^{1/2}=|H_{12}|\mathrm{e}^{\mathrm{j}\varphi}\tag{5-1-38}$$

式中,H_{12}为未作校正的传递函数,φ为未作校正的传递函数的相角.如果分析器只能测量一个方向的传递函数,那么传递函数由下式计算:

$$H_{12}=(H_{12}^{\mathrm{I}}\cdot H_{21}^{\mathrm{II}})^{1/2}=|H_{12}|\mathrm{e}^{\mathrm{j}\varphi}\tag{5-1-39}$$

另一种传声器失配校正方法为预先测定校准因数法.这是采用专门的标定用样品的校准方法,校准对所有后续测量都有效,因为校准后传声器状态保持不变,所以这种方法更适宜于作为系列样品测试的开端.测试中把吸声试样放入管中,以防止强的声反射产生.按图5-1-5中的布置方式,分别测定两个传递函数H_{12}^{I}和H_{12}^{II}.计算校正因数H_{c}:

$$H_{\mathrm{c}}=(H_{12}^{\mathrm{I}}\cdot H_{12}^{\mathrm{II}})^{1/2}=|H_{\mathrm{c}}|\mathrm{e}^{\mathrm{j}\varphi_{\mathrm{c}}}\tag{5-1-40}$$

如果分析器只能测定一个方向的传递函数,那么H_{c}为

$$H_{\mathrm{c}}=(H_{12}^{\mathrm{I}}\cdot H_{21}^{\mathrm{II}})^{1/2}=|H_{\mathrm{c}}|\mathrm{e}^{\mathrm{j}\varphi_{\mathrm{c}}}\tag{5-1-41}$$

后面的测试中,将传声器按照图5-1-5(a)装好后,插入测试样品,测定传递函数.对传声器响应失配作矫正后的传递函数H_{12}^{*}为

$$H_{12}^{*}=|H_{12}|\mathrm{e}^{\mathrm{j}\varphi}=\frac{H_{12}}{H_{\mathrm{c}}}\tag{5-1-42}$$

5.1.2　混响室吸声测量

在阻抗管内测量材料的吸声性能时,需要考虑材料尺寸和声波法向入射条件的限制.对

于尺寸较大的测量样品，当需要模拟真实环境中的声波无规入射情况时，混响室法是更适合进行吸声性能测量的方法. 在封闭空间内，声源停止发声后，混响声会逐渐衰减，这取决于界面、空气和物体的吸声特性. 为了了解各表面的吸声特性和将混响时间与受吸声处理影响的噪声降低联系起来，通常采用对所有入射角进行平均. 在混响室内，声波分布难以预测，因此采用均匀分布作为基本条件. 如果声场是扩散声场，声强与空间位置无关，声音随机入射到房间表面. 混响室内的声场近似于扩散声场，因此通过混响室测量的吸声性能近似于在标准条件下测量的吸声性能.

(1) 测量装置

混响时间的测量装置如图 5-1-6 所示，通过信号发生器和功率放大器将信号输入扬声器，声波在混响室内激发多种简正振动方式，形成稳定的扩散声场. 建立稳态声场所需的时间与混响时间大致相同. 在稳态声场达到后，关闭信号源，使用电平记录仪记录传声器输出信号的衰减变化曲线. 根据电平记录仪的纸速，可以计算出混响时间. 另外，也可以使用信号分析仪采集数据，并根据衰减曲线计算出混响时间.

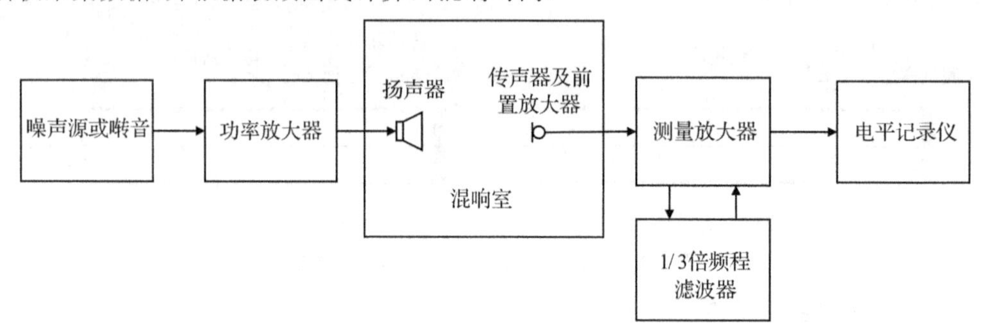

图 5-1-6　混响时间测量装置示意图

在利用混响室法进行吸声性能测量时，对测量设备有一些要求. 第一，针对声场的产生，混响室内的声场是由扬声器产生的，为了尽可能激发室内的简正振动模式，一般需要在两角落布放两个直接辐射式的扬声器，且朝向主对角线方向. 测试信号应该使用由 1/3 倍频程(最多为 1/2 倍频程)的滤波器限制的白噪声或啭音. 对于啭音信号的要求是，在 500 Hz 以下频率范围内，音频频偏至少为中心频率的 ±10%，调制频率约为 6 Hz. 而在 500 Hz 以上的频率范围内，±50 Hz 的频偏就足够了. 第二，在混响室法中，对接收系统有以下要求：可以使用一个或多个无指向性传声器来接收信号. 各个传声器之间的距离应该至少为 2 m，同时距离任何墙壁或地板的距离应大于半个波长，而距离角落的距离应小于 1/10 波长. 接收传声器的放大器需要有足够大的信噪比，滤波器一般采用 1/3 倍频程，以满足信号处理的要求.

对于试件及安装方面，当吸声材料的面积较小时，增加面积会减少吸声效果，达到一定面积后吸声效果不再改变，这称为边缘效应. 为了比较测量结果，待测材料的单块面积应为 10～12 m^2. 试件应为矩形，宽对长之比为 0.7～1，边缘应使用宽度不超过 1 cm、厚度相等的反射面封装. 试件应距离房间界面的任何边缘不小于 1 m.

(2) 测量原理

混响时间是指声音已达到稳态后停止声源发声，室内声压级衰减 60 dB 所需要的时间，

单位为 s，记为 T_{60}，计算公式为

$$T_{60} = \frac{0.161V}{S\bar{\alpha} + 4mV} \tag{5-1-43}$$

式中，$\bar{\alpha}$为房间的平均吸声系数，S 和 V 分别为封闭空间内部表面积和体积，m 为空气的声强吸声系数. 式(5-1-43)为修正的赛宾公式. 通常情况下，当频率低于 1 kHz 时，可以忽略空气对声波的吸收. 令房间的吸声量 $A=S\bar{\alpha}$，那么式(5-1-43)可表示为

$$A = S\bar{\alpha} = \frac{55.3V}{c_0 T} - 4mV \tag{5-1-44}$$

混响时间与房间的吸声特性及容积密切相关. 混响时间反映了每次声波反射中所吸收的声能量，而房间的容积则影响了单位时间内声波反射的次数. 因此，当确定房间的尺寸后，混响时间主要由房间的吸声特性所决定，我们可以通过测量混响时间来评估在混响室内吸声材料或吸声物体的吸声系数.

(3) 测量方法

首先，需要对空混响室按照 1/3 倍频程进行 100～5 000 Hz 之间各频率的混响时间 T_1 的测量，然后放入待测材料后，再次测量各响应频率的混响时间 T_2，根据式(5-1-44)可得

$$\Delta A = A_2 - A_1 = 55.3V\left(\frac{1}{c_2 T_2} - \frac{1}{c_1 T_1}\right) - 4(m_2 - m_1)V \tag{5-1-45}$$

式中，V 为混响室的体积，c_1、c_2 为两次测量时的声速，m_1、m_2 分别为两次测量时的声强吸收系数. 如果两次测量时室内环境(温度、湿度等)变化不大，那么 $c_1 \approx c_2 = c_0$，$m_1 \approx m_2$，在这种情况下，式(5-1-45)可简化为

$$\Delta A = A_2 - A_1 = \frac{55.3V}{c_0}\left(\frac{1}{T_2} - \frac{1}{T_1}\right) \tag{5-1-46}$$

当测量试件是安装在房间的地板、墙壁或天花板上的平面吸声体时，其面积与整个混响室表面积相比很小，考虑到试件覆盖的那部分壁面的吸声系数很小，则有

$$\Delta A = \alpha_S S_1 \tag{5-1-47}$$

式中，α_S 为测量试件的无规入射吸声系数，S_1 为测量试件的平面表面积. 由式(5-1-47)即可计算出试件的无规入射吸声系数.

5.2 建筑和建筑构件隔声测量

隔声测量用于评估建筑隔声性能，确定建筑构件对于外界噪声的隔离效果. 通过测量分析，可以了解建筑构件在不同频率下的隔声性能，以指导设计和改进隔声措施. 隔声测量通常包括空气声传递和结构传递两个方面. 空气声传递测试主要针对建筑构件的隔声效果，通过在受测构件两侧产生声源并测量传递声能的衰减程度来评估隔声性能. 结构传递测试则关注楼板、墙体等构件的结构传递声，通过振动激励并测量相应传递路径上的声压或声功率来评估传递性能. 通过隔声测量，可以提供科学依据来优化建筑设计、选择合适的隔声材料和改善人居环境的噪声控制.

根据《声学 建筑和建筑构件隔声测量》(GB/T 19889—2022)，已发布的部分包括以下内

容:① 实验室测试设施和设备的要求;② 测量不确定度评定和应用;③ 空气声隔声的实验室测量;④ 空气声隔声的现场测量;⑤ 外墙构件和外墙空气声隔声的现场测量;⑥ 楼板撞击声隔声的实验室测量;⑦ 撞击声隔声的现场测量;⑧ 特定产品的应用规则;⑨ 实验室测量程序和要求。

从以上发布测量标准文本可以发现,隔声测量方法包括实验室测量和现场测量.实验室测量主要用于评估建筑构件的空气声隔声性能,并通过准确的数据指导构件设计、比较和分级.现场测量则针对实际使用条件,考虑现场环境因素进行测试,以评估建筑构件的实际隔声效果,为改善隔声性能提供参考.下面针对这两种测量方法分别进行介绍.

5.2.1 空气声隔声的实验室测量

本节将介绍空气声隔声实验室测量方法,以建筑构件空气声隔声实验室测量为例.GB/T 19889.3—2005 标准规定了一种测量建筑构件空气声隔声的实验室方法.这些建筑构件包括墙体、楼板、门、窗和建筑外墙等,但不包括小尺寸构件.通过实验室测量,可以得到建筑构件的隔声性能数据,这些数据可以用于设计具有良好隔声性能的构件,进行构件隔声性能的比较,还可以对构件进行分级.需要注意的是,实验室测量中的侧向传声已受到抑制,并且如果没有考虑到现场的其他因素(特别是侧向传声和损失因数)对隔声的影响,实验室测试得到的数据不能直接应用于现场.

1. 实验室测试设施

测量隔声性能的实验室测试设施主要是隔声室,它由两个相邻的混响室组成,两室之间有一个试件洞口用于安装试件.建议两个测试房间的容积和/或尺寸不完全相同,它们之间应有至少 10%的差异.每个测试房间的容积应至少为 50 m^3.为了使低频段的简正频率均匀分布,需要选择适当的房间尺寸比例.如果房间中的声压级有较大变化,则说明强烈的驻波起主导作用.在这种情况下,有必要安装扩散体来消除驻波.通过实验方法确定扩散体的位置和数量,以达到安装更多扩散体后不再受影响的隔声量目标.

房间的混响时间在正常测试条件下(忽略试件的吸声)不应过长或过短.当低频的混响时间超过 2 s 或不足 1 s 时,要检查所测隔声量是否随混响时间而异.如果发现即使室内已装扩散体仍存在着这种相依性,房间仍需作处理,以调整低频混响时间 T(单位:s),使之满足下式要求:

$$1\ \text{s} \leqslant T \leqslant 2\left(\frac{V}{50}\right)^{2/3}\ \text{s} \tag{5-2-1}$$

式中,V 为房间的容积,单位为 m^3.

为了确保可以测量到从声源室传输的声音,接收室的背景噪声应足够低.在实验室测试设施中,为了准确测量隔声量,需要采取措施来降低非直接传声和通过试件传声的影响.这可以通过两种方法来实现:一是在声源室和接收室之间提供足够的结构上的隔离,确保非直接传声最小化;二是在两个房间的所有界面上覆盖足够的衬壁,以降低侧向传声的影响.这些方法的目的是确保声音传输的路径尽可能直接,以便准确测量隔声量,并将其他影响因素最小化.

为了安装墙体试件，建议洞口的面积大约为 10 m². 对于楼板试件，洞口的面积宜在 10～20 m² 之间. 同时，墙体和楼板的最短边长度不得小于 2.3 m. 当最低频率的自由弯曲波的波长小于试件较短边长度的一半时，可以使用较小面积的试件洞口. 建议对于门和类似构件的测试，使用面积小于 10 m² 的试件安装洞口，底边贴近测试室地面以模拟实际建筑情况. 对于玻璃或窗的组合构件，同样适用面积小于 10 m² 的试件安装洞口，并将测试件安装在两测试室之间的洞口内的填隙墙内. 需要注意的是，试件的尺寸越小，测试结果对于边缘约束条件和声场中的局部变化就越敏感. 此外，试件本身的隔声性能也与其尺寸大小相关. 因此，在选择试件尺寸时需要综合考虑以上因素.

2. 主要评价参量

(1) 室内平均声压级

室内平均声压级 L 是指在一定时间和空间范围内，室内平均的声压平方与基准声压平方之间的比值. 这个平均是以整个测试室为基准的，但不包括声源直接辐射的区域或者靠近边界(如墙面等)的区域，因为这些区域对测量结果会有显著影响. 如果使用连续移动的传声器进行测量，室内平均声压级 L(dB)可以根据下式计算：

$$L = 10\lg \frac{\frac{1}{T}\int_0^T p^2(t)\mathrm{d}t}{p_0{}^2} \tag{5-2-2}$$

式中，$p(t)$为时变声压，单位为 Pa；p_0 为基准声压，一般取值 20 μPa；T 为积分时间，单位为 s.

如果使用若干个固定位置的传声器进行测量，L(dB)由下式计算：

$$L = 10\lg \frac{p_1{}^2 + p_2{}^2 + \cdots + p_n{}^2}{n \times p_0{}^2} \tag{5-2-3}$$

式中，p_n 为第 n 个位置上测得声压的方均根值，$n=1,2,3,\cdots$.

在实际工作中，通常测得若干个声压级 L_i，此时 L(dB)由下式确定：

$$L = 10\lg\left(\frac{1}{n}\sum_{i=1}^{n}10^{L_i/10}\right) \tag{5-2-4}$$

式中，L_i 为室内测点 i 对应的声压级，$i=1,2,3,\cdots,n$.

(2) 隔声量

隔声量 R 是指入射到受测试件上的声功率 W_i 与透过试件的透射声功率 W_t 之间的比值. 隔声量 R(dB)可以根据以下公式进行计算：

$$R = 10\lg \frac{W_\mathrm{i}}{W_\mathrm{t}} \tag{5-2-5}$$

另外，透射声功率 W_t 与入射声功率 W_i 的比值称为结构传递系数，一般用 τ 来标记，即 $\tau=\dfrac{W_\mathrm{t}}{W_\mathrm{i}}$.

在建筑构件空气声隔声实验室测量中，假设声场是完全扩散的，并且从声源发出的声音仅仅透过试件传递至接收室. 隔声量 R 可由下式求得：

$$R = L_1 - L_2 + 10\lg \frac{S}{A} \tag{5-2-6}$$

式中，L_1 为声源室内平均声压级，单位为 dB；L_2 为接收室内平均声压级，单位为 dB；S 为试件面积，即测试洞口的面积，单位为 m^2；A 为接收室内吸声量，单位为 m^2.

在忽略空气吸收的情况下，根据 ISO 354：2003 测得的混响时间，可以使用赛宾公式确定吸声量 A：

$$A = \frac{0.16V}{T} \tag{5-2-7}$$

式中，V 为接收室的容积，单位为 m^3；T 为接收室混响时间，单位为 s.

3. 测量方法

（1）声源室内声场的产生

声源室产生的声音应稳定且具有连续频谱特性. 使用滤波器时，带宽至少要达到 1/3 倍频程. 采用宽带噪声时，频谱形状应保证高频段有适当的信噪比，建议使用白噪声. 声源室的声频谱在相邻 1/3 倍频带之间的声压级差异不应超过 6 dB. 接收室在所有频带上的声压级应比背景噪声高出至少 15 dB，因此需要足够高的声功率.

如果声源箱中有多个扬声器同时工作，每个扬声器都应按同相位进行驱动，以确保扬声器的辐射效果无指向性. 如果允许同时使用多个声源，则这些声源应为相同类型，并采用相同电平进行驱动，发出不相干的信号. 另外，也可以使用连续移动的声源. 当只使用单个声源时，它应至少有两个位置. 这些扬声器的位置可以在同一个房间内，或者可以互换声源室和接收室的位置，在相反的方向上进行重复测量. 在这种情况下，每个室内都应该有一个或多个声源位置进行测量. 如果试件的某一面的吸声性能明显大于另一面，则只能在一个方向上进行测量. 扬声器应放置在可以提供尽可能扩散声场的位置，并与试件保持适当的距离，以使直达声不太显著. 一般可以将扬声器放在被测试件的对面角落处.

（2）平均声压级的测量

平均声压级可以通过多种方法进行测量和计算，包括使用单个传声器在不同位置进行测量、使用固定排列的一组传声器进行测量、连续移动单个传声器进行测量，或者使用转动的传声器进行测量. 对于所有声源位置，在不同的测点上得到的声压级应根据能量算法进行平均，并按照式(5-2-2)至式(5-2-4)进行计算.

为确保测量的准确性和有效性，建议在每个房间中至少放置五个传声器，并根据可用空间的大小选择它们的分布. 这些传声器位置应均匀分布在每个房间的最大容许测量空间内. 以下是传声器之间的最小间隔距离，且应尽量大于以下距离：传声器之间应至少 0.7 m，传声器与房间边界或扩散体之间应至少 0.7 m，任一传声器与声源之间应至少 1.0 m，任一传声器与试件之间应至少 1.0 m. 如果只使用单个移动传声器进行扫描，扫描半径应至少为 1.0 m. 为了覆盖大部分可允许测量的室内空间，扫描平面应倾斜，并且与房间任一界面的倾角应大于 10°，扫描周期不少于 15 s.

在每个传声器的测点上，对于中心频率低于 400 Hz 的频带，取平均的时间至少为 6 s. 对于中心频率较高的频带，取平均的时间可以稍短一些，但不能小于 4 s. 如果采用一个移动传声器，则取平均的时间应该是所有扫描点的总和，但不能少于 30 s.

（3）频率范围的测量

声压级测量应采用 1/3 倍频程滤波器，并应至少包括 100～5 000 Hz 频段内的全部中心频率.如果需要提供更多关于低频范围的测试数据,可以增加以下中心频率:50 Hz、63 Hz和80 Hz.

(4) 混响时间的测量和吸声量的估算

根据ISO 354:2003标准,测量混响时间时需遵循以下规定:根据声源断开后约0.1 s的时间点或声压级下降几个分贝的情况,计算混响时间的起始值.衰变段范围不能小于20 dB,但也不宜太大,以确保衰变段接近直线.衰变段的下端应高于背景噪声10 dB以上.每个频带的衰变测量至少要进行六次.每种情况下,至少要用一个扬声器位置和三个传声器位置进行两次读数.吸声量由赛宾公式(5-2-7)计算得到.

(5) 背景噪声修正

为了确保测试结果不受外部干扰声音的影响(如来自测试室外部的噪声、接收系统的电噪声或声源与接收系统之间的电串音),需要对背景噪声进行测量.可采用传声器哑头或等效电阻来代替原始传声器以验证电串音的影响.背景噪声级应比信号与背景噪声叠加后的总声压级至少低6 dB,最好低15 dB以上.若差值介于6～15 dB之间,可通过下式计算声级的修正值L(dB):

$$L = 10\lg(10^{L_{sb}/10} - 10^{L_b/10}) \tag{5-2-8}$$

式中,L_{sb}为信号和背景噪声叠加的总声压级,单位为dB;L_b为背景噪声声压级,单位为dB.如果任何一个频带内的声压级差值小于或等于6 dB,则需要使用修正值1.3 dB对差值进行修正.

(6) 其他修正项

如果接收点与试件非常接近,那么式(5-2-6)右侧的第三项需要进行修正.这个修正可以根据以下几种情况进行区分:

① 发声室测点靠近试件表面,接收室测点仍在混响声场之中.由于隔声试件表面的吸声系数通常较小,可以近似看作反射面,所以靠近壁面的声压级比混响室多出3 dB,因此式(5-2-6)要改成如下形式:

$$R = L_1 - L_2 + 10\lg\frac{S}{A} - 3 \tag{5-2-9}$$

② 发声室的测点位于混响声场中,而接收室的测点靠近测试试件本身,几乎等同于一个声源.因此,在接收室的测点附近的声密度应由直达声和混响声两部分声能密度组成.此外,还需要考虑从发声室传来的声波在半球面上的分布,因此式(5-2-6)要改写为

$$R = L_1 - L_2 + 10\lg\left(\frac{S}{R_2} + \frac{1}{4}\right) + 3 \tag{5-2-10}$$

式中,R_2为接收室内的房间常数,表达式为

$$R_2 = \frac{S_2\bar{\alpha}}{1-\bar{\alpha}} \tag{5-2-11}$$

当接收室壁面吸声系数很小时,$R_2 = A = S_2\bar{\alpha}$,即为接收室的等效吸声量.

③ 两室测点都靠近试件,可从前述两种情况推得

$$R = L_1 - L_2 + 10\lg\left(\frac{S}{R_2} + \frac{1}{4}\right) \tag{5-2-12}$$

5.2.2 撞击声隔声的实验室测量

根据《声学 建筑和建筑构件隔声测量 第6部分:楼板撞击声隔声的实验室测量》(GB/T 19889.6—2005),撞击声隔声的实验室测量方法与上一小节建筑构件空气声隔声测量方法最大的区别在于声场的产生方式.因此,本节将重点讨论撞击声的产生.

撞击声应由标准撞击器产生.标准撞击器应由五个直径为(30±0.2) mm的圆柱形撞击锤组成,排列在一条直线上.相邻两锤中心线的距离应为(100±3) mm.每个锤子的撞击力应为500 g的有效质量自由落下40 mm高度的冲击力.撞击器支脚中心距离相邻锤子中心线不小于100 mm,并装有隔振垫.锤子的下落方向应垂直于试件表面,误差在±0.5°以内.撞击锤的撞击面应为半径为(500±100) mm的硬质钢球面.

在进行测量时,撞击器应该在被测楼板上至少放置四个随机分布的不同位置.撞击器的位置与楼板边缘的距离应不小于0.5 m.对于非均质楼板结构(如带有梁或肋等)或粗糙且不规则的楼板表面层,可能需要在更多位置放置撞击器.撞击器的锤头连线宜与梁或肋的方向成45°角.在开始撞击之前,撞击声压级可能会显示出随时间变化的特性,因此应该在噪声级稳定后再开始测量.如果在连续发声5 min后仍未达到稳定条件,则应严格控制测量时段,并选择符合测量要求的时段进行测量.

在测量过程中,当使用固定的传声器位置时,应至少进行六次测量.这些测量应涵盖至少四个传声器位置与至少四个撞击器位置的组合.而当使用移动的传声器时,至少进行四次测量,即对每个撞击器位置进行一次测量.如果撞击器位置为六个或八个,则可以使用一个或两个移动的传声器位置进行测量.

其他测量要点,包括平均时间和频率范围的测量、混响时间测量和吸声量计算、背景噪声修正等均与上一小节中空气声隔声实验室测量方法一致.

5.2.3 空气声隔声的现场测量

本节将介绍空气声隔声现场测量方法,以外墙构件和外墙空气声隔声的现场测量为例.根据现行标准,针对建筑物外墙和外墙构件的空气声隔声测试,规定了两种不同方法:整墙测量法和构件测量法.

整墙测量法用于评估建筑物整个外墙的隔声性能,其中最精确的方法是利用实际交通噪声或扬声器作为声源.道路交通噪声测量外墙隔声法适用于评价距离外墙2 m处相对于临近道路指定位置噪声的隔声性能;而扬声器噪声测量外墙隔声法适用于无法使用实际噪声的情况.然而,这两种方法的结果不能与实验室测量结果直接比较.

构件测量法则用于测定外墙构件(如窗户)的隔声量,其中最精确的方法是使用扬声器作为声源.与之相比,精确度略差的方法是采用现场交通噪声作为声源.扬声器噪声测量构件隔声法可与实验室测量结果进行比较,特别适用于评价实验室与现场的隔声性能关系.道路交通噪声测量构件隔声法适用于无法使用扬声器的情况,但其结果通常略低于扬声器噪声测量法.

1. 扬声器噪声测量法

(1) 测量装置

如图 5-2-1 所示,在利用扬声器进行隔声测量时,应该将其放置在距离建筑物外部墙壁一定距离 d 的一个或多个位置. 扬声器指向性应满足在自由场中所测频带的各位置声压级差小于 5 dB. 扬声器辐射的声波入射角度应为 $45^\circ \pm 5^\circ$. 在选择扬声器位置并确定至外墙距离为 d 时,应使得被测试件上的声压级变化最小. 最好将声源放置在地面上或尽可能高的位置. 当利用扬声器进行噪声测量时,如果是构件隔声测量,声源距离被测试件中心的距离 r 应至少为 5 m($d>3.5$ m). 如果是外墙隔声测量,应至少为 7 m($d>5$ m).

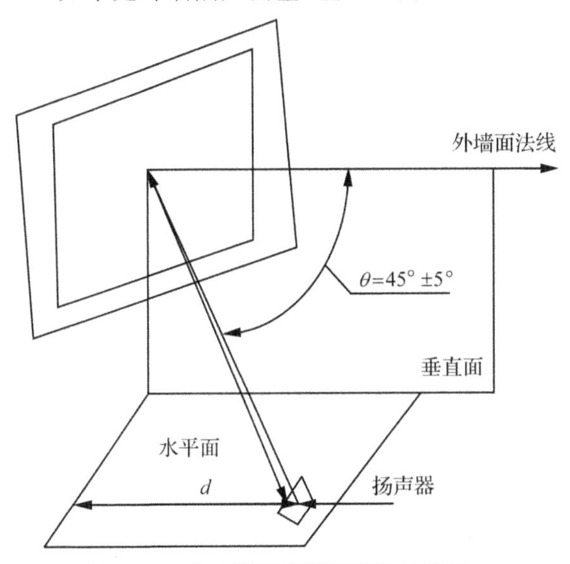

图 5-2-1 扬声器噪声测量隔声示意图

(2) 声场的产生

为了进行有效的测量,所产生的声场应为稳态声场,并且在考虑的频率范围内具有连续频谱. 如果按照 1/3 倍频程进行测量,中心频率应至少在 100~3 150 Hz 频段范围内,最优为 50~5 000 Hz. 如果按照倍频程进行测量,中心频率应至少在 125~2 000 Hz 范围内,最优为 63~4 000 Hz. 此外,在同一个倍频程中,各个 1/3 倍频程之间的声功率级差在 125 Hz 的倍频程中不得超过 6 dB,在 250 Hz 的倍频程中不得超过 5 dB,在其他更高中心频率的倍频程中不得超过 4 dB. 在所有测量频带中,声源应具有足够的声功率,以使接收室的声压级至少比接收室背景噪声级高出 6 dB.

(3) 在接收室内测量

与 5.2.1 小节中建筑构件空气声隔声实验室测量方法类似,在接收室中,可以通过将单个传声器从一处移动到另一处,或者使用固定的传声器阵列,或者通过连续移动或摆动传声器等方式来获取平均声压级. 传声器的数量和位置要求保持不变,对于不同传声器位置的声压级应按能量对所有声源位置进行平均. 此外,还应测量背景噪声级并进行修正. 混响时间的测量和吸声量的计算与 5.2.1 小节中空气声隔声实验室测量方法一致.

(4) 扬声器噪声测量构件隔声

为了获得与实验室测量结果相比较的准确结果,需要按照以下步骤进行测量:首先,确认待测墙面的构造与规定构造一致并正确安装.然后,确定外墙的隔声量以确保周边墙体的声透射对接收室中的声压级没有显著贡献.如果需要与实验室中测量的窗户的隔声量进行比较,还需要确认测试洞口的面积是否能代表实验室中的测试洞口的面积,并确保龛的开口和龛中窗户的位置符合 GB/T 19889.3—2005 的要求.

确定被测试件表面的平均声压级 L 的方法是:直接将传声器固定在被测试件上,使传声器的轴线与外墙表面平行.传声器可以朝上或朝下放置,或者使传声器轴线指向被测试件的法线方向.如果传声器固定在被测试件表面朝上,传声器膜的中心与被测试件的距离应小于或等于 10 mm,具体取决于传声器的直径.如果传声器固定在被测试件表面朝下,传声器膜的中心与被测试件的距离应小于或等于 3 mm.在将传声器固定在被测试件表面时,可以使用强力的粘贴胶带进行固定,并为传声器安装半球风罩.

当同时进行室内和室外的测量,并且将传声器固定在被测试件表面时,应选择那些不会对被测试件隔声产生影响的传声器和连接电缆.根据各传声器位置之间的声压级差异,选择 3~10 个传声器位置,并将它们均匀但不对称地分布在测量表面上.建议最初选择 3 个位置($n=3$).如果在两个位置之间的某一频率上的声压级差异大于 n dB,就应增加传声器的位置,最多增加至 10 个位置.如果被测试件安装在外墙面的凹面处,则应选择 10 个传声器位置.

作为在若干固定位置进行测量的替代方法,可以采用移动传声器进行扫描测量,前提是传声器与外墙构件的距离保持固定,并且背景噪声维持在比信号声压级低 10 dB 的水平.通过以下公式可以计算 n 个位置的平均声压级$\overline{L}$:

$$\overline{L}=10\lg(10^{L_1/10}+10^{L_2/10}+\cdots+10^{L_n/10})-10\lg n \tag{5-2-13}$$

式中,$L_1,L_2,\cdots,L_n$ 分别为在位置 $1,2,\cdots,n$ 处所测得的声压级.

(5) 扬声器噪声测量外墙隔声

传声器应被放置在外墙的外侧中间部位,距离外墙面应满足(2.0±0.2)m 的要求.如果有阳台、护栏或其他类似的凸出的部位,则传声器距离这些部位应保持 1 m 的距离.传声器的位置应比接收室地面高出 1.5 m.如果外墙面的主体部分是倾斜的,类似屋顶的结构,需要确保测量点与顶端的距离不要比测量点与外墙凸出部位的距离更近.

如果使用多个声源位置,可以计算每个位置的声压级差,并使用下式计算平均值:

$$D_{1s,2m}=-10\left(\frac{1}{n}\sum_{i=1}^{n}10^{-D_i/10}\right) \tag{5-2-14}$$

式中,n 为声源位置数量;D_i 为各对声源-传声器组合之间的声压级差.

2. 道路交通噪声测量法

如果声波以不同方向和变化的声强进入被测试件,如繁忙道路上的交通噪声,则应同时在被测试件的内外两侧进行测量,以获取频率函数的等效声压级,从而计算隔声量或声压级差.在测量接收室的背景噪声时,背景噪声级应至少低于测量得到的等效声压级 10 dB.如果使用现有的道路交通噪声作为声源,测量期间应至少有 50 辆车经过测试区域.考虑到交通噪声的不稳定性,测量等效声压级时应同时在被测试件的内外两侧进行测量.在测试过程中应避开安静时段,即避免交通噪声未超过背景噪声 10 dB 的时间段.

对于道路交通噪声测量构件隔声,测量的目的是与实验室测量结果进行比较,或者得出对某一外墙构件具有代表性的结果，应该遵循扬声器噪声测量构件隔声所给出的步骤进行测量，这样可以确保结果的准确性和可比性.

为了满足测量要求，应遵循以下规定：如图 5-2-2 所示，道路上的交通流应大致呈直线分布，并且该交通流应位于以测点为中心、从外墙面向外张开的视角范围内，视角范围角度为 ±60°. 在该范围内，允许交通流偏离直线的程度不超过从交通线与外墙面法线交点作出的交通线切线方向的 ±15° 的范围内. 观察交通线与外墙面之间最短距离处的仰角应小于 40°. 从交通流的整个宽度望过去时，应将整个外墙面尽可能置于自由视野范围内. 交通线与整个外墙面之间的最小水平距离应至少为被测外墙宽度的 3 倍或 25 m，取两者中较大的值.

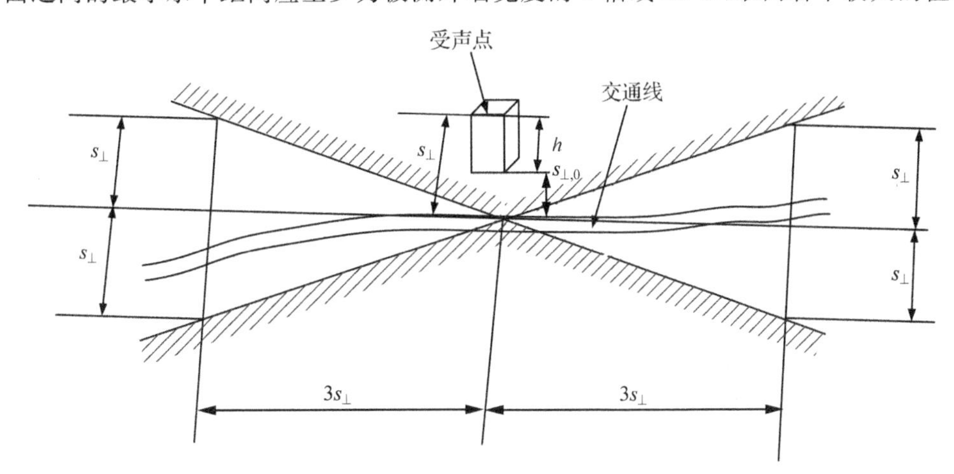

注：$s_{\perp}$ — 受声点与交通线之间的距离；$s_{\perp,0}$ — 受声点与交通线之间的水平距离；
h — 受声点与交通线之间的高度差.

图 5-2-2 长直交通线的环境

在测量等效声压级时，将传声器放置在被测试件的外侧. 如果外墙是平面，没有较大的凹面或阳台，可以采用 3 个传声器位置，并将它们不对称地分布在测量表面上. 如果外墙面有较大的凹面或阳台，应采用 5 个传声器位置. 混响时间的测量和吸声量的计算与 5.2.1 小节中空气声隔声实验室测量方法一致.

道路交通噪声测量外墙隔声与扬声器噪声测量外墙隔声测量方法要求基本相同.

5.2.4 撞击声隔声的现场测量

《声学 建筑和建筑构件隔声测量 第 7 部分：撞击声隔声的现场测量》(GB/T 19889.7—2022)适用于容积在 10～250 m³ 之间的房间中，对 50～5 000 Hz 频率范围内的撞击声隔声性能进行测量. 测量结果可用于量化、评估和比较房间的撞击声隔声性能，不论室内是否有家具陈设，以及是否为扩散声场均适用.

1. 测量准则

为了确定撞击声隔声性能，需要选择一个作为接收室的房间，当撞击源在间壁上发生撞击时，会将撞击噪声辐射到接收室中. 撞击源所在的房间或空间称为声源室. 测量的参数应包括以下内容：当撞击源工作时接收室内的声压级、当撞击源关闭时接收室内的背景噪声级、接收室内的混响时间.

有两种撞击源：撞击器和橡胶球. 当使用撞击器作为撞击源时，声压级的测量应采用 1/3 倍频程滤波器，并至少包括 100～3 150 Hz 的中心频率范围. 如果需要额外测量低频范围，可以添加测量频率 50 Hz、63 Hz 和 80 Hz；对于高频范围，测量频率为 4 000 Hz 和 5 000 Hz. 而当使用橡胶球作为撞击源时，声压级的测量应采用 1/3 倍频程滤波器，并至少包括 50～630 Hz 的中心频率范围.

根据 GB/T 19889.7—2022 标准，有两种测量方法：常规测量和附加低频段测量. 常规测量时，应在接收室中央区域进行各频率声压级和背景噪声的测量. 当使用撞击器时，可选固定传声器、手持式传声器、固定传声器阵列、机械化连续移动传声器或手动扫测传声器来获得室内平均声压级. 当使用橡胶球时，可选固定传声器、手持式传声器或固定传声器阵列来获得室内平均声压级.

如果接收室容积小于 25 m^3 并且使用撞击器作为撞击源，需要采用附加的低频段测量方法. 除采用常规测量方法测量 50 Hz、63 Hz 和 80 Hz 的 1/3 倍频带声压级和背景噪声外，还需在接收室角落处使用固定传声器或手持式传声器测量 50 Hz、63 Hz 和 80 Hz 的1/3倍频带声压级.

2. 声压级的常规测量

(1) 测量方式

对于固定传声器位置测量，在测量期间要求接收室内无人时，无论是使用撞击器还是使用橡胶球作为撞击源，可以使用固定在三脚架上的传声器进行测量. 若有操作人员在房间内进行测量，则需保持操作人员身体与传声器至少一个手臂长度的距离. 传声器位置应分布在房间允许的最大空间内，避免选择与房间边界平行的位置，并确保相邻传声器不在同一规则网格内.

在使用机械化连续移动传声器测量声压级时，传声器应以近似恒定的角速度沿圆形轨迹进行机械移动，或者在围绕固定轴旋转时，角度范围应在 270°～360°之间的弧形轨迹上. 扫测的半径至少应为 0.7 m. 为覆盖大部分可供测量的房间空间，移动平面应倾斜，并且与房间的墙壁、地板或天花板的角度不应小于 10°.

当房间有足够空间时，手动扫测传声器的路径可以选择圆形、螺旋形或圆柱形轨迹. 而当房间空间不足时，可以采用由三个半圆形轨迹组成的路径进行扫测.

(2) 测量时间

根据不同的测量方式和频带范围，对于撞击器作为撞击源时的传声器测量，有不同的要求. 在固定传声器位置测量中，每个传声器位置需要至少 6 s 的平均测量时间来读取 100～400 Hz 频带范围内的测量值，同时可以将时间减少至不少于 4 s 来测量 500～5 000 Hz 频带范围. 对于 50～80 Hz 频带范围，平均测量时间至少为 15 s. 在机械化连续移动传声器和手动扫测传声器测量中，平均测量时间至少为 30 s，覆盖全部扫描位置，并可测量 100～5 000 Hz 频带范围；对于 50～80 Hz 频带范围，平均测量时间至少为 60 s.

3. 混响时间测量

混响时间测量可以采用中断声源法或脉冲响应积分法. 在中断声源法中，针对每个频带的混响衰减，至少需要进行 6 次测量. 对于每个情况，可以选择 1 个扬声器位置和 3 个固定传声器位置，每个测点需记录 2 个读数；或者选择 6 个固定传声器位置，每个测点记录 1 个读数. 而在脉冲响应积分法中，应使用固定传声器位置测量混响时间. 在使用脉冲源时，对于每个频带，至少需要进行 6 次测量. 对于每个情况，至少需要选择 1 个源位置和 6 个固定传声器位置进行测量.

混响时间测量具体方法、吸声量计算、背景噪声测量与修正等其他测量要点可以参考 5.2.1小节中空气声隔声实验室测量方法.

第6章 电声学测量

电声学测量是专门针对电声设备特有参数的测量，从名字就可以看出，电声指电信号和声信号之间的转换. 常见的电声设备包含有扬声器(loudspeaker)和/或传声器(microphone). 其中，扬声器是将电信号转换成声信号并将声波向空间辐射的电声换能器件；传声器则是将声信号转换成电信号的电声换能器件，又称为麦克风、话筒、微音器等. 扬声器和传声器是电声系统中最为基础和广泛使用的电声换能器件，其性能质量的好坏对整个电声系统的影响很大. 为保证音质，对设备进行电声性能的测试，分析电声产品在研发阶段所产生或捕捉到的声音具有至关重要的意义. 对于真实地拾取和重现声音来说，许多参数都扮演着不可或缺的角色. 因此，本章以相关的现行国家标准：《传声器通用规范》(GB/T 14198—2012)、《声系统设备 第4部分：传声器测量方法》(GB/T 12060.4—2012/IEC 60268-4：2004)、《声系统设备 第5部分：扬声器主要性能测试方法》(GB/T 12060.5—2011/IEC 60268-5：2007)为主要依据，介绍常用的传声器和扬声器的电声参数测量方法.

6.1 电声测量基础

6.1.1 声学环境

1. 自由场

如果声学环境近似于自由空间环境，在扬声器和测量中所用传声器之间的声场所占据的区域内，从点声源到距离 r 处的声压按 $1/r$ 的规律变化，其误差不超过±10%，则将该声学环境称为自由场. 现实中为满足自由场条件而建造的实验室称为全消声室，一般使用渐变吸收层，常用尖劈或圆锥结构，以玻璃棉或软泡沫塑料做吸声材料，其边界吸声系数在99%以上，能够较好地模拟自由场条件. 电声换能器的声学检测多在全消声室中进行. 全消声室通常设计为长方体，室内6个墙面铺设强吸声材料，入射到墙面的声波在一定范围内几乎被全部吸收. 同时，为了隔绝外部噪声和震动，消声室通常为双层墙结构，并且使用弹簧、橡胶垫等使内部墙体与外部连接.

2. 半空间自由场

如果在前述自由场环境中放置一个足够大的反射平面，则将在反射面的前方形成半空间自由场，安装在这个足够大的反射平面上的点声源辐射的声压应满足前述自由场条件(从

点声源到距离 r 处的声压按 $1/r$ 的规律变化，其误差不超过±10%）. 现实应用中，半空间自由场条件可以通过半消声室实现，内部 5 个墙面铺设强吸声材料，地面则为硬质刚性反射面. 当声源或接收器置于地面上时，声源和接收器之间只有直达声而没有反射声，故在地面上的半空间即可认为是半空间自由场. 由于半消声室的地面是硬的，可以承受较大的质量，适宜测量如车辆、大型机器、设备等的噪声功率.

3. 扩散场

扩散场是声能量均匀分布并在各个传播方向上做无规则传播的声场，又称混响场. 现实中的扩散场条件通常可以由混响室近似实现. 混响室的墙壁用反射性很强的材料制作，不管声源处于室内任何位置，室内各处声压接近相等，声能密度均匀，可用于测量材料的隔声/吸声性能、声源声功率等.

6.1.2　测量条件

1. 传声器的测量条件

为了与使用条件保持一致，传声器的许多电声性能参数都是在自由场条件下进行测量的，如自由场灵敏度、频率响应、指向性等. 在自由场环境下的测试，传声器和声源间的距离不可过近，应当满足远场条件，即满足 $r \geqslant d$，且 $r \geqslant \frac{d^2}{\lambda}$. 式中 r 为测试距离，单位为 m；d 为扬声器的直径，单位为 m；γ 是声波的波长，单位为 m. 远场的物理意义是自由声场中离声源远处瞬时声压与瞬时质点速度基本上同相的声场. 在远场中的声波呈球面发散，点声源所辐射的声压 p 与距离 r 之间的关系应满足 $p \propto \frac{1}{r}$，其误差不超过 10%.

传声器灵敏度、频率响应和指向性的测量都应该在自由场平面波的条件下进行. 在远场情况下，一般传声器的受声面比球面波的波阵面要小得多，振膜上各点的声压变化很小，可以近似看成平面波. 因此，满足远场条件的声场可以近似看作平面波自由场.

为了获得准确而可靠的测量结果，传声器测试用的声源一般选用频率响应宽、灵敏度高、失真小的直接辐射式电动扬声器. 声源的频率响应应尽量宽而平坦，声压级应保证经声压缩后在远场规定位置处的恒定声压达到 0.3 Pa (84 dB SPL). 声源的谐波失真对测量结果的影响不得超过 0.5 dB.

用作传声器测试用的声源，除满足上述性能要求外，为了满足远场条件，声源尺寸也有一定的要求. 例如，如果选用 8 英寸（1 英寸≈2.54 cm）扬声器作为声源（$d=0.2$ m），测量到 20 000 Hz 时，$r \geqslant \frac{d^2}{\lambda}=2.4$ m，对于消声室大小有较高的要求；而选用小尺寸扬声器作为声源，随着 d 的减小，同样频率下所需的 r 将显著减小. 因此，需要根据检测要求和消声室条件合理选择声源的尺寸.

2. 扬声器的测量条件

与传声器的测试条件一样，扬声器电声性能的测试同样应当在 6.1.1 节所述的某种特定声学环境中进行，且应当满足远场条件.

对扬声器单元进行电声参数测量时，为了避免扬声器纸盆前后两面辐射的声波发生干涉而影响测量结果，通常需要将扬声器单元安装在标准障板上. 根据《声系统设备 第 5 部分:扬声器主要性能测试方法》，标准障板的尺寸如图 6-1-1 所示. 它由高内阻尼的硬木制成，前面不敷设任何吸声材料. 扬声器与障板接触面应平整、无缝隙，以避免在障板反面产生谐振腔，为确保振动可以忽略，标准障板应由足够厚的材质组成. 安装示例如图 6-1-2 所示. 借助如图 6-1-2(a)所示的斜面或采用如图 6-1-2(b)所示的一块薄的硬质分障板(带或不带斜面均可)，可实现辐射单元的边缘充分与障板前表面平齐.

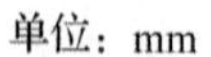

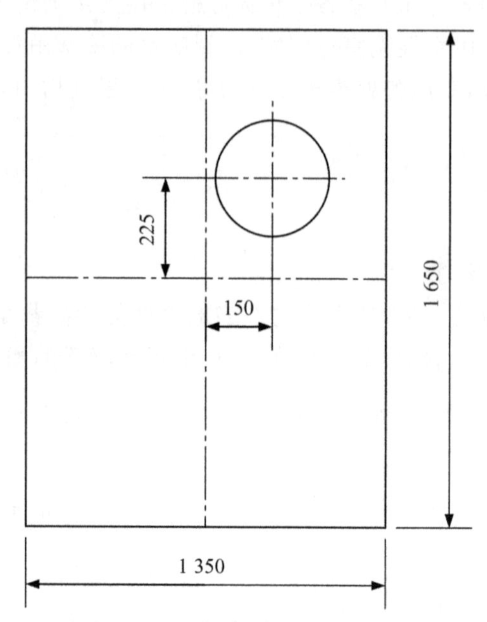

图 6-1-1 标准障板的尺寸

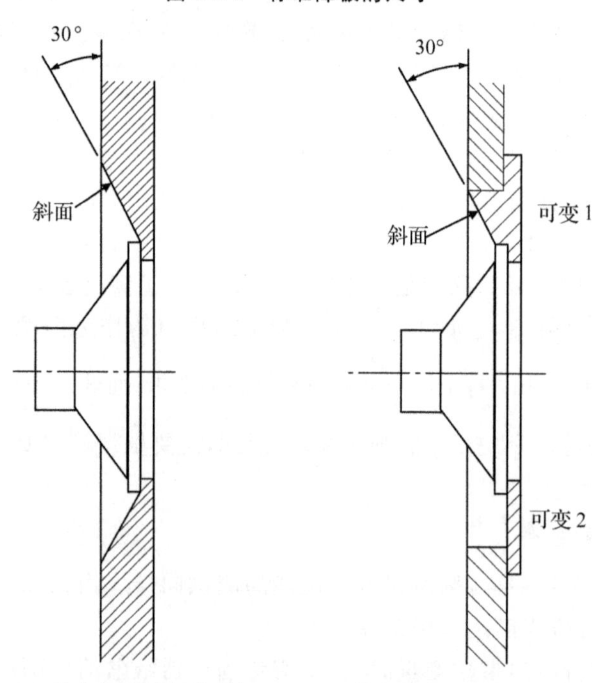

图 6-1-2 扬声器在标准障板上的安装示例

采用标准障板来测量扬声器单元，虽然对测量结果有所改善，但因为障板大小有限，如果声音频率较低，扬声器背面辐射的声波仍有可能绕过障板与正面辐射的声波发生干涉. 为避免出现这一问题，可在半空间自由场中进行扬声器单元的测试. 实践中，可将扬声器安装在规定的标准测量箱体中，边缘与障板的前表面处在同一平面上，箱体密封且有一定厚度，内部附有适当的吸声材料，实现半空间自由场测试条件. 标准测量箱体分为 A 类和 B 类两种，测量所选的类型应由制造商规定. 标准 A 类测量箱体外形如图 6-1-3 所示，其所有表面都是平面，并且这些表面的接合都成直角，不容许改变尺寸，以保证衍射特性可重复. 标准 B 类测量箱体外形如图 6-1-4 所示，且允许按比例改变尺寸.

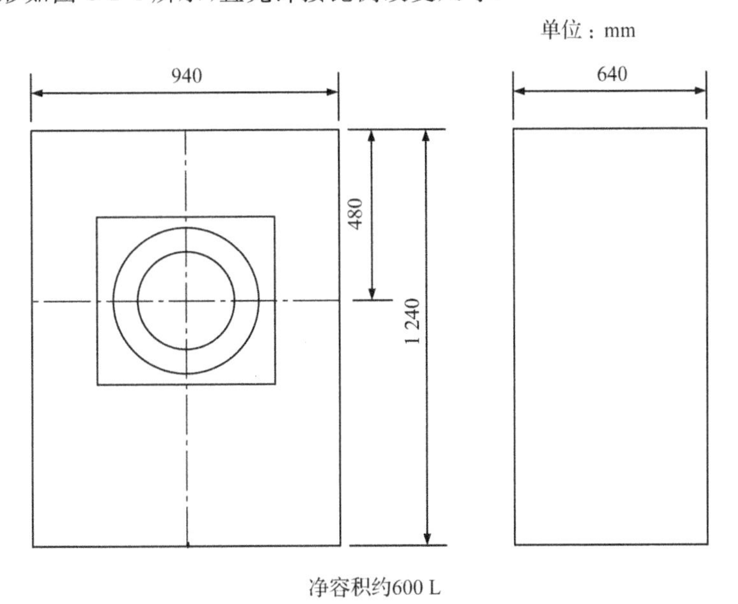

图 6-1-3 标准 A 类测量箱体外形尺寸图

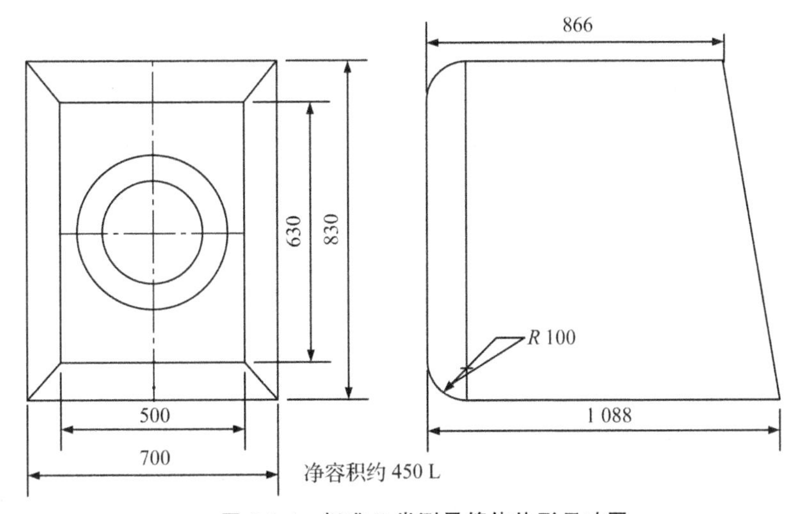

图 6-1-4 标准 B 类测量箱体外形尺寸图

6.1.3 测试信号

1. 正弦测试信号

正弦测试信号是单一频率的纯音信号，是一种基本信号，在音频测量中常用的频率范围是 20～20 000 Hz. 在电声参数测试中，通常要求信号发生器产生的正弦信号频率可在该范围内连续变化，以便进行扫频测试.

2. 噪声测试信号

在电声参数测量中，除了最基本的单频正弦测试信号外，为了更好地模拟电声器件在多种频率成分混合信号环境下的实际使用场景，也经常使用含有各种频率成分且频谱连续的噪声作为测试信号. 根据噪声功率谱密度的分布特点，在电声测试中使用的噪声测试信号主要为白噪声及粉红噪声.

白噪声是一种功率谱密度为常数的随机信号，此信号在各个频段上的平均输出功率一致. 在电声测量中使用的白噪声测试信号通常为高斯白噪声，其幅值为正态分布，在 20～20 000 Hz 范围内具有连续的噪声谱.

粉红噪声$\left(\text{也称为}\dfrac{1}{f}\text{噪声}\right)$具有功率谱密度与频率成反比的特征. 在粉红噪声中，每个倍频程中都有一个等量的噪声功率，其功率谱在对数坐标中的输出为水平线. 粉红噪声与人耳的听觉习惯相适应，更接近于实际的节目源信号，在各类电声参数测量中发挥着显著的作用. 在进行扬声器电声参数测量时，规定使用 1/3 倍频程的粉红噪声测试信号为窄带测试信号.

3. 脉冲测试信号

脉冲测试信号是在较短持续时间内突变后，迅速回到其初始状态的声信号. 典型的脉冲波形有尖脉冲、矩形脉冲、阶跃脉冲等. 在电声参数测试中，短脉冲应当具有至少覆盖测量中感兴趣频率范围的单位带宽恒定的功率谱密度. 脉冲峰值幅度在驱动放大器能力范围内应尽可能高，并与扬声器的线性范围一致.

4. 猝发音测试信号

猝发音也称正弦波列或正弦波群，是一系列有间断的正弦波列，每个波列包含一定数量的正弦波(一般 10 个以上)，常用来测量电声器件的瞬态失真.

6.1.4 测量仪器

1. 传统电声测量仪器

用于电声参数测量的传统电声测量仪器主要包括声频信号发生器、噪声信号发生器、音频功率放大器、测量传声器、测量放大器、频谱分析仪、电平记录仪和失真仪等.

声频信号发生器能产生 20～20 000 Hz 频率范围内连续可调的正弦测试信号，可在灵敏度、频率响应特性等参数的测量中充当信号源；噪声信号发生器能产生白噪声和粉红噪声两种噪声测试信号，可作为信号源，应用于传声器扩散场灵敏度、扩散场频率响应，扬声器扩散场灵敏度、扩散场频率响应等参数的测量.

音频功率放大器主要用于将信号源产生的 20～20 000 Hz 频率范围内的信号进行放大. 对音频功率放大器的基本要求是输出功率足够大,频率响应平直,谐波失真小,输出阻抗足够小.

测量传声器将声信号转换为相应的电信号,是电声检测过程中不可或缺的传感器. 理想的标准传声器具有较高的灵敏度、宽而平直的频率特性、足够大的动态范围、良好的长期稳定性、较小的体积和较低的指向性.

测量放大器、频谱分析仪、电平记录仪和失真仪等都是实现对传声器采集到的信号进行分析或者显示的设备,与其他设备配合,可以完成频谱分析及频率特性曲线、指向性、失真等参数的测量.

2. 现代电声测量仪器

微电子技术、计算机技术、软件技术的发展和应用,使得现代电声测量仪器的功能和作用不断丰富,许多方面已经突破了传统仪器的概念,并且实现了过去不能采用的测量方法的创新,如声信号的实时频谱分析、声强测量、脉冲测量和声源的识别等. 传统的电声测量仪器功能单一,一台仪器只能用于特定的测量项目,一般完成一项测量需要多台不同功能的仪器,如声频信号发生器、声频功率放大器、电压表、示波器和失真仪等. 而现代电声测量仪器实际上是以计算机为核心的虚拟仪器,省略了传统仪器的面板和显示功能,代之以计算机图形界面,操作者通过键盘和鼠标即可操作界面上的虚拟按键,实现不同的测量功能. 借助于计算机的运算能力和数据交换能力,并通过数据采集卡(声卡)与模块化测量附件,实现软件与硬件结合,构成测量系统,可以同时完成多个测量功能. 这样的综合性测量仪器通常被称为电声分析仪或电声分析系统.

例如,杭州兆华电子股份有限公司生产的 CRY6151B 全功能电声分析系统,可测量各类主要电声器件的性能指标,如灵敏度、阻抗、失真度、谐振频率 f_0、左右耳机平衡度、左右耳机位置、相位极性、传声器电流电压、信噪比、传声器指向性等,测试频率范围可达 20～20 000 Hz. CRY6151B 硬件包括声卡模块(可扩展至同步 8 通道采集/4 通道输出)、功放模块、信号处理模块、USB 通信模块,结合软件实现各类电声参数测量. 软件支持多种扫频方法,包括快速步进扫频、高精度步进扫频等,根据不同的测试场合和测试需求选择不同的方法. 一次扫频即可完成频响、灵敏度、失真度、阻抗、谐振频率、相位、平衡度、极性等参数的测量与判定,测试精度高、速度快.

需要说明的是,本章后续小节中,为了便于说明传声器和扬声器各类主要电声参数测量的基本原理,仍然以传统测量仪器构成的测量方案为例进行介绍. 本书读者在理解基本测量原理和待测电声参数物理意义的基础上,充分利用电声分析仪,可以大大减少实际操作的工作量,提高测量工作效率和精度.

6.2 传声器电声参数测量

6.2.1 灵敏度测量

传声器的灵敏度，即模拟输出电压或数字输出电压与输入声压之比，对任何传声器来说都是一项关键指标，该指标用于表征传声器的声电转换能力，灵敏度越高，表示传声器的声电转换能力越强. 在自由场中，向传声器施加一个频率为 1 kHz、声压的均方根值为 1 Pa (94 dB SPL)的声信号时，传声器的开路输出电压的均方根值即为传声器的灵敏度，单位为 V/Pa 或 mV/Pa. 由于传声器的输出电压通常为 mV 量级，所以单位 mV/Pa 更为常用. 表 6-2-1 是一些常用场合下传声器的标准灵敏度范围.

表 6-2-1 一些常用场合下传声器的标准灵敏度范围

使用场合	标准灵敏度范围/(mV/Pa)
近距离手持	2～8
通常录音棚使用	7～20
远距离拾音	10～50

按照不同的测量方法，传声器灵敏度可以细分为声场灵敏度(包括自由场灵敏度、扩散场灵敏度)、声压灵敏度和近讲灵敏度等. 由于篇幅所限，本书中仅重点介绍常用的自由场灵敏度测量方法，且在本书后续叙述中提及的传声器灵敏度概念，若无特殊说明，均指自由场灵敏度.

自由场灵敏度的测量方法主要有比较法和替代法两种.

1. 比较法

在自由场中，同时将待测传声器和标准测试传声器放在声场中，使两个传声器正对声源，传声器的参考轴与声源平行并对称地位于两侧. 为了防止声波散射作用对两个传声器之间声压的相互干扰，两个传声器之间的距离应妥善选择. 一般选择 10 cm 左右. 根据远场条件的要求，声源与传声器之间的距离一般选择 1 m. 比较法的主要测量原理示意图如图 6-2-1 所示.

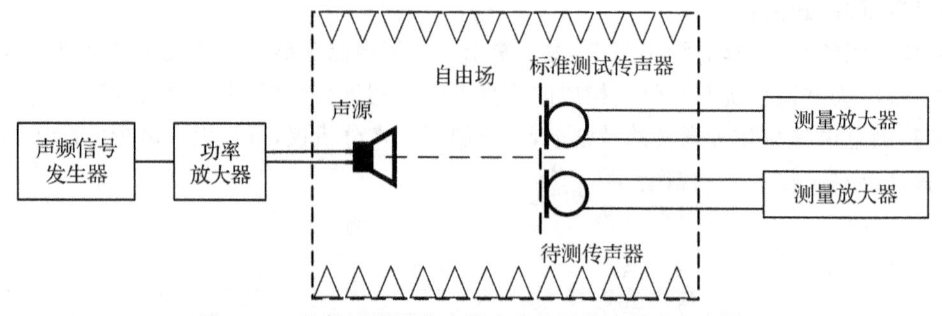

图 6-2-1 比较法测量传声器自由场灵敏度原理示意图

根据图 6-2-1 所示的测量系统构成，用两台测量放大器同时进行声测量和电测量. 测量时,声频信号发生器输出 1 kHz 的正弦测试信号,调节声频信号发生器的输出和功率放大器的放大增益,使标准测试传声器测得的声压为特定值 P_r(实践中通常取 $P_r=0.3$ Pa,即 84 dB SPL)并保持声压恒定.此时,可以认为待测传声器位置处的声压也是 P_r,读出待测传声器的开路输出电压 U(mV),并计算被测传声器的自由场灵敏度:

$$M_f = \frac{U}{P_r} \tag{6-2-1}$$

传声器灵敏度也可以用 dB 为单位,以 1 V/Pa 为 0 dB 参考标准,表达式为

$$L_M = 20\lg\frac{M_f}{M_r} \tag{6-2-2}$$

式中,M_r 为参考灵敏度,即前述值 1 000 mV/Pa (1 V/Pa);M_f 为待测传声器的灵敏度,单位为 mV/Pa.

2. 替代法

使用替代法的目的是消除比较法中待测传声器和标准测试传声器因为声波散射产生的相互影响,以及两个传声器位置处不完全相同的声压带来的测量误差.替代法的主要测量原理示意图如图 6-2-2 所示.

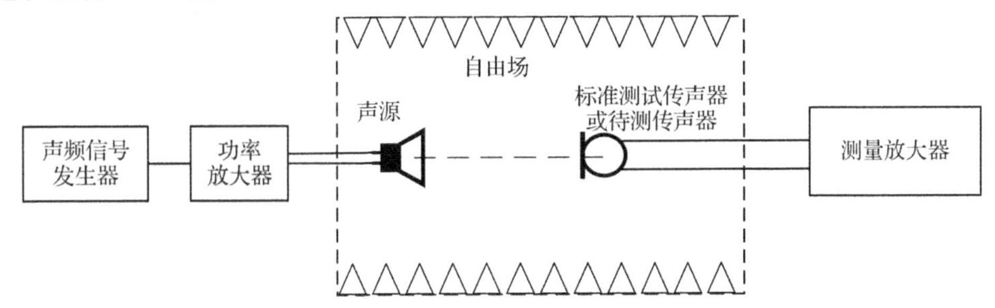

图 6-2-2 替代法测量传声器自由场灵敏度示意图

以声源参考轴上距离声源 1 m 处作为测点,先将校准过的灵敏度已知的标准测试传声器放在测点上,调节音频信号发生器和功率放大器,使测点位置具有 1 kHz、84 dB SPL 的声压,保持恒定.用待测传声器替换标准测试传声器,测出待测传声器的开路输出电压,即可得到待测传声器的自由场灵敏度.

使用替代法可以获得相对于比较法更精确的灵敏度,但是操作比较烦琐,而且测量时需要注意标准测试传声器和待测传声器的受声面应准确放在测点上,并且传声器的参考轴与声源的参考轴应重合,以减小测量误差.

6.2.2 频率响应测量

传声器的频率响应是指在规定声压和规定入射角声波的作用下,各频率正弦信号的开路输出电压与规定频率(通常为 1 kHz)的开路输出电压之比,用分贝(dB)表示.频率响应是传声器的重要指标,反映传声器输出电压与频率间的关系,通常用给定频率范围内的不均匀度或在一定的不均匀度内的有效频率范围来表述.传声器的频率响应一般是在自由场平面波的条件下测得的,并且传声器轴与波阵面垂直.

传声器的自由场频率响应曲线测量原理示意图如图 6-2-3 所示.

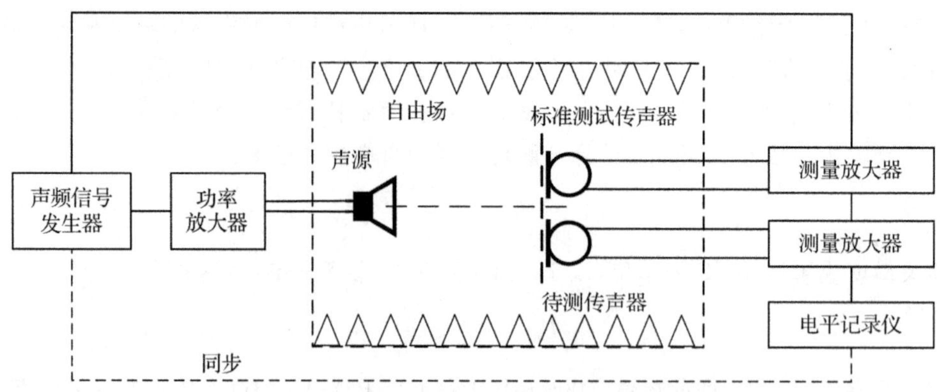

图 6-2-3　传声器频率响应曲线测量原理示意图

传声器频率响应的测量与传声器灵敏度的测量方法相似，只是此时标准测试传声器还被用于压缩声场，同时增加了与声频信号发生器同步的电平记录仪用于记录待测传声器的频率响应曲线.

测量时将 1 kHz、84 dB SPL 的声压作用于标准测试传声器，作为测量基准. 然后在保持声压恒定的基础上，改变声频信号的频率，通过点测法或者连续扫频方法记录待测传声器的输出，从而获得其频率响应曲线. 这一过程需要结合标准测试传声器构成的反馈控制系统来实现. 因为声源在测试点所产生的声压通常会随频率变化而变化，而标准测试传声器的自由场频率响应非常平直，在需要的频率范围内不均匀度一般不会超过 ±1 dB，故标准测试传声器的输出电压会随着声压的变化而发生成比例的变化，将该输出电压通过放大器和电平记录仪馈给声频信号发生器，构成反馈控制系统，自动调节声频信号发生器的输出电压大小，从而实现测试点上的声压不随频率变化，保持基本恒定.

6.2.3　指向性特性测量

传声器的灵敏度随声源空间位置的变化而变化的模式称为传声器的指向性. 按指向性特征的不同，常见的传声器可以分为全向传声器、单向传声器和双向传声器等类别.

全向传声器：对来自所有方向的声音都同样敏感，具有大致相同的灵敏度，与传声器所处的方位无关.

单向传声器：正面灵敏度远大于背面灵敏度.

双向传声器：前后灵敏度相似，两侧灵敏度很低.

传声器的指向性是选择传声器时必须考虑的重要指标，对音质有很大影响. 为了得到更好的音质效果，需要根据不同的声源和环境选择具有合适指向性的传声器.

传声器指向性特性主要由指向性图案来描述. 传声器的指向性图案是在规定的频率或窄频带内，以声波入射角为函数的传声器自由场灵敏度级曲线. 可以通过两种不同的方法测量传声器的指向性图案：指向性响应图案和指向性频率特性.

1. 指向性响应图案

常见的传声器指向性类型与响应图案如表 6-2-2 所示.

表 6-2-2 常见的传声器指向性类型与响应图案示意图

指向性类型		图例
全向		
单向	心形	
	超心形	
	超指向	
	双向	

指向性响应图案的测量原理示意图如图 6-2-4 所示.

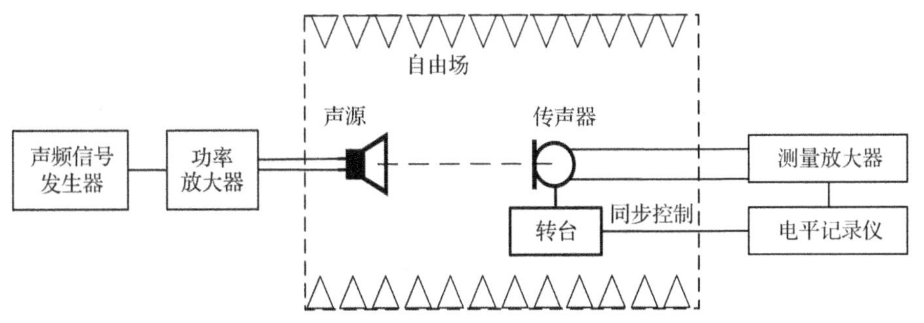

图 6-2-4 指向性响应图案测量原理示意图

将声源和待测传声器放置于消声室(自由场)环境,传声器置于消声室内的转台上,使传声器参考点位于转台的转动轴上,从而保证转动过程中声源参考点与待测传声器参考点之间的距离保持恒定.测量过程中,声频信号发生器输出单频正弦测试信号,声压和频率保持恒定.由电平记录仪控制转台转动,连续或步进式地改变以传声器参考轴为基准的声波入射角 θ(步进法中声入射角以每 10°或 15°步进),测量每一个角度 θ 相应的输出电压 $U(\theta)$,并由此计算传声器在 θ 角的灵敏度与 0°角的灵敏度之比:

$$S(\theta)=\frac{U(\theta)}{U(0)} \tag{6-2-3}$$

或按分贝计算:

$$S'(\theta)=20\lg\frac{U(\theta)}{U(0)} \tag{6-2-4}$$

由于传声器指向性响应图案与频率(或窄频带)有关,不同频率的指向性响应图案会有所不同,需要在若干频率上重复测量.优选频率是每个倍频程中心频率:125 Hz、250 Hz、

500 Hz、1 kHz、2 kHz、4 kHz、8 kHz 和 16 kHz，其中 1 kHz 频率点必须包含且选取的频率点总数不应少于 3 个.

由于传声器一般都是旋转对称的，所以只需要测出一个平面的指向性响应图案就可以知道立体的指向性响应图案. 如果传声器不是旋转对称的，则可能需要测量通过传声器参考轴的不同平面上的指向性特性.

最后根据各测试频率上不同角度的 $S(\theta)$ 值，用一组极坐标响应曲线绘制出指向性响应图案，其极坐标原点为传声器的参考点，传声器的参考轴为极坐标图案的零角度方向.

2. 指向性频率特性

传声器的指向性频率特性是指在一定频率范围内传声器旋转角度为 θ 时的自由场灵敏度与 0°角自由场灵敏度之比. 它与指向性响应图案的主要区别在于，绘制指向性响应图案时，每一条特定的曲线都是在固定的中心频率下改变声入射角 θ 测得的，即曲线是关于入射角 θ 的函数；而绘制指向性频率特性时，每一条特定的曲线都是在固定的入射角 θ 下改变频率测得的，即曲线是关于频率的函数.

因此，传声器的指向性频率特性测量方法与传声器的自由场频率响应特性测量方法类似. 但是，需要在每次测完一条频率响应曲线后，改变声波的入射角（根据待测传声器的指向性类型选择合适的声波入射角），并再次进行测量，如此反复，从而测得不同声波入射角时的一组频率响应曲线.

通过指向性频率特性，可以清楚地看到整个频带内某个特定声波入射角方向上频率响应与轴向频率响应的差别. 其与指向性响应图案配合使用，可以更全面地反映传声器的指向性特性.

6.2.4 输出阻抗测量

从传声器输出端测得的内阻抗的模值即为传声器的输出阻抗，简称为传声器阻抗. 传声器的额定阻抗则是由制造商规定的传声器内阻抗. 根据《传声器通用规范》(GB/T 14198—2012)的规定，单只传声器的输出阻抗值与额定阻抗值的允差为±30%，其额定阻抗的优选值如表 6-2-3 所示.

表 6-2-3 传声器额定阻抗的优选值

组别	输出阻抗/Ω
低阻抗	50、150、200、250、600、1 000
高阻抗	2 000、20 000

需要注意的是，传声器的输出阻抗是随频率变化的，阻抗模值随频率变化的曲线称为传声器阻抗特性曲线. 一般以 1 kHz 的阻抗值代表传声器的输出阻抗.

传声器的输出阻抗的测量，可以直接将其作为一个电路元件，接入测量电路，直接使用电信号测量；或者利用声信号，在不同负载条件下馈给传声器一个声压并根据其输出电压进行计算.

1. 直接基于电信号的测量方法

该测量方法主要利用比较法的原理来实现，其测量原理示意图如图 6-2-5 所示.

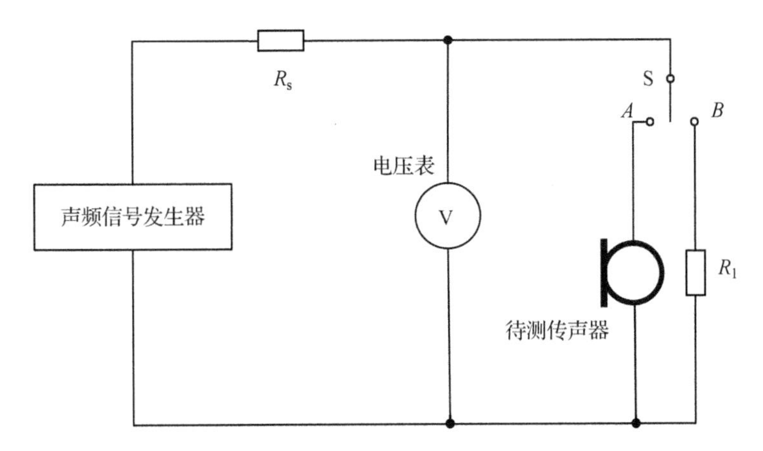

图 6-2-5 基于电信号测量传声器输出阻抗原理示意图

在信号线路中串联大电阻 R_s，其阻值至少是待测传声器额定阻抗的 10 倍，从而使声频信号发生器和电阻 R_s 一起构成恒流源. 测量时，声频信号发生器输出 1 kHz 的信号，首先将开关打到 A 位置，将待测传声器接入电路，使来自高阻抗源的恒定电流流过传声器，并通过电压表测量输出端电压 U_1（注意调节信号源以保证此时传声器输出端的电压不超过传声器在最大声压级产生的输出电压）. 然后将开关 S 打到 B 位置，用一个已知阻值为 R_1 的精密电阻代替传声器接入电路并重复上述测量过程，测得输出端电压为 U_2，则待测传声器的阻抗模值为

$$|Z| = \frac{U_1}{U_2} R_1 \tag{6-2-5}$$

除了用固定阻值的电阻外，也可使用可调阻值的电阻箱，通过调节使输出端电压 $U_2 = U_1$，则此时电阻箱的阻值就是传声器的输出阻抗.

2. 声信号测量法

如果传声器的输出阻抗近似于一个纯电阻，通常可以用声信号测量法得到近似的结果，其准确度足以满足一般应用的要求. 首先将传声器置于正常工作条件，用声源产生一个单一频率（如 1 kHz）、声压稳定的声场，测量传声器开路输出电压 U_0，然后在传声器输出端并联一个负载电阻 R，测出此时的输出电压 U_1，则通过下列公式可以计算传声器输出阻抗的模值：

$$|Z| = \frac{U_0 - U_1}{U_1} R \tag{6-2-6}$$

6.2.5 等效噪声级与信噪比测量

传声器的噪声是影响音质的一个重要参数，只有噪声足够低，才能从源头上保障整个系统音质的优秀. 同时，传声器的噪声决定着动态范围的下限，噪声过大则意味着动态范围小. 传声器噪声产生的原因很多，主要来自传声器本身的固有噪声和外界的干扰（如电磁感应）.

1. 等效噪声级

一般使用等效噪声级来衡量传声器的固有噪声. 无外部声场时，仅由传声器固有噪声引起的输出电压可以等效成能产生相同计权输出电压的外部声压级. 外部声压的参考频率与额定自由场灵敏度的参考频率相同.传声器的固有噪声电压是由传声器内部的电路噪声及空气的布朗运动产生的,测量传声器固有噪声引起的输出电压,除非另有说明,应采用A计权测量.

固有噪声引起的额定等效声压是其开路输出电压与额定自由场灵敏度之比,等效噪声级是等效声压与参考声压(20 μPa)之比,用分贝(dB)表示,若采用A计权,则其单位可以表示为dB(A).

对等效噪声级的计算,需要首先测量传声器的灵敏度.假设按6.2.1节所述方法测得传声器灵敏度为M_f(mV/Pa),切断声源,采用A计权网络,读取待测传声器的输出电压U_n(mV),则等效噪声级L_n可按下式计算:

$$L_n = 20\lg \frac{U_n}{M_f \cdot P_{ref}} \text{ dB(A)} \tag{6-2-7}$$

式中,P_{ref}为参考声压2×10^{-5} Pa;L_n的单位为dB(A).

2. 信噪比

传声器灵敏度与固有噪声(A计权)之比称为信噪比(SNR),一般用分贝(dB)值表示:

$$\text{SNR} = 20\log \frac{M_f}{U_n} \tag{6-2-8}$$

信噪比与等效噪声级的关系为

$$SNR = 94 - L_n \tag{6-2-9}$$

6.2.6 最大声压级与动态范围测量

当传声器的谐波失真大到一定阈值时(一般指THD≤0.5%)的声压级,即为传声器的最大声压级.最大声压级反映了传声器工作的上限.

动态范围是指传声器可以测量到的最低声压到最高声压的整个区间.这不仅是传声器独有的特性,与传声器配套使用的前置放大器也有自己的动态范围.传声器的动态范围在很大程度上取决于它的灵敏度和固有噪声.

传声器的有效动态范围是指传声器最大声压级和等效噪声级(A计权)之间的声压级范围,以分贝(dB)为单位.

6.3 扬声器电声参数测量

6.3.1 阻抗特性测量

扬声器输入阻抗随音频信号频率变化而变化的特性称为扬声器的阻抗特性,由阻抗模量表示的频率的函数即为扬声器阻抗曲线.

扬声器的额定阻抗值是由制造商规定的一个纯电阻值,其值等于阻抗曲线上紧跟在第一个极大值(共振峰)后的极小值点的阻抗值,此时扬声器单元音圈自感所产生的反电动势和音圈振动所产生的反电动势因大小相等、方向相反而互相抵消,使扬声器的阻抗值最近似等于音圈的直流电阻.扬声器的额定阻抗优选系列值为 2 Ω、4 Ω、8 Ω、16 Ω、32 Ω，目前国内和国际上大部分扬声器的额定阻抗值为 4 Ω 或 8 Ω.在额定频率范围内，阻抗模值的最低值不应小于额定阻抗的 80%(一般取±20%公差).

本小节主要介绍阻抗曲线的测量及与之紧密相关的额定阻抗、共振频率和总品质因数的测量.

1. 阻抗曲线测量

扬声器阻抗曲线可以用恒压法或恒流法进行测量，通常优选恒压法.

(1) 恒压法

用恒压法测量扬声器阻抗曲线时，在馈送信号回路的低电位端串接一个阻值小于或等于额定阻抗值 1/10 的电阻，并保持信号发生器输出电压恒定，在测试频率范围内递增正弦信号频率，通过测量电阻两端随频率变化的电压，进而计算并记录阻抗的变化曲线，其测量原理示意图如图 6-3-1 所示.

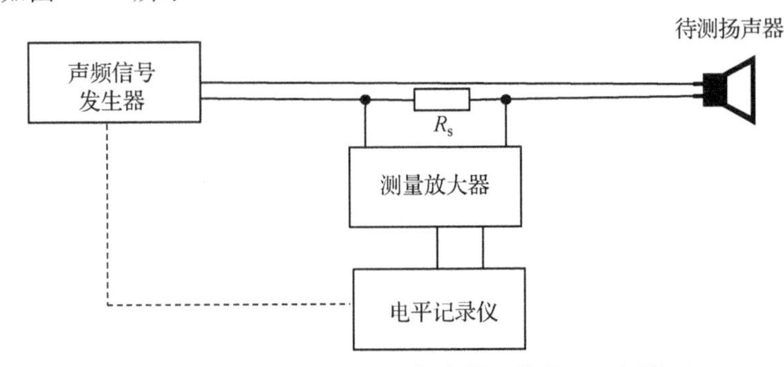

图 6-3-1 恒压法测量扬声器阻抗原理示意图

其中，声频信号发生器输出电压 U 按下式确定：

$$U=\begin{cases}\sqrt{0.1P_{e0}Z}, & P_{eN}<1\ \text{W}\\ \sqrt{0.1P_{eN}Z}, & 1\ \text{W}\leqslant P_{eN}\leqslant 10\ \text{W}\\ \sqrt{P_{e0}Z}, & P_{eN}>10\ \text{W}\end{cases} \tag{6-3-1}$$

式中，P_{eN} 表示额定最大噪声功率，单位为 W；P_{e0} 表示 1 W 电功率；Z 为额定阻抗，单位为 Ω.

(2) 恒流法

用恒流法测量时，可以在信号线路中串联大电阻 R_s，其阻值大于扬声器共振频率处阻抗模值的 20 倍，从而保证输出给扬声器的信号是恒流信号.其测量原理示意图如图 6-3-2 所示.

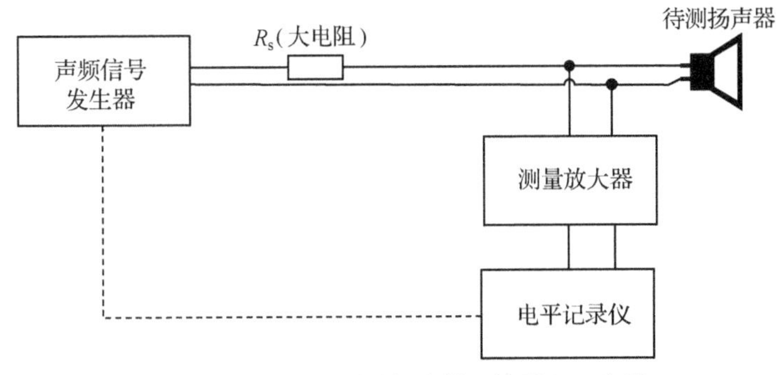

图 6-3-2 恒流法测量扬声器阻抗原理示意图

测量时，扬声器辐射面前 0.3 m 内应无反射物，且扬声器单元一般不带障板. 优选使用(50±50×10%)mA 的恒定正弦信号电流馈给待测扬声器(大功率低阻抗扬声器宜选用 100 mA，小功率高阻抗扬声器宜选用 10 mA)，然后改变信号发生器的输出频率，进行扫频输出(测试频率范围为 20～20 000 Hz，至少应覆盖扬声器的有效频率范围)，并测量扬声器的输出电压，进而计算出阻抗曲线.

2. **额定阻抗测量**

额定阻抗的测量可以采用替代法，其测量原理示意图如图 6-3-3 所示.

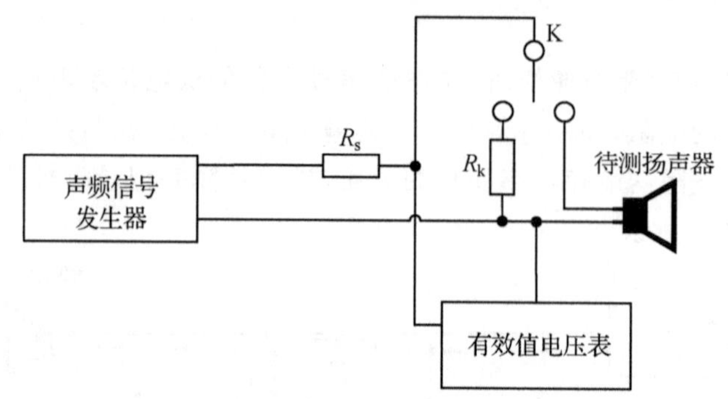

图 6-3-3　扬声器额定阻抗测量原理示意图

图中 K 为转换开关，R_k 为十进位无感电阻箱. 测量时，馈给扬声器的电流与前述恒流法测量阻抗曲线时的要求相同，在声频信号发生器的输出端串联一个大电阻 R_s，其阻值大于扬声器共振频率处阻抗模值的 20 倍，从而保证输出给扬声器的信号是恒流信号. 在扬声器辐射面前 0.3 m 内应无反射物. 先把开关 K 接通待测扬声器，在测试频率范围内递增信号频率，使频率停留在有效值电压表指示的第一个极大值后面的极小值处；然后把开关 K 接通可变电阻箱 R_k，调节电阻值，当有效值电压表上所指示的电压与之前待测扬声器的电压一致时，当前的 R_k 值即为扬声器的阻抗，可用来判定其是否符合额定阻抗的要求(与标称值误差在±20%以内).

3. **共振频率测量**

在扬声器单元的阻抗模值随频率递增变化的曲线上出现第一个阻抗极大值时的频率称为共振频率(或谐振频率)f_r. 共振频率是决定扬声器低频特性的重要参数，该值越低，扬声器重放低音的质感和力度越好.

结合本小节第 1 部分所述的阻抗曲线测量，现代数字式电声测试系统可以通过一次性恒压法测试同时得到阻抗曲线及共振频率 f_r 的值. 图 6-3-4 给出了一个扬声器单元的阻抗曲线及共振频率的例子.

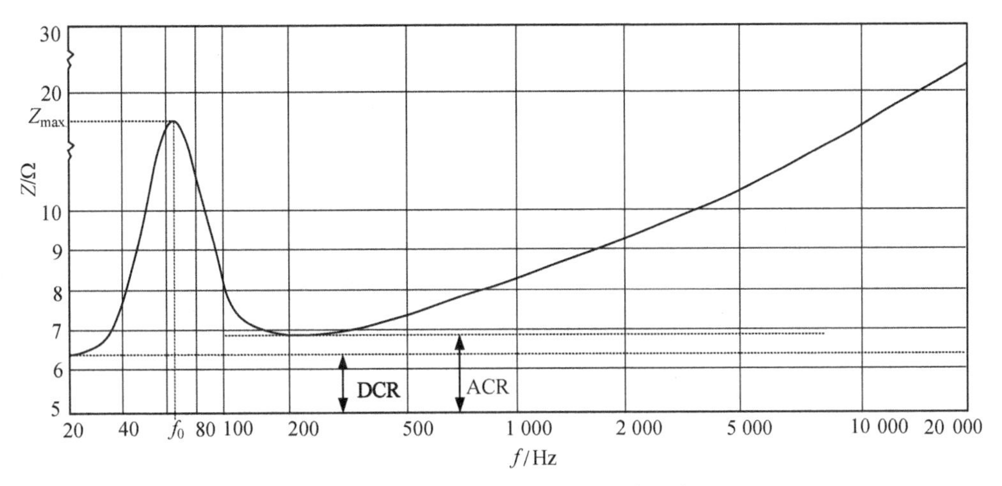

图 6-3-4 阻抗曲线上的共振频率点示意图

如图 6-3-4 所示，阻抗曲线测量频率范围为 20～20 000 Hz，共振频率 f_0 位于 40～80 Hz之间，此时阻抗模值达到第一个极大值 Z_{max}. 另外，图中 ACR 表示交流阻抗，等于阻抗曲线上紧跟在第一个极大值(共振峰)后的极小值点的阻抗值，也就是上文所述的额定阻抗；DCR 表示直流电阻，是不受频率影响的静态阻抗，亦即扬声器单元音圈线的直流电阻.

4. **总品质因数测量**

电动式扬声器(或闭箱式扬声器系统)的总品质因数 Q_t 定义为在共振频率处声阻抗的惯性抗(或弹性抗)与纯阻值之比. Q_t 值的大小与频率响应、瞬态失真有密切关系. 在扬声器单元的阻抗特性曲线上它表示阻抗曲线在谐振频率处阻抗峰的尖锐程度. 它在一定程度上反映了扬声器振动系统的阻尼状态. Q_t 值太高，扬声器在谐振频率 f_0 处出现尖锐的峰，扬声器处于欠阻尼状态，低频得到过分的加强，而且扬声器的瞬态失真增大. 适当降低 Q_t 值可使低频响应平直而展宽，但是 Q_t 值过低时扬声器的输出声压还没到 f_0 处时就迅速下降，扬声器处于过阻尼状态，造成低频衰减过大. 因此扬声器的品质因数 Q_t 值不能过高也不能太低，一般取 $Q_t = 0.2 \sim 0.6$ 作为最佳取值范围.

扬声器的品质因数测定，可由本节中测量扬声器阻抗曲线的办法，测出类似图 6-3-4 所示的阻抗曲线，并按下式计算品质因数，即

$$Q_t = \frac{1}{r_0} \frac{f_0}{f_2 - f_1} \sqrt{\frac{r_0{}^2 - r_1{}^2}{r_1{}^2 - 1}} \tag{6-3-2}$$

式中，f_0 是扬声器的共振频率，单位为 Hz；f_1 和 f_2 是在 f_0 两侧近似对称的两个频率点，且 $f_1 < f_0 < f_2$，在这两处的阻抗值 $|Z(f_1)|$ 和 $|Z(f_2)|$ 相等；r_0 表示频率 f_0 处扬声器阻抗模值的最大值 $|Z|_{max}$ 与扬声器直流电阻 R_{dc} 之比；r_1 表示频率点 f_1 处的阻抗模值 $|Z(f_1)|$ 与扬声器直流电阻 R_{dc} 之比.

当 $r_1 = \sqrt{r_0}$(f_1 和 f_2 对应的阻抗幅度值相对于共振频率 f_0 处的阻抗最大值下降 3 dB 时)，且 f_0 用 $\sqrt{f_1 f_2}$ 代替时，由于阻抗曲线的不对称而产生的总品质因数 Q_t 计算误差减至最小，则此时 Q_t 的表达式可以简化为

$$Q_t = \frac{\sqrt{f_1 f_2}}{\sqrt{r_0}(f_2 - f_1)} \tag{6-3-3}$$

6.3.2 频率响应和有效频率范围测量

1. 频率响应测量

在自由场或半空间自由场条件下，在相对于参考轴和参考点的指定位置上，以规定的恒定电压（正弦信号或频带噪声信号）测得扬声器的输出声压级随频率的变化，称为扬声器的频率响应. 对应的曲线为频率响应曲线. 频率响应是扬声器的重要性能参数之一，频响曲线越平坦，声音失真越小，保真程度越高.

扬声器频率响应测量的信号源可以使用正弦信号或 1/3 倍频程窄带噪声信号，下面分别进行介绍.

(1) 使用正弦信号进行测量

使用正弦信号测量扬声器频率响应是最常用的方法，其测量原理示意图如图 6-3-5 所示.

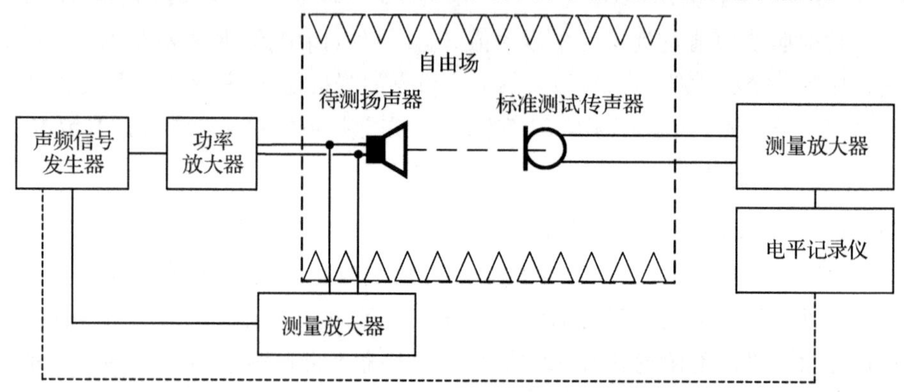

图 6-3-5 使用正弦信号测量扬声器频率响应原理示意图

测量时，将待测扬声器安装在标准障板上并放置于消声室等自由场环境中，标准测试传声器放在参考轴上. 为了满足远场要求，对 4～8 英寸的扬声器，一般测试距离 r 选 1 m；对小于 4 英寸的小型扬声器，r 可选 0.5 m；对大于 8 英寸的大口径扬声器，r 可选大于 1 m，具体值可参考 6.1.2 节传声器测量条件中的远场条件要求进行估计.

通过声频信号发生器馈给待测扬声器恒定电压的正弦信号，电压有效值一般为 1/10 额定噪声功率的相应电压. 与传声器的频率响应测量过程类似，为了保证在扫频测量过程中，声频信号发生器馈给扬声器输入端的电压稳定不变，需要通过连接在待测扬声器输入端的测量放大器将输入信号馈给声频信号发生器，构成反馈控制系统，实现测试信号幅度的闭环自动控制. 声频信号发生器的扫频范围应至少覆盖扬声器的有效频率范围，开始扫频后，与标准测试传声器相连的测量放大器和电平记录仪就可以同步自动记录待测扬声器辐射输出的声压级，从而获得扬声器的频响曲线.

(2) 使用 1/3 倍频程窄带噪声信号进行测量

用正弦信号测量频响，虽然测量设备较简便，但是会引起扬声器纸盆产生分割振动，由于声波的相互干涉，在测得的频响曲线上会产生很窄的峰谷值，影响测量的真实性. 考虑到扬声器在实际使用时输入的信号总是复合声，而噪声信号的峰值因数与语言或音乐信号的峰值因数较近似，因此，使用 1/3 倍频程窄带粉红噪声信号进行测量的结果将更接近扬声器实际工作状况，并在一定程度上避免正弦纯音信号测量的缺陷.

使用 1/3 倍频程窄带噪声信号作为信号源测量扬声器频率响应的原理示意图如图 6-3-6 所示.

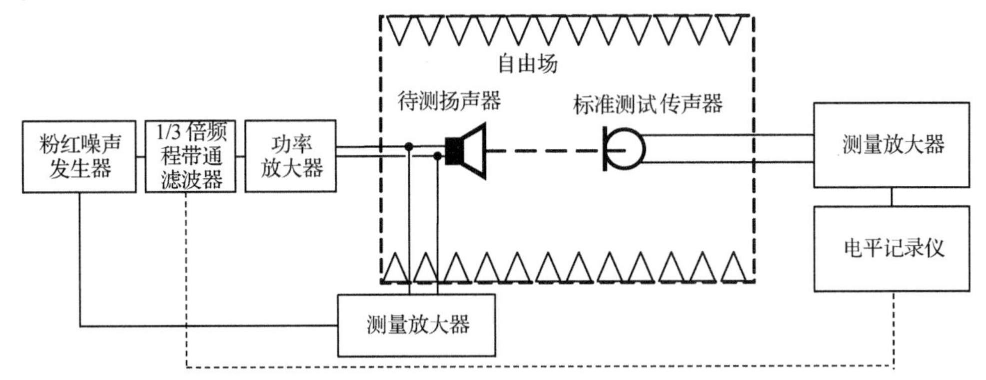

图 6-3-6　使用 1/3 倍频程窄带噪声信号测量扬声器频率响应原理示意图

各类测量条件与使用正弦信号进行测量时完全相同，主要区别在于测量使用的信号源的设置. 通过粉红噪声发生器及 1/3 倍频程带通滤波器产生幅度为 1/10 额定噪声功率相应的电压测量信号. 开始测量后，由电平记录仪驱动并控制 1/3 倍频程带通滤波器中心频率同步变化，使之与记录纸上频率刻度相对应，自动记录待测扬声器声场各频带内声压变化曲线，该曲线即为频响曲线.

2. 有效频率范围测量

有效频率范围可以由频率响应测量中所述的仅用正弦信号测得的频率响应得到. 如图 6-3-7所示的馈以正弦信号并在参考轴上测得的扬声器频率响应曲线上，在最高灵敏度区域一个倍频程的带宽内，在其中按 1/3 倍频程取 4 点计算其声压级的平均值，在下降 10 dB 处划一条平行于横轴的直线，设其与频响曲线相交的下限频率为 f_1，上限频率为 f_2，则其包围的频率范围即为扬声器的有效频率范围. 在该确定频率范围内，应该忽略频响曲线与下降 10 dB水平线相交且窄于 1/9 倍频程的尖谷.

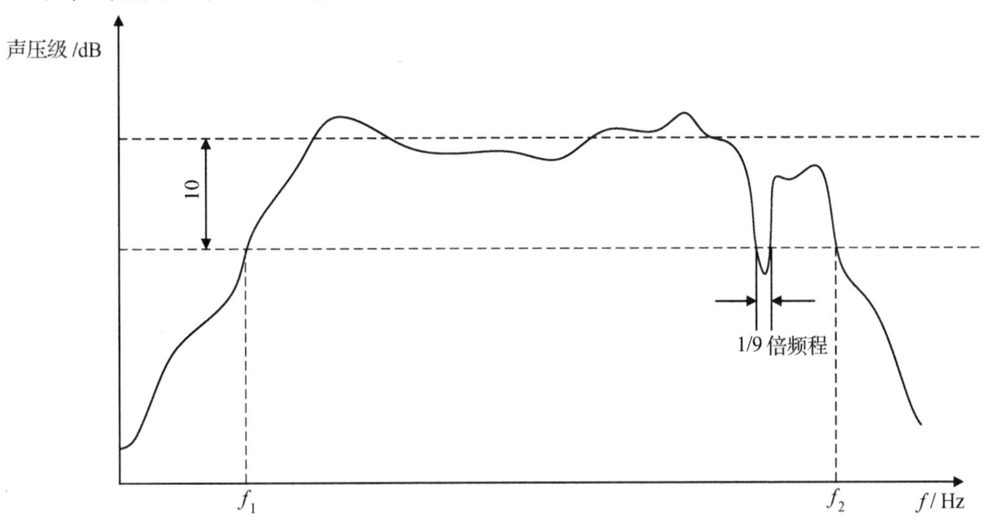

图 6-3-7　扬声器有效频率范围判定方法示意图

6.3.3 特性灵敏度(级)测量

在自由场条件下,馈给扬声器以规定频率范围、规定电压值的粉红噪声信号,将扬声器在指定频带内的声压输出换算成输入功率为 1 W 且在参考轴上距离参考点 1 m 处的值,称为扬声器特性灵敏度,简称扬声器灵敏度,单位为 Pa/(W・m). 特性灵敏度与基准声压(20 μPa)之比的对数乘以 20,用分贝(dB)表示,则称为特性灵敏度(级),单位为 dB/(W・m). 扬声器的特性灵敏度(级)体现了该扬声器将电能转换为声能的效率,灵敏度越高,扬声器越容易被功放所驱动.

特性灵敏度(级)测量原理示意图如图 6-3-8 所示.

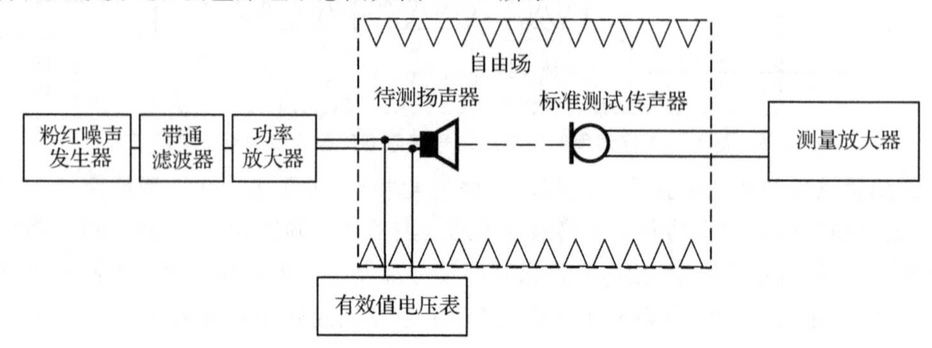

图 6-3-8 特性灵敏度(级)测量原理示意图

由粉红噪声发生器产生的粉红噪声测量信号,通过带通滤波器进行滤波,可将噪声频率范围限定在待测扬声器的有效频率范围内. 从测量放大器可以读出声压 p_d 并计算扬声器的特性灵敏度级. 由于测量时根据不同扬声器额定功率所馈给扬声器的输入粉红噪声功率不一定是 1 W(如 1/10 W),测试时距离参考点的距离 d 也可能不是 1 m,所以需要对测量放大器读出的声压进行换算,换算到 1 W、1 m 时的结果. 不同输入功率和距离下的特性灵敏度级换算公式为

$$L_{\mathrm{p}} = 20\lg\frac{p_d}{p_0} - 10\lg\frac{P_{\mathrm{e}}}{P_{\mathrm{e0}}} + 20\lg\frac{d}{d_0} \tag{6-3-4}$$

式中,L_{p} 是特性灵敏度级,单位为 dB/(W・m);p_d 是在距离 d 处测得的声压,单位为 Pa;p_0 是参考声压 20 μPa;P_{e} 是测试时馈给扬声器的功率,单位为 W;P_{e0}是参考功率 1 W;d 是测试距离,单位为 m;d_0 为参考距离 1 m.

6.3.4 指向性特性测量

扬声器的指向性是指扬声器辐射的声压随方向变化的特性,反映了扬声器在不同方向上声辐射的本领. 扬声器的指向特性一般可用指向性图案、指向性频率特性、指向性因数及指向性指数来描述.

扬声器辐射的声波的波长随频率的增加而缩短,当声波的频率较高,从而使得声波的波长与扬声器本身的尺度可比拟时,由于声波的相互干涉,会明显地出现指向性. 实验表明,一般300 Hz以下的低频信号没有明显的指向性,高频信号的指向性较明显,当频率超过 8 kHz 以后,声压将形成一束,指向性十分尖锐. 某些音箱在不同方向上排列几个高音单元,就是为了改善指向性.指向性还与扬声器的口径有关系，一般口径大者指向性尖锐，口径小者指向性不明显.扬声器纸盆的深浅也影响指向性，纸盆深者，高频指向性尖锐.在使用扬声器或者设计扬声器系统时，其指向性是必须考虑的重要参数.例如，在普通高保真听音室里，不希望扬声器的指向性太尖锐，否则易造成最佳聆听空间位置过于狭小.在扩声系统中，要求声场均匀，设计时也要很好地考虑扬声器的指向性.

本节主要对扬声器的指向性图案、指向性因数和指向性指数的测量进行介绍.

1. 指向性图案测量

扬声器指向性图案是指在自由场条件下规定的平面内测得的声压级表示为测量轴和参考轴之间夹角的函数，它可以随频率不同而变化.测量轴应是传声器到参考点的连接线.扬声器应置于正常测量条件下的自由场环境内并使用正弦或频带噪声信号馈给扬声器.

使用正弦信号测量扬声器指向性图案的原理示意图如图 6-3-9 所示.

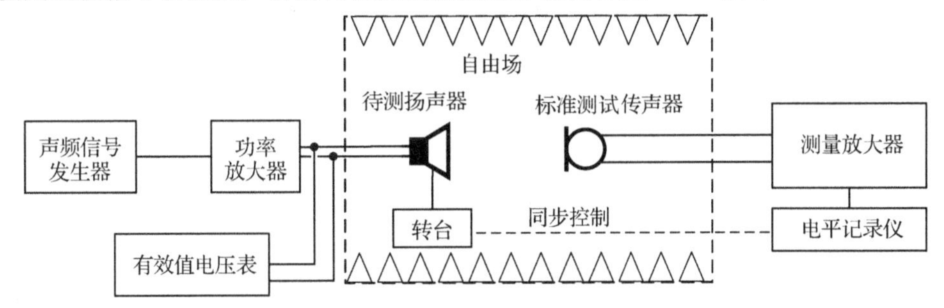

图 6-3-9 正弦信号测量扬声器指向性图案原理示意图

将扬声器置于消声室内转台上，转台转轴的中心应通过扬声器的参考点，转台由电平记录仪控制，可连续改变角度.测量频率最好选择额定频率范围内 1/3 倍频程或 1/1 倍频程的中心频率点，至少应包括 500 Hz、1 kHz、2 kHz、4 kHz 及 8 kHz.标准测试传声器应置于包含参考轴的平面内，距参考点规定距离处.测量时，馈给扬声器 1/10 额定噪声功率的相应电压，并调节输入电压，使每个频率或频带在参考轴上规定点产生恒定的声压.随着转台的转动，在上述规定的频率点上，分别测出 0°～360°区间内扬声器辐射声压级随角度变化的极坐标图案，即为扬声器的指向性图案.扬声器参考轴上的声压级相对于极坐标图上的 0°角的声压级.

对于没有转台或扬声器体积重量过大无法使用转台的情况，可用点测法进行测量，在上述规定的各频率点上，使用间隔 15°的角度进行转动点测，在极坐标图上绘制出各频率点的指向性图案.

也可以使用频带噪声测量扬声器指向性图案，这种方法的测量原理示意图可参照图 6-3-9所示的正弦信号测量原理，只需用粉红噪声发生器和 1/3 倍频程滤波器代替图中的声频信号发生器，即用 1/3 倍频程噪声信号代替正弦信号即可.

2. 指向性因数及指数测量

(1) 指向性因数测量

扬声器的指向性因数是与频率相关的值，一般用符号 $Q(f)$表示.$Q(f)$是两个声压值的比，即

$$Q(f)=\frac{p(f)}{p_{\mathrm{r}}(f)} \tag{6-3-5}$$

式中，$p(f)$是在自由场条件下，在某一给定频率 f 或频带内，在选定参考轴上的某点所测得的扬声器辐射声压；$p_{\mathrm{r}}(f)$是在相同的测量位置上，与被测扬声器声功率相同的点声源辐射所产生的声压.

在实践操作中，对旋转轴对称的扬声器，用正弦信号测得指向性图案后，可按下式计算该扬声器的指向性因数 $Q(f)$，即

$$Q(f)=\frac{2}{\sum_{n=1}^{Q/\Delta Q}\left(\frac{p_{\theta_n}}{p_{\mathrm{ax}}}\right)(\sin Q_n)\Delta Q} \tag{6-3-6}$$

式中，p_{θ_n}是偏离参考轴 θ_n 处测得的声压，单位为 Pa；p_{ax}是参考轴上测得的声压，单位为 Pa；n 是测试点的次序；当 $\Delta\theta$ 确定后，$Q_n=\left(n-\frac{1}{2}\right)\Delta\theta$.

（2）指向性指数测量

指向性指数 $D_{\mathrm{i}}(f)$是用分贝(dB)表示的指向性因数，即

$$D_{\mathrm{i}}(f)=10\lg Q(f) \tag{6-3-7}$$

式中，$Q(f)$ 为扬声器的指向性因数，$Q(f)$和 $D_{\mathrm{i}}(f)$都是频率的函数，在不同的频率下可测得不同的 $Q(f)$和 $D_{\mathrm{i}}(f)$值.

6.3.5 幅度非线性失真测量

扬声器单元及系统中存在着固有的非线性特性，在馈给其激励信号时，会产生激励信号中并不存在的额外频谱分量，从而形成非线性失真. 非线性失真反映为重放声音与原声音有差异，不能完全如实地重放原声音. 失真的种类很多，常见的有谐波失真、互调失真、瞬态失真等. 失真度高低对于扬声器的音质有着显著的影响，也是扬声器的重要性能指标之一.

1. 谐波失真测量

扬声器谐波失真测量可分为正弦信号测量法和窄带噪声信号测量法. 而最广泛使用的是正弦信号测量法，其测量原理示意图如图 6-3-10 所示.

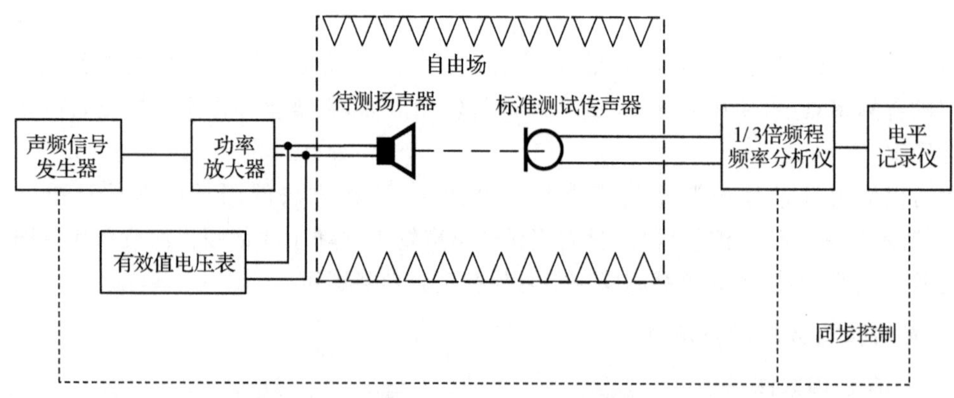

图 6-3-10 正弦信号测量失真曲线原理示意图

测量系统中，将扬声器置于半空间自由场条件下，馈给扬声器额定功率和额定阻抗相对

应的一系列正弦信号，其频率递增到5 000 Hz，并使电压保持恒定. 标准测试传声器置于参考轴上距参考点1 m处. 在标准测试传声器接收到的扬声器输出声信号中，除了原来输入的信号频率(基频)的声压 p_f 外，还会出现基频整数倍的其他频率声信号，如2倍于基频的声压 p_{2f} 和3倍于基频的声压 p_{3f} 等，这些信号称为谐波，这种失真现象即称为谐波失真，其总谐波失真系数 d_t 可表示为

$$d_t = \frac{\sqrt{{p_{2f}}^2 + {p_{3f}}^2 + \cdots + {p_{nf}}^2}}{p_t} \times 100\% \tag{6-3-8}$$

式中，p_{nf} 是 n 次谐波成分声压，单位为Pa；p_t 是包括基频在内的总声压，可以表示为

$$p_t = \sqrt{{p_f}^2 + {p_{2f}}^2 + {p_{3f}}^2 + \cdots + {p_{nf}}^2} \tag{6-3-9}$$

除了总谐波失真外，也可单独计算第 n 次谐波的失真系数 d_{nf}：

$$d_{nf} = \frac{p_{nf}}{p_t} \times 100\% \tag{6-3-10}$$

n 次谐波失真最常用的是 $n=2$ 或3时的情况，即 d_{2f} 和 d_{3f} 的值.

测量时，启动测量系统，把频率分析仪的1/3倍频程滤波器的中心频率调节到声频信号发生器的输出频率上，使两者同时受到电平记录仪的同步控制，记录扬声器的声压级频响曲线；然后把频率分析仪1/3倍频程滤波器的中心频率调节到声频信号发生器输出频率的2倍，使两者都受到电平记录仪的同步控制，再次记录其二次谐波的声压级随频率变化的曲线；然后把频率分析仪1/3倍频程滤波器的中心频率调节到声频信号发生器输出频率的3倍，使两者都受到电平记录仪的同步控制，在同一张纸上再次记录其三次谐波声压级随频率的变化曲线(受滤波器频带宽度的限制，一般测量三次就够了). 从所记录的三条频响曲线上，即可读取某频率点上所对应 p_f、p_{2f}、p_{3f} 的声压级值，从而计算出总谐波失真系数 d_t 和 n 次谐波失真系数 d_{nf} 值.

2. 互调失真测量

互调失真是指两种或多种不同频率的信号通过放大器或扬声器后产生新的频率分量，这种失真通常都是由电路中的有源器件(如晶体管、电子管)产生的. 扬声器的互调失真是振幅非线性的一种表现形式. 设 f_1 和 f_2 为两个规定幅值比的输入信号的频率，且 $f_1 < f_2$. 当 f_1 和 f_2 的复合信号源驱动扬声器时，在其声输出中所出现的频率为 $f_2 \pm (n-1) f_1$ 的调制分量即为扬声器的互调失真. 国家标准GB/T 12060.5—2011中，推荐针对 $n=2$ 或 $n=3$ 进行测量，对更高次调制失真的测量，一般没有什么价值.

互调失真测量原理示意图如图6-3-11所示，在自由场或半自由场条件下，在规定的频率范围内，声频信号发生器输出两个幅值比为4∶1、频率为 f_1 和 f_2($f_2 > 8f_1$)的正弦信号，输入到放大器，经线性叠加后馈到扬声器. 测量传声器置于参考轴上距参考点1 m处，接收到的信号输给频率分析仪进行分析，就可以直接读取读数，也可通过电平记录仪进行连续记录.

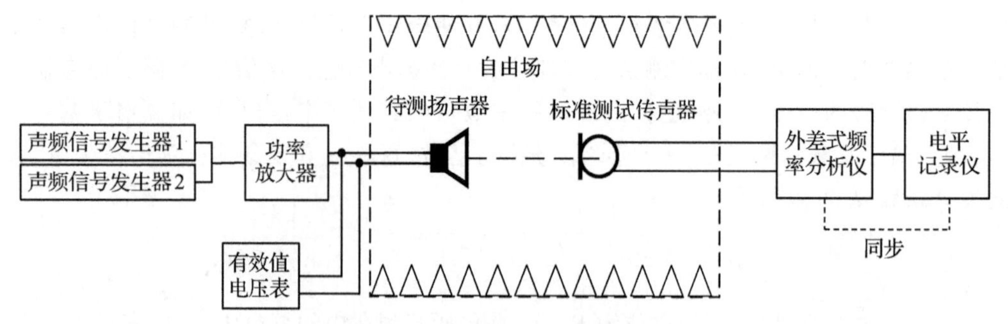

图 6-3-11　互调失真测量原理示意图

其二次调制失真系数 d_2 可按下式求得：

$$d_2 = \frac{p_{(f_2-f_1)} + p_{(f_2+f_1)}}{p_{f_2}} \times 100\% \tag{6-3-11}$$

或用分贝表示为

$$L_{d_2} = 20\lg\left(\frac{d_2}{100}\right) \tag{6-3-12}$$

其三次调制失真系数 d_3 可按下式求得：

$$d_3 = \frac{p_{(f_2-2f_1)} + p_{(f_2+2f_1)}}{p_{f_2}} \times 100\% \tag{6-3-13}$$

或用分贝表示为

$$L_{d_3} = 20\lg\left(\frac{d_3}{100}\right) \tag{6-3-14}$$

式中，$p_{(f_2\pm f_1)}$ 和 $p_{(f_2\pm 2f_1)}$ 分别为调制产生的相应边带频率 $f_2\pm f_1$ 和 $f_2\pm 2f_1$ 的声压，单位为 Pa；p_{f_2} 为信号频率为 f_2 的声压，单位为 Pa.

3. **瞬态失真测量**

瞬态失真是指扬声器在处理瞬时变化的音频信号时产生的失真，原因在于扬声器的振动系统跟不上快速变化的电信号. 瞬态失真可以导致快速音频信号的细节丢失或扭曲，通常在快速音频信号变化或高动态范围的情况下更为显著. 因此，对于重放音质要求高的扬声器及其系统，需要测量其瞬态失真特性.

瞬态失真的测量原理示意图如图 6-3-12 所示.

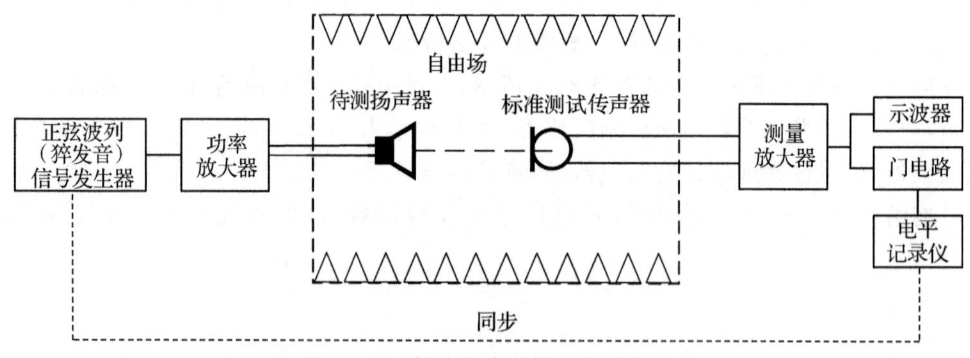

图 6-3-12　瞬态失真测量原理示意图

馈给扬声器规定电压的正弦波列信号后，由于扬声器振动系统的惯性作用，辐射出的声信号发生畸变，由标准测试传声器接收并经功率放大器放大，可以在示波器上观察到失真的波形和拖尾. 经门电路处理后，信号可表示为$\sqrt{\int_0^T f^2(t)\mathrm{d}t}$，其中 $f(t)$是拖尾信号，T 是信号的周期. 该值即为瞬态拖尾声压(级). 用电平记录仪将扬声器在各频率下瞬态拖尾的平均声压级记录下来，再在电平记录仪上记录该扬声器在连续信号(幅度与瞬态测量时采用的正弦波列信号应相同)作用下的声压级，即稳态响应. 瞬态拖尾声压级和稳态响应声压级的差值即为瞬态失真的大小.

6.3.6 输入电功率

扬声器的输入电功率参数由生产厂家给出，包括额定噪声功率、短期最大功率、长期最大功率和额定正弦功率. 这些参数主要反映了扬声器在各种条件下可以承受的单位时间内电能量输入的能力.

1. 额定噪声功率

扬声器的额定噪声功率定义为

$$P_{\mathrm{n}} = \frac{U_{\mathrm{n}}^2}{R} \tag{6-3-15}$$

式中，R 为额定阻抗；U_{n} 为额定噪声电压，是指在额定频率范围内可以持续馈给扬声器而不产生永久性损坏的最大噪声电压，持续工作时间应达到 100 h.

2. 短期最大功率

扬声器的短期最大功率是与短期最大输入电压相对应的电功率，其定义为

$$P_{\mathrm{st}} = \frac{U_{\mathrm{st}}^2}{R} \tag{6-3-16}$$

式中，R 为额定阻抗；U_{st}为短期最大输入电压，是指在额定频率范围内短时间馈给扬声器而不产生永久性损坏的最大噪声电压. 所谓“短时间”，一般指信号持续时间 1 s，间隔时间 60 s，重复 60 次.

3. 长期最大功率

扬声器的长期最大功率是与长期最大输入电压相对应的电功率，其定义为

$$P_{\mathrm{lt}} = \frac{U_{\mathrm{lt}}^2}{R} \tag{6-3-17}$$

式中，R 为额定阻抗；U_{lt}为长期最大输入电压，是指在额定频率范围内长时间馈给扬声器而不产生永久性损坏的最大噪声电压. 所谓“长时间”，一般指信号持续时间 1 min，间隔时间 2 min，重复 10 次.

4. 额定正弦功率

扬声器的额定正弦功率定义为

$$P_{\mathrm{s}} = \frac{U_{\mathrm{s}}^2}{R} \tag{6-3-18}$$

式中，R 为额定阻抗；U_{s} 为额定正弦电压，是指额定频率范围内可以持续(一般不超过 1 h)馈给扬声器而不产生永久性损坏的最大正弦信号电压. 由于扬声器能承受的正弦信号电压

与频率有关，所以在不同的规定频率范围内可以给出不同的正弦功率值.

测量扬声器输入电功率时，额定噪声功率、短期/长期最大功率测量的信号源都是粉红噪声发生器，其主要原理示意图如图 6-3-13 所示.

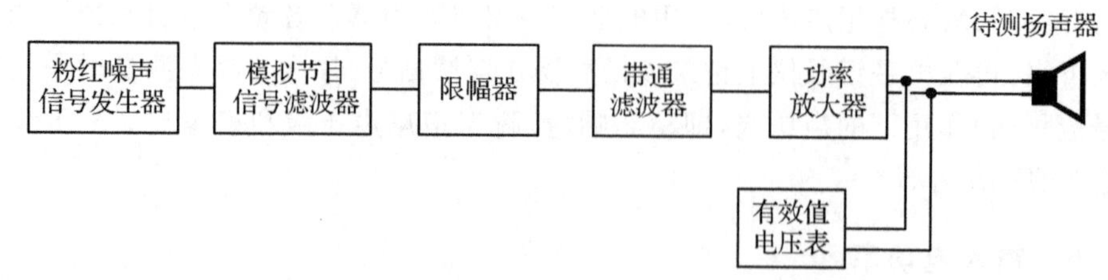

图 6-3-13　扬声器额定噪声功率及短期/长期最大功率测量原理示意图

测量时，信号源产生的粉红噪声首先通过模拟节目信号滤波器产生模拟节目信号，然后通过限幅器及带通滤波器，得到额定频率范围内的模拟节目信号并经过功率放大器后馈给扬声器.

对于额定正弦功率测量，其信号源为正弦音频信号发生器，由于信号频率单一，与前述示意图相比，无须进行滤波处理，直接进行功率放大即可，结构更加简单，主要原理示意图如图 6-3-14 所示.

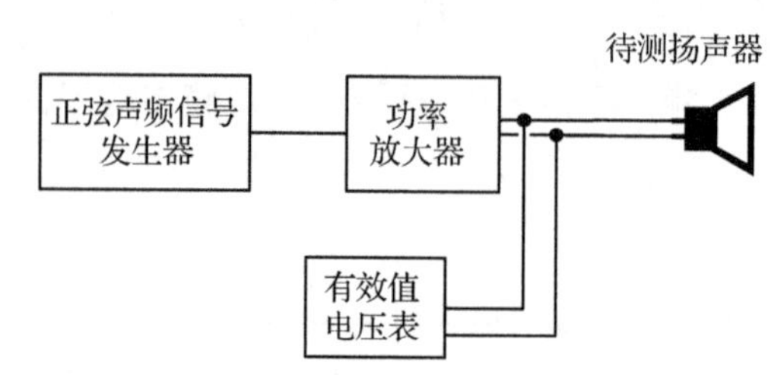

图 6-3-14　扬声器额定正弦功率测量原理示意图

6.3.7　输出功率(声功率)

馈给扬声器规定输入信号时，在中心频率为 f 的给定频带内所辐射的总的声功率称为扬声器频带内的声功率. 扬声器将输入的电功率转化为输出的声功率，因此，通过声功率的测量，可以评估扬声器的电声转换效率.

在进行声功率测量时，扬声器应当置于自由场、半空间自由场或扩散场环境中. 测量结果以声功率作为频率函数的曲线来表示.

在自由场条件下扬声器声功率测量原理示意图如图 6-3-15 所示. 通过转台的旋转，在以被测扬声器为中心的半径足够大的球面上选取均匀分布在周围的若干点进行测量，测得各点的声压有效值，并计算其均方根值，则自由场下的声功率可由下式进行计算：

$$P_a(f) = \frac{4\pi r^2}{\rho_0 c} p^2(f) \tag{6-3-19}$$

式中，$P_a(f)$ 为扬声器的声功率，为频率 f 的函数，单位为 W；r 为球面的半径，单位为 m；ρ_0 为空气的密度，单位为 kg/m^3；c 为空气中的声速，单位为 m/s；$p(f)$ 为球面上所选测量点的声压有效值的平均值，同样与频率相关，单位为 Pa.

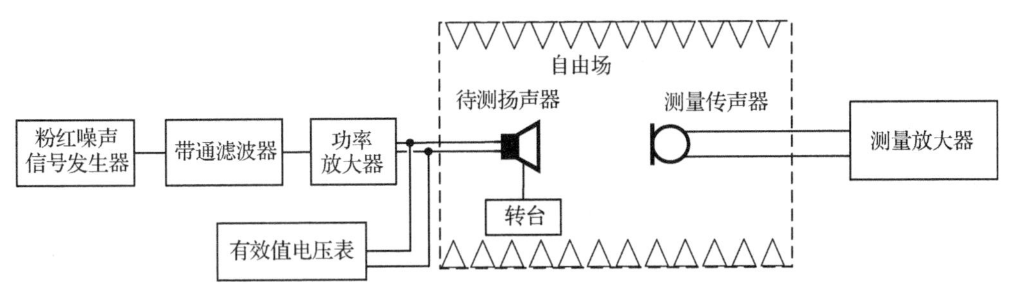

图 6-3-15　自由场条件下扬声器声功率测量原理示意图

除了测量频带内总的声功率外，还可以测量指定频带内的平均声功率. 按上述方法进行测量后，对指定频带内测得的所有 1/3 倍频程声功率，计算其算术平均值，即为指定频带内的平均声功率.

为了评估扬声器的电声转换效率外，还可直接计算指定频带内的效率，即扬声器的声功率与馈给它的输入电功率之比.

在按上述方案测量声功率时，输入电功率可按 $P=\frac{U^2}{R}$ 计算，式中，U 为扬声器输入电压的有效值，R 为扬声器额定阻抗.

第7章 水声学测量

水声学是声学学科的一个分支，主要研究声波在水下环境中的产生、辐射、传播、接收和测量，并将其应用于解决与水下目标探测及信息传输相关的各种问题. 在海水介质中，电磁波衰减较快，而声波的衰减相对较小，因此声波成为海水中传递信息的主要媒介. 水声学基于经典声场理论，同时融合了无线电电子学、地球物理学、海洋物理学和计算技术等学科的成果. 这门学科广泛应用于航海、军事、海底石油勘探和渔业等领域，为解决相关问题提供了有力的工具和方法.

水声技术是研究海洋环境中所采用的声学技术，主要包括回声探测、被动探测和水声通信等. 它的起源可以追溯到 1912 年的“泰坦尼克”号巨轮沉没事件，该事件推动了水声技术的发展. 在第一次世界大战中，人们开始使用回声定位声呐. 随着第二次世界大战的爆发，水声技术得到了飞速发展，声呐设备得到改进，并出现了声制导鱼雷和音响水雷. 从 20 世纪 50 年代开始，潜艇活动能力的增强和核潜艇的出现，以及水声物理学和信息论研究的进展，无线电电子学、计算机科学、换能器技术和信号处理技术的进步，都对水声技术的发展起了积极的推动作用. 目前，水声技术除在军事领域广泛应用外，还被用于海洋开发、海上石油开发、近岸工程、海洋渔业、海洋学及海洋物理学的研究中. 水声技术的不断发展为人们深入了解海洋环境、开发海洋资源提供了重要的工具和手段.

7.1 海水的声学特性

7.1.1 海水中的声速及声吸收

1. 海水中的声速

(1) 声速经验公式

声速是声学中最重要的参数之一，它是影响声波在海水中传播的基本物理量. 在流体介质中，声波是一种纵波，声速 c 可以用下式表示：

$$c = \frac{1}{\sqrt{\rho\beta}} \tag{7-1-1}$$

式中，ρ 为流体的密度，β 为绝热压缩系数.

测量数据表明，海水中的声速近似等于 1 500 m/s. 海水中的声速受温度、盐度和静压力的影响.其中,温度对声速的影响最为显著.随着温度的上升,压缩系数减小,密度的变化较小,导致声速增加,当盐度增加时,也会使得压缩系数减小,密度增加,但压缩系数减小的幅度更大,从而导致声速增加.静压力的增加同样会导致压缩系数减小,进而影响声速的增加.然而,海水中声速与温度、盐度和静压力之间的关系很难用解析式精确描述,因此通常采用经验公式来描述它们之间的关系.这些经验公式是通过对大量海上声速测量数据的实验总结而得出的.在实际应用中,一般先测量海水的温度、盐度和静压力,然后使用经验公式计算声速.其中一个相对准确的经验公式为

$$c = 1\,449.22 + \Delta c_T + \Delta c_S + \Delta c_P + \Delta c_{STP} \tag{7-1-2}$$

其中,

$$\Delta c_T = 4.623\,3T - 5.458\,5\times10^{-2}T^2 + 2.822\times10^{-4}T^3 + 5.07\times10^{-7}T^4$$

$$\Delta c_P = 1.605\,18\times10^{-1}P + 1.027\,9\times10^{-5}P^2 + 3.451\times10^{-9}P^3 - 3.503\times10^{-12}P^4$$

$$\Delta c_S = 1.391(S-35) - 7.8\times10^{-2}(S-35)^2$$

$$\begin{aligned}\Delta c_{STP} = {} & (S-35)(-1.197\times10^{-3}T + 2.61\times10^{-4}P - 1.96\times10^{-1}P^2 - 2.09\times10^{-6}PT) + \\ & P(-2.796\times10^{-4}T + 1.330\,2\times10^{-5}T^2 - 6.644\times10^{-8}T^3) + \\ & P^2(-2.391\times10^{-1}T + 9.286\times10^{-10}T^2) - 1.745\times10^{-10}P^3T\end{aligned}$$

式中,T 代表温度,S 代表盐度,P 代表压力.该式适用的范围是:$-3\ ℃ < T < 30\ ℃$,$33‰ < S < 37‰$,$1.013\times10^5\ \mathrm{N/m^2}$(标准大气压)$< P < 9.80\times10^7\ \mathrm{N/m^2}$.

(2) 声速的变化

在实际测量中常常通过水平分层实测声速值来获得海水中声速与深度的关系,一般称为声速梯度.假设在海洋中声速 $c(x,y,z)=c(z)$,x、y 为水平坐标,z 为垂直坐标.理论上,将声速 c 对深度 z 求导,就可以得到声速梯度 $g_c(\mathrm{s}^{-1})$:

$$g_c = \frac{\mathrm{d}c}{\mathrm{d}z} = a_T g_T + a_S g_S + a_P g_P \tag{7-1-3}$$

式中,g_T、g_S、g_P 分别为温度梯度、盐度梯度和压力梯度;a_T、a_S、a_P 分别为声速对温度、盐度和压力的变化率.根据经验公式,有 $a_T \approx 4.623 - 0.109T$ m/(s·℃),$a_S \approx 1.391$ m/(s·‰),$a_P \approx 0.160$ m/(s·atm).由此,声速梯度公式可以写为

$$g_c = (4.623 - 0.109T)g_T + 1.391g_S + 0.160g_P \tag{7-1-4}$$

2. 海洋中典型声速剖面

(1) 深海声速剖面

从地球物理角度来看,大气中的温度分布可划分为三个层次:表面层、跃变层和深海等温层.表面层,也称为表层等温层或混合层,在日照和高温的条件下,海水被风搅动,从而形成表面层.跃变层包括季节跃变层和主跃层.其中季节跃变层位于表面层以下(湿度和声速梯度为负值),这种负值随着季节的变化而变化.主跃层指温度在深度上发生剧烈变化的层状结构,其特点是温度和声速梯度为负值,并且季节变化对其影响很小.深海等温层在主跃层之下,温度相对较低且相对稳定,其特点是具有正向的声速梯度.典型深海声速剖面如图 7-1-1 所示.

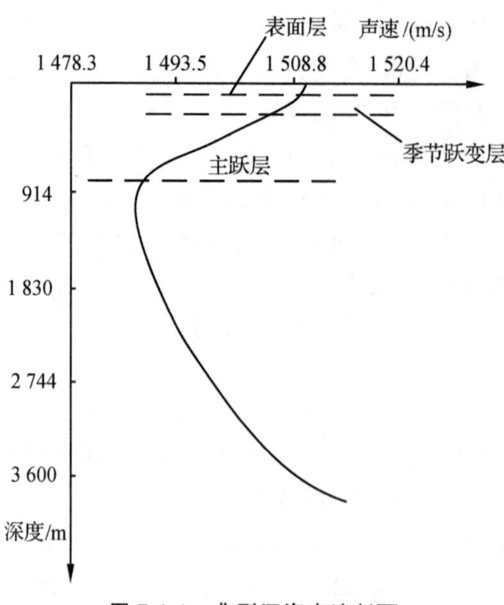

图 7-1-1　典型深海声速剖面

(2) 浅海声速剖面

浅海的声速剖面在不同季节呈现出明显的变化(图 7-1-2). 在冬季,浅海的声速剖面相对稳定,主要由温度分布较均匀的等温层所控制. 这意味着声速在不同深度的变化比较平缓. 然而,当夏季来临时,浅海的声速剖面发生了显著变化. 这是因为夏季海水受到日照和高温的影响,表层水体受到风和海浪搅动,形成了负跃变层. 在负跃变层中,声速随深度增加而快速下降,导致声速梯度明显增大. 因此,浅海的声速剖面在不同季节之间呈现出明显的差异.

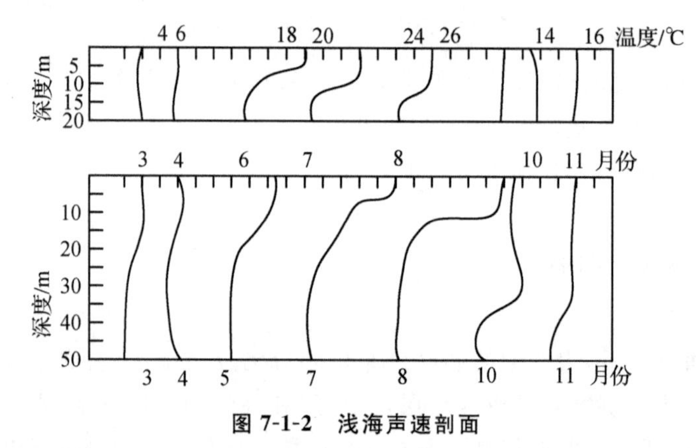

图 7-1-2　浅海声速剖面

3. 海水中的声吸收

声波在海水中传播时,随着距离的增加,其强度会逐渐减弱. 引起声强在介质中产生传播衰减的主要原因可以归纳为:① 扩展损失(几何损失). 声波在传播时,由于声波的振面持续扩大而导致的强度衰减. ② 吸收损失. 由于均匀媒质的黏性、热传导和其他相关弛豫过程而造成的声强衰减. ③ 散射损失. 由于媒质的非均匀性引起的声波散射导致的声强衰减,主要包括悬浮颗粒(如泥沙、气泡、浮游生物)、介质的非均匀性、海水的界面散射等. 相比较而言，散射损失较小，一般可以忽略.

声吸收通常用声吸收系数来描述，表示单位长度内声波在海水中的能量损失. 声吸收系数与频率密切相关，通常以频率的幂函数形式表示. 海水中声吸收的经验公式在不同频段有不同的表示：

(1) 频段 2～25 kHz，有

$$\alpha=2.03\times10^{-2}\frac{Sf_{m}f^{2}}{f_{m}^{2}+f^{2}}+2.94\times10^{-2}\frac{f^{2}}{f_{m}}\ (\mathrm{dB/km})$$

式中，S 为盐度，单位是‰；f 为声波频率，单位是 kHz；f_m 为弛豫频率，单位是 kHz. 当温度从 5℃变化到 30℃时，f_m 约从 73 kHz 变化到 206 kHz.

(2) 频段 5 kHz 以下，有

$$\alpha=\frac{0.109f^{2}}{1+f^{2}}+\frac{40.7f^{2}}{4\,100+f^{2}}\ (\mathrm{dB/km})$$

该式的适用温度为 4℃左右.

7.1.2 海底及其声学特性

海底声学特性是指海底对从海水中传播的声波的反射、散射、传播速度和衰减等特性. 海底环境对声波在海洋中的传输起着重要作用，尤其在浅海环境中影响更大. 海床上的声速通常不随频率变化. 声波在具有小直径颗粒和大孔隙介质中的传播速度与在海水中相当或更低. 泥沙密度较高的区域声速较快，随着颗粒尺寸增大和孔隙度减小，声速也增大. 在高固化度的沉积层中，除了纵波外，还存在剪切波. 沉积层的声波衰减受颗粒大小和孔隙率的影响，同时与泥沙的黏性和摩擦力有关. 在相同沉积物中，声场的衰减随频率增加而增加，并在一定频率范围内趋近于线性增加.

1. 海底声反射与声散射

海底声波的反射和散射受到海底的层状结构和粗糙度的影响. 根据浅海大陆架的特点，海底声速高于水中声速被称为高声速海底；而在深海沉积层中，海底声速低于水中声速的情况占据了大部分，降低了 1%～2%，被称为低声速海底. 一般来说，低声速海底的反射能力较差. 海底的声反射损耗通常随频率增加而增加，并且与入射角度和海底类型有密切关系. 在低声速海底中，存在一个临界角度，当声波以该角度入射时，海床上的声能会被吸收；而在高声速海底中，会有完全反射现象.

海底是一个不均匀的界面，当声波投射到海底表面时，会产生散射波. 这些散射波在海底之上的半空间中分布，其中的一部分会反射回声源，形成反向散射波. 一般使用反向散射强度 $10\lg m_s$ 来描述海底的声散射特性，其中，m_s 为单位界面、单位立体角内的反向散射声功率与入射波强度之比. 图 7-1-3 展示了深海平原在不同频率下的反向散射强度 $10\lg m_s$ 与入射角 θ 之间的关系，曲线右侧数字表示频率值. 当入射角 $\theta<15^\circ$ 时，反向散射强度随着 θ 的减小而增加；当入射角 $\theta>15^\circ$ 时，$10\lg m_s$ 与 $\cos^2\theta$ 近似成正比，基本与朗伯(Lambert)定律相符. 此外，从图中可以观察到，在小入射角条件下，反向散射强度一般不受频率影响；而在大入射角条件下，反向散射强度随着频率的增加而增大. 在非常粗糙的海底上，反向散射强度几乎与入射角 θ 无关，并且近似与频率无关.

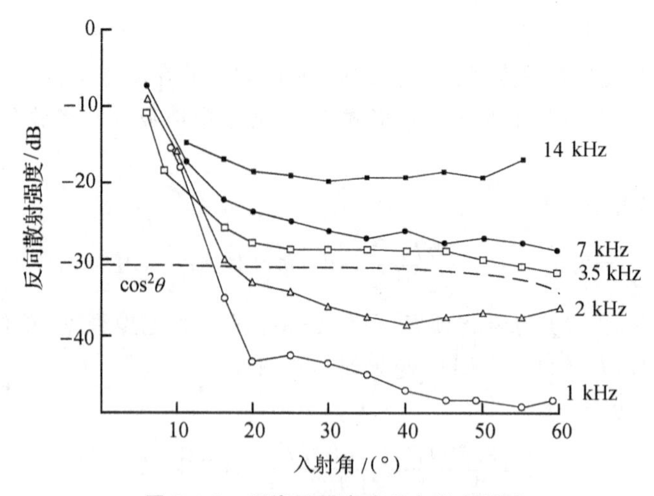

图 7-1-3 深海平原海底反向散射强度

2. 海底沉积层声学特性

海底沉积层是指覆盖在海底的一层由沉积物组成的地层.沉积物包括由水流、风力或冰川运输的颗粒物质,如泥、沙、碎石和碎屑等.这些沉积物在海洋中经过长时间的沉积和堆积形成了海底沉积层.总体来说,海底沉积层是指非凝固态物质覆盖在岩基之上的一层,因此,沉积层内同时存在纵波 c 和横波 c_S,分别由下式表示:

$$c^2 = \frac{E + \frac{4}{3}G}{\rho} \tag{7-1-5}$$

$$c_S{}^2 = \frac{G}{\rho} \tag{7-1-6}$$

式中,E 和 G 分别为沉积层的体积弹性模量和切变模量;ρ 为沉积层密度,指饱和容积密度,可由下式计算:

$$\rho = \eta\rho_w + (1-\eta)\rho_s \tag{7-1-7}$$

式中,孔隙率 η 为沉积物体积中含有水分体积的百分数;ρ_w 为孔隙水密度,一般取 $\rho_w = 1.024\ \mathrm{g/cm^3}$;$\rho_s$ 为无机物固体密度.

沉积层中的声速 c 与孔隙率 η 之间的关系如下:

$$\begin{aligned} c_{(1)} &= 2\,475.5 - 21.764\eta + 0.123\eta^2 \\ c_{(2)} &= 1\,509.3 - 0.043\eta \\ c_{(3)} &= 1\,602.5 - 0.937\eta \end{aligned} \tag{7-1-8}$$

其中,(1)代表大陆架,(2)代表深海丘陵,(3)代表深海平原.

综合大量测量数据,沉积层中纵波的衰减系数 α(dB/m)近似与频率 f(kHz)的 β 次方成正比:

$$\alpha = Kf^{\beta} \tag{7-1-9}$$

式中,K 为常数,其值与孔隙率 η 有关,若 η=35%~60%,则 K 近似等于 0.5;β 为指数,就沙、淤泥和黏土而言,通常 $\beta \approx 1$.

7.1.3　海面及其声学特性

1. 海面波浪

海面波浪是在外力作用下,水质点在自由水面上偏离平衡位置并呈现有规律的摆动.这些波动是由气流与海面之间的相互作用引起的.波浪具有周期性和随机涨落的特征.为了描述波浪的特性,人们经常使用周期、波长、波速和波高等参数来衡量,同时还使用随机过程理论中的概率密度分布、方差、频谱和自相关函数等来描述波浪的特性.

(1) 重力波

波浪是一种重力波,它以重力作为恢复力并在水面上呈现周期性的波动.波浪的特性可以通过波长、波高、周期和波速等参数来描述.波峰是波浪最高凸起的位置,波谷是波浪最低凹陷的位置.波长表示相邻波峰或波谷之间的距离,波高是波谷到波峰之间的垂直距离.周期表示波浪经过一个完整波长所需要的时间,波速表示每秒波峰或波谷所移动的距离.波长和周期之间的关系是 $\lambda=cT$,其中 c 为波速.在不考虑黏性效应的情况下,在深度为 h 的均匀海洋中的波浪速度为

$$c^2=\frac{g}{k}\tanh(kh) \tag{7-1-10}$$

式中,$k=\frac{\omega}{c}$,为波数;g 为重力加速度.

(2) 表面张力波

在风速较小的情况下,海水表面会产生涟漪,此时涟漪的面曲率半径仅为几厘米.在这种情况下,涟漪的恢复力主要由表面张力而非重力提供,因此将其称为表面张力波.对于波长小于 5 cm 的波浪,必须考虑表面张力的影响,因此波速的计算公式需要进行修正:

$$c^2=\left(\frac{g}{k}+\frac{T_f k}{\rho}\right)\tanh(kh) \tag{7-1-11}$$

式中,T_f 为表面张力,ρ 是海水的密度.波长越长,代表表面张力波速的第二项就减小,表面张力波波速减小.

2. 海面的起伏特征

波浪对海面的影响导致海面处于不规则的波动状态.海面的不平整性直接影响了声波在海面上的反射,包括反射的强度和相位.瑞利参数 R 被用来量化和描述海面的平整程度.瑞利参数 R 是基于波浪波长和海面的均方根高度的比值,它提供了海面波浪的平均状况和不规则程度的一个度量.通过计算瑞利参数 R,可以评估出海面的平整程度及这种平整程度对于声波的传播和反射所产生的影响.如图 7-1-4 所示,当平面波入射到不平整海面上时,观察波谷和波峰反射的声线相位差:

$$\Delta\varphi=k(BC+CD) \tag{7-1-12}$$

式中,$CD=\frac{h}{\cos\theta}$,$BC=CD\cos(2\theta)$,k 是波数,h 是波高,θ 是声波入射角.

则

$$\Delta\varphi=2kh\cos\theta \tag{7-1-13}$$

瑞利参数 R 定义为 $\Delta\varphi$ 的标准差：

$$R = <(\Delta\varphi)^2>^{\frac{1}{2}} = 2k\sigma\cos\theta \tag{7-1-14}$$

式中，σ 是波高 h 的标准差，它可以用来度量海面的平整程度. 当 $R<\frac{\pi}{2}$ 时，海面被认为是相对平整的；而当 $R>\frac{\pi}{2}$ 时，海面被认为是不平整的.

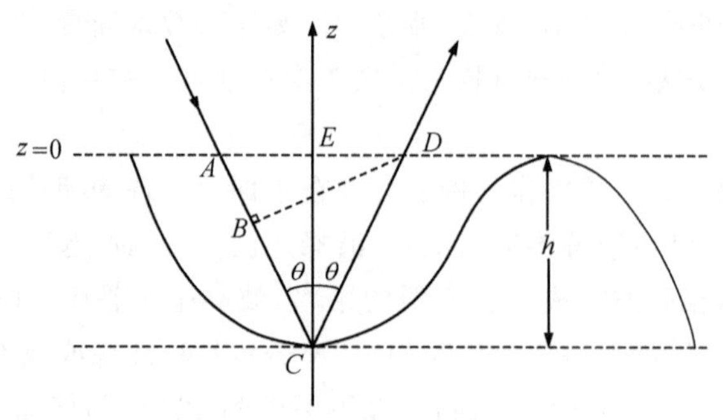

图 7-1-4　不平整海面声反射

7.1.4　海洋的局部非均匀性

当不同密度的液体叠加在一起时，在其界面上会产生波动，这种波动称为内波. 内波主要是指在海洋内部发生的波动现象. 其中，具有与潮汐周期相对应的内波称为内潮. 由于内波的性质非常复杂，目前还没有一个统一的分类标准. 一般而言，内波可以分为随机内波、低频内波及与之相关的孤立波. 内波属于随机波动现象，其波长和波动范围较广，通常在数十米到数十千米之间；波动频率从数分钟到数十小时不等；波动幅度在数米到数十米之间变化. 要形成内波，需要存在连续的层状介质，而这种连续的层状介质在广阔的海域中普遍存在. 在真实的海洋环境中，内波的形成受到多种因素的影响，包括表面波动、风场、海底地震、海底滑坡、气压变化及洋流剪切力等.

内波场与声速起伏之间的关系为

$$\frac{\delta c(r,t)}{\langle c(r)\rangle} = GN^2(z)\zeta(r,t) \tag{7-1-15}$$

式中，$\delta c(r,t)$ 为产生的声速扰动；$\langle c(r)\rangle$ 为平均声速；$G=3.13\ \mathrm{m/s^2}$，为海洋常数；$N(z)$ 为浮性频率；$\zeta(r,t)$ 为内波的垂向位移. 对于任何类型的内波情况，只要能够得到内波的垂向位移，便可通过上式求出声速扰动，进而再利用声场模型来模拟海洋内波对声传播的影响.

湍流是指流体在流经固体表面或在同一流体内部时表现出的一种不规则运动，它呈现为随机的旋转流动现象. 湍流会对海水中的温度和盐度产生影响，从而引起声速的微变化. 研究表明，在跃变层这样的温度和盐度的界面处，湍流产生的起伏变化更加明显. 除跃变层外，湍流也在深水层中产生微结构的起伏变化. 这是由于海洋中存在各种尺度的湍流涡旋，这些湍流涡旋会在深水层中交互作用并产生复杂的流动模式. 这种湍流的存在使得海水中声速的微小变化成为可能，进而影响声波在海洋中的传播.

7.1.5　海洋中的混响

混响是一种特殊的干扰现象，它与发射信号和传播通道的特性密切相关. 混响在海洋中产生于存在的无规散射体对入射声信号进行散射，并在接收点处叠加形成. 因此，混响可以被视为一个随机过程. 在海洋中存在大量的散射体，包括各种海洋生物、泥沙颗粒、气泡及因水温不均匀性形成的冷热水团等. 此外，海面和海底的不平整表面既是声波的反射体，也是声波的散射体. 所有这些散射体共同导致了海洋介质的不均匀性，导致了介质物理特性的不连续性. 因此，当声波传播到这种不均匀介质上时会发生散射现象，一部分入射声能沿着原来的方向传播，而另一部分声能则向四周散射，形成散射声场. 海洋中的不均匀性非常丰富，这些散射波在接收点上相互叠加形成了混响现象.

海水中存在着多种散射体，它们的分布位置各异，有些分布在海水中，有些分布在海底或海面上. 散射体对声信号的散射效果也因其特性而异，因此产生的混响场具有不同的特点. 基于混响形成的原因不同，可以将混响分为三类：第一类是体积混响，由存在于海水体积中或海水本身充当散射体的元素引起. 这包括海水中的泥沙颗粒、海洋生物、海水温度的不均匀性及大规模的鱼群等. 第二类是海面混响，由海面的不规则不平整性和波浪引起的海面气泡层对声波的散射而形成. 第三类是海底混响，由海底的不规则不平整性、海底表面的粗糙度及附近的散射体引起的散射而形成. 后两类混响的散射体分布在二维界面上，因此可统称为界面混响.

7.2 水下噪声源

7.2.1 环境噪声

海洋环境中的噪声源主要包括：① 潮汐和海面波浪噪声等海洋环境中的低频噪声；② 地震活动中产生的地壳振动噪声；③ 由海洋内部的湍流运动引起的湍流噪声；④ 由船舶的引擎、螺旋桨和涡流与海水的相互作用产生的船只行驶噪声；⑤ 由海洋中的分子热运动产生的高频热噪声等。

7.2.2 舰船噪声

1. 舰船辐射噪声

辐射噪声的强度以分贝(dB)为单位进行量化. 在分析中，通常关注的是远场噪声. 通过测量远场的声强，并根据测量距离和传播损失校正，可以将噪声推算到距离声源中心 1 yd (或 1 m)的标准参考距离处. 然而，对于主要研究远场噪声的应用而言，实际参考距离在大多数情况下并不重要. 除确定参考距离外，还需要规定其他参数，如参考强度(1 μPa、1 μbar 或 1 dyn/cm^2)、包含的带宽(通常为 1 Hz)或谱级(1/3 倍频程或 1/1 倍频程).

辐射噪声可分为宽带和窄带两大类别. 宽带信号涵盖广泛的频率范围，而窄带信号由离散的频率组成. 此外，信号还可以通过时间特性进一步分类，包括连续、间歇和瞬时. 后两者的主要区别在于持续时间. 例如，间歇声源可能是油池泵，每小时运行 5 min 或 10 min；而瞬态声源通常类似于扳手掉落、猛然关门或舵转动. 需要注意的是，并非所有窄带信号具有相同带宽比例.例如,螺旋桨转速可能随时间变化,导致叶片相关信号的频率在一定范围内变化,而电气系统则通常具有极其稳定的频率.

2. 自噪声

自噪声是由水听器周围的噪声源产生的.最初认为自噪声与辐射噪声相似,但实际情况并非如此.在远场中,自噪声的绝大部分成分是不存在的.可能的自噪声源包括来自平台传播到水听器的辐射噪声、渗透到水听器支架的平台结构噪声及水流经过水听器时产生的噪声等.此外,电噪声也是自噪声的一个潜在来源.然而,对于现代放大器而言,捕捉到该噪声并不是一个难题,除非处于最安静的环境中(如北极海冰下),存在电磁干扰或接地回路问题,如果不考虑水中阵列的移动速度,自噪声可以降至最低.然而,流噪声和平台辐射噪声的增加会导致自噪声的增加.平台传至接收阵列的噪声路径包括船体结构、水中直达路径(通常是螺旋桨噪声)、水中其他路径(如体散射、散射或反射)、海底反射和海面反射等.为减少这些噪声源产生的干扰,可采用指向性水听器或阵列,或在噪声源和阵列之间放置挡板以进行隔离.挡板通常由与水具有不同声阻抗的材料制成,用于反射或吸收声音.

7.3 水声测量环境与设备

7.3.1 水声测量声场设施

良好的水声测量声场设施应具备以下几个重要的条件:首先,设施应位于远离噪声源的区域,以确保准确的测量结果.其次,水体条件要良好,水质清澈透明,没有污染和混浊.此外,声场设施周围应有广阔的无遮挡水域,以避免声波传播受到障碍物的影响.适当的水深也很关键,它可以减少地面反射和散射对测量结果的干扰.对于涉及水流噪声的测量,选择水流平缓或可控制的区域是必要的.此外,声场设施的安全性和设备的稳定性也需要考虑,包括提供安全设备和应急救援设备.最后,设施需配备高精度、宽频带和低噪声的数据采集设备,并进行定期校准和维护,以确保数据的质量和准确性.水声测量用的声场设施大体可分为天然水域、人工水池和其他声场环境三类.

1. 天然水域

天然水域通常包含湖泊、池塘、水库及水流平稳、水质较好的江河等.虽然海洋是最大的天然水域,但由于其复杂的条件、不稳定性和较高的环境噪声,一般不太适合进行水声测量.水声测量的天然水域通常需要具备以下条件:

(1) 测量空间足

天然水域应该是相对开阔的,以形成满足水声测量要求的自由声场条件.水域的边界通常比较大且有斜坡,这种斜坡边界与水面形成天然的尖劈吸声区.因此,即使水域不是很大,只要水足够深,有斜坡,也可以视为开阔水域.水深是衡量水域空间大小的重要指标,但目前还没有标准来确定适合水声测量的最小深度.对水深的要求与测量内容、换能器形状、测量频率范围、测量精度要求及所用信号的特点有关.

(2) 环境噪声低

水域中的环境噪声主要来自交通、降雨、风浪及运转中的机器等多种因素.为了获得准确的测量结果,应尽量选择远离噪声源的水域进行测量.例如,在水力发电机工作的水库中进行测量时,应选择远离大坝的测量区,以避免受到机器和水流噪声的干扰.此外,测量区域还应远离船舶航道等区域,防止船只活动对测量结果产生干扰.这样可以减少外部噪声对水声测量的影响,提高测量的可靠性和准确性.

(3) 无遮挡区域

水中的声波会受到流动、温度梯度、水下生物、气泡和污秽物等因素的影响,从而引起声波的反射、折射和散射.如果在测量深度或其附近存在温度梯度,声波会发生折射,导致声线弯曲.测量水域中的鱼群和其他水生物常常会导致水声测量的不稳定性甚至测量失败.因此,在选择测量区域时,应确保水温梯度不明显,没有鱼群或其他可能影响水声测量的水生生物存在,水流平稳,以及没有水草或其他易产生气泡的腐烂有机物,等等.

对于天然水域的水声测量,还需要遵守相关法规和环境保护要求,确保测量活动不对水域生态环境和生物造成不良影响.

2. 人工水池

人工水池是一种人为构建的水体环境,可以分为室外挖掘成的池塘和室内人造的水池两种类型.从声学效果角度,人造水池又可分为消声水池和非消声水池两大类.消声水池还分为全消声水池和局部消声水池.全消声水池是指在水池的六个界面全部铺设吸声材料以构建吸声效果良好的水池;局部消声水池是指在水池的部分界面区域铺设吸声材料以减少反射和散射.非消声水池则是指没有进行任何消声处理的水池.

人工水池比起天然水域具有更多优势,其中最主要的优点是受到影响测量准确性和稳定性的因素较少,不受自然条件的影响.然而,人工水池的主要缺点在于尺寸受到较大的限制,往往比天然水域小得多.小尺寸的水池限制了其使用范围,并使得形成自由场条件更加困难.尽管人工水池在一些方面具有一定的局限性,如尺寸较小和自由场条件难以形成,但仍然被广泛应用于水声学领域.人工水池提供了一个可控的环境,有利于消除外界干扰因素,提高水声测量的准确性和可靠性.同时,人工水池可以开展一系列的实验和研究,为水声学的理论与应用提供重要的支持和验证.

3. 其他声场环境

在低频段的声学测量中,为了实现一些参数的准确测量,常常需要采用一些特殊的技术手段以尽可能接近自由场条件.比较常用的方法包括密闭充水管、密闭腔或振动液柱管等.密闭充水管是一种将水充满的管道结构,通过密闭的管道内部水声传播来模拟自由场.声波在管内传播时会与管壁发生反射和散射,水的存在可以减少来自边界的干扰,提供一个近似自由场的测量环境.密闭腔是一种封闭的空腔结构,通过内部的水或其他液体来模拟自由场条件.这种方法可以在一定程度上达到接近自由场的条件,振动液柱管是一种利用液体的振动来模拟自由场的方法.通过在液体柱中施加激励,使液体产生振动,从而形成一个近似自由场的声场环境.振动液柱管的优势在于可以通过调整液体高度和振动频率来控制声场参数.

需要注意的是，虽然上述方法可以近似实现自由场条件，但由于所有水声场都存在边界限制，因此无法达到真正的自由场测量条件. 特别是当频率降低到一定程度时，即使采用脉冲声测量技术和边界吸声处理技术，也很难完全消除边界带来的影响. 这些技术手段为低频声场的测量和研究提供了一定的解决方案，尽管无法完全达到真正的自由场测量条件，但仍能够有效地实现一些参数的准确测量.

7.3.2　水声换能器

水声换能器是一种在水声通信、声呐系统、测深仪等水下测量技术中不可或缺的设备. 它的作用是将水中传播的声信号转换为电信号，或者将电信号转换为声信号.

1. 水声换能器的分类

根据水声换能器的能量转换原理，可以将其分为电动式、电磁式、磁致伸缩式、静电式、压电式和电致伸缩式等几种类型. 电动式换能器利用电流通过线圈产生磁场，与磁场相互作用来实现能量转换；电磁式换能器则利用电流通过线圈产生磁场，并与永磁体之间的相互作用来实现能量转换；磁致伸缩式换能器则利用磁场的变化导致材料长度变化来实现能量转换；静电式换能器则利用静电力或电场的变化来实现能量转换；压电式换能器则利用压电效应，在应力或压力下产生电荷分布的不均来实现能量转换；电致伸缩式换能器则利用经过高压直流极化处理的压电材料，在电场变化的驱动下实现材料长度变化来实现能量转换.

根据水声换能器的振动模式，可以将其分为纵向振动、圆柱形、弯曲振动、弯曲伸张、球形和剪切振动等几种类型. 纵向振动换能器的振动方向与长度方向平行，是声呐系统中广泛应用的类型；圆柱形换能器采用圆管或圆环形状，可实现水平无指向性和垂直指向性可控的宽带换能器；弯曲振动换能器具有尺寸小、重量轻的优点，包括弯曲梁、弯曲圆盘、弯曲板等形式；弯曲伸张换能器是由多种振动模式组合而成的复合换能器，如纵向伸缩振动棒与弯曲壳体的组合形式；球形换能器利用空心压电陶瓷球壳的呼吸振动，适用于点源水听器；剪切振动换能器则通过振动方向与极化方向相平行，驱动电场方向与振动方向相垂直的剪切振动进行能量转换.

2. 水声换能器的主要参数

水声换能器的主要性能指标包括水中工作频率指向性、阻抗特性、发射功率、发射响应、接收灵敏度、最大工作深度、尺寸和重量等. 下面对部分参数分别做简要介绍.

(1) 工作频率

水声换能器的工作频率通常由声呐设备的工作频率决定. 换能器的阻抗、指向性、灵敏度、发射功率和尺寸等参数都与频率密切相关. 发射换能器通常在谐振频率或其附近有限的频带内具有最大的发射功率. 宽带接收换能器(如压电换能器)的谐振频率应大于接收频带的上限，以确保在宽频带范围内具有平坦的接收响应. 大型低频声呐换能器的工作频率通常在几十赫兹至几千赫兹之间，而小型目标探测声呐换能器的工作频率范围通常在几十千赫兹至数百兆赫兹之间.

(2) 指向性

水声换能器的指向性类似于探照灯将光束聚焦在特定区域，能够将声能聚集到特定的方向上，使能量更加集中. 通过调整换能器的设计和结构，如使用不同形状和尺寸的换能器元件，或通过组合多个换能器形成阵列，可以实现更加尖锐的指向性. 指向性的提高可以增加换能器的发射距离和接收灵敏度，在水声测量中具有重要意义.

(3) 阻抗特性

水声换能器的阻抗特性指换能器的电阻和电抗随频率的变化而变化的特性. 换能器的阻抗特性对于发射和接收的电路匹配是非常重要的. 换能器可以被看作一个电路，其中的电阻、电容和电感表示换能器的固有特性. 阻抗特性通常用一个复数表示，其中实部代表电阻，虚部代表电抗. 在谐振频率附近，换能器的阻抗会有明显的变化. 在机械共振时，换能器的动态无功阻抗趋近于零，而静态容抗可以通过匹配电感进行调谐. 压电换能器电阻抗一般在数十欧姆到数千欧姆的范围内.

(4) 发射功率

水声换能器的发射功率是指换能器在单位时间内向介质中辐射能量多少的物理量. 水声换能器的发射功率受到多种因素的影响. 第一，额定电压或电流. 它决定了换能器所能承受的最大电功率. 第二，换能器的动态机械强度. 它限制了换能器在工作过程中能够转化的机械功率量. 第三，温度. 它也是一个重要因素，在高温环境下，换能器的发射功率可能会受到限制. 此外，介质的特性也会影响发射功率，如介质的声阻抗与换能器的阻抗匹配程度及介质的传播损耗等因素.

(5) 发射响应

能够全面反映发射换能器性能指标的是发射响应，主要包括发射电压响应和发射电流响应两个方面. 发射电压响应是指在特定方向上离开水声换能器有效声中心一定距离处产生的自由场表观声压与输入到换能器端口的电压之间的比值. 发射电流响应则是指在特定方向上离开水声换能器有效声中心一定距离处产生的自由场表观声压与输入到换能器端口的电流之间的比值.

(6) 接收灵敏度

水声换能器的接收灵敏度表示换能器在接收声波信号时产生的输出电压与入射声压之间的比值. 接收灵敏度可以用来衡量换能器对声波信号的敏感程度，即在单位声压下产生的电压输出. 接收灵敏度起伏是指接收换能器在工作频率范围内的灵敏度变化情况. 由于换能器的结构和材料的特性，接收灵敏度在不同频率下可能会有起伏或波动. 为了确保换能器在较宽的频率范围内能够准确和稳定地接收声波信号，接收灵敏度起伏应控制在一定范围内. 通常规定在工作频段内接收灵敏度起伏量应限制在±1.5 dB 以内. 控制接收灵敏度起伏可以提高换能器的接收性能，并减少因频率响应不均匀而引起的失真或误差.

此外，水声换能器还需要具备其他一些重要的性能指标. 例如，换能器应具备适应不同温度环境的工作温度范围和防腐蚀性能，以便在各种条件下稳定工作. 耐压能力保证了换能器在高压环境下的安全运行. 抗干扰性能能够减少外界电磁干扰对换能器的影响. 可靠性和耐久性确保了换能器的长期稳定运行和使用寿命. 同时，安装和连接方式应简单便捷.

3. 标准水听器

标准水听器是一种用于水声测量的电声接收换能器，它的灵敏度经过精确的校准，并需要符合特定的声学性能要求. 根据《声学 标准水听器》(GB/T 4128—1995)的规定,校准不确定度分级可分为一级和二级. 一级标准水听器,也称为标准水听器,用于作为计量的标准器具或者进行精确的声学量测量;二级标准水听器,也称为测量水听器,用作工作计量器具. 根据使用频率范围的不同,标准水听器还可以进一步分为低频和高频两段. 低频水听器的使用频率范围为 1 Hz~100 kHz,主要用于低频水声信号的测量和分析;高频水听器的使用频率范围为 0.1~10 MHz,适用于高频水声信号的接收和研究.

标准水听器的设计和校准严格遵循国家标准,以确保其在水声测量领域具有可靠性和准确性. 低频标准水听器需要满足声压灵敏度或低频自由场灵敏度不低于 −205 dB(0 dB≈1 V/μPa),自由场灵敏度的频率响应在整个使用频率范围内应至少有三个十倍程的范围,并且不均匀性应小于±1.5 dB. 低频标准水听器的指向性要求:在最高使用频率下,水平指向性的 −3 dB 波束宽度应大于 30°,在选定方向的±5°范围内,灵敏度的变化应小于±0.2 dB;垂直指向性的 −3 dB 波束宽度应大于 15°,在选定方向的±2°范围内,灵敏度的变化应小于±0.2 dB. 在 60 dB 的动态范围内,水听器的输出电压与自由场声压应保持线性关系,其偏差应小于±0.5 dB. 除上述要求外,水听器还需要具备温度稳定性、静压稳定性和时间稳定性. 具体要求为:在 0~40 ℃的工作温度范围内,灵敏度与 23 ℃时的灵敏度的偏差应不大于 0.04 dB/℃;在 0~100 m水深内,灵敏度的变化应不大于 0.3 dB/MPa;在校准周期一年的时间内,灵敏度的变化应不大于±0.7 dB.

高频标准水听器需要满足灵敏度不低于 −265 dB. 在整个使用频率范围内应至少有$2\frac{1}{2}$倍频程的范围,不均匀性应小于±2 dB,并且每改变 100 kHz 的频率,其灵敏度的变化应小于±0.5 dB. 指向性的要求包括在最高使用频率下,−6 dB 的波束宽度应大于 15°;在有效立体角内,波束的不对称性应小于±3 dB;最大灵敏度方向与几何对称轴方向间的偏差应小于 3°. 在 40 dB 的动态范围内,水听器的输出电压应与自由场声压成线性关系,其偏差应小于±1 dB. 在信噪比大于 6 dB 的条件下,能测量的最小声压级应不低于 190 dB. 此外,对高频水听器的温度稳定性和时间稳定性要求与低频水听器略有不同,具体为:在 16~30 ℃的范围内,灵敏度与 23℃时的灵敏度的偏差应不大于±1 dB,在 30~40 ℃的范围内,灵敏度与 23℃时的灵敏度的偏差应不大于±2 dB;在校准周期一年的时间内,灵敏度的变化应不大于±2 dB.

7.4 水听器的校准

在使用水听器之前,进行校准以获取其灵敏度非常重要. 灵敏度是水听器进行声场定量测量的基础,也是联系电压量和声压信号的重要参数. 目前存在多种校准方法可供选择,其中包括互易法、比较法、声场扫描法、光学干涉校准法、时间延迟谱分析法、压电补偿法、振动液柱法及利用非线性传播的水听器校准法等. 在进行校准时,选择适合应用场景的方法并遵循标准的程序和准确的测量技术非常重要. 下面将分为两部分进行介绍,分别是高频水听器的校准和低频水听器的校准. 对于高频水听器的校准,主要介绍自由场互易法和自由场比较法;对于低频水听器的校准,主要介绍耦合腔互易法、振动液柱法、压电补偿法和密闭腔比较法.

7.4.1 高频水听器的校准

《声学 水声换能器自由场校准方法》(GB/T 3223—1994)中规定了水声换能器在自由场球面波条件下的校准方法：互易法和比较法. 其中，互易法适用于校准标准水听器和标准声源；比较法适用于校准测量水听器和水声发射器. 相应校准频率范围为几百赫兹至几兆赫兹. 另根据《水声声压计量器具》(JJG 2017—2005)，互易法适用的频率范围为 2 ～200 kHz.

1. 自由场互易法

(1) 原理

互易法校准是一种绝对校准方法，它基于互易换能器遵循的电声互易原理进行. 电声互易原理即一个线性、无源、可逆的电声换能器用作水听器时的接收灵敏度和用作发射器时相应的发送响应之比与换能器本身结构无关的原理. 互易法需要使用三个换能器，其中至少一个是互易换能器(H)，另外两个是发射器(F)和水听器(J). 这两个换能器只需要满足线性条件，并按照图 7-4-1 所示的组合方式在自由场远场中进行三次测量，分别测量每个换能器对输入发射器的电流之和、水听器的开路电压(u)或其电转移阻抗(Z_{FJ})，就可以得到水听器和互易换能器的自由场灵敏度及互易换能器和发射器的发送电流响应.

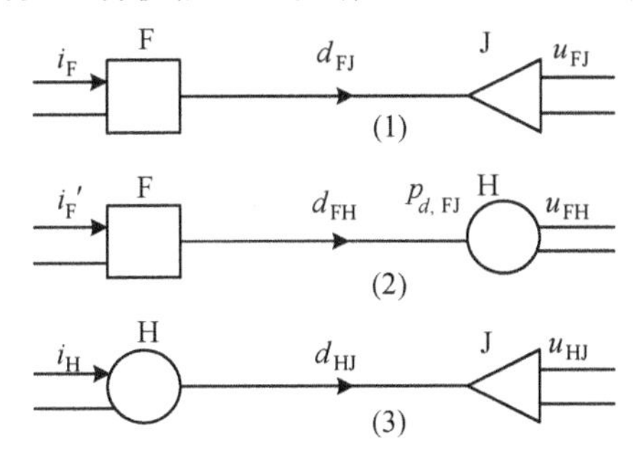

图 7-4-1 自由场互易法校准原理图

在第一组测量中，发射器(F)在离其声中心校准距离 d_{FJ} 处的水听器(J)声中心处的自由场远场声压 $p_{d,FJ}$ 略去时间因子 $e^{j\omega t}$ 后为

$$p_{d,FJ} = \frac{p_0 d_0}{d_{FJ}} \cdot e^{jk'(d_0 - d_{FJ})} = \frac{i_F S_{IF}}{d_{FJ}} \cdot e^{jk'(d_0 - d_{FJ})} \tag{7-4-1}$$

式中，p_0 为离发射器(F)声中心参考距离 d_0 处的声压，单位为 Pa；d_0 为参考距离(1 m)，单位为 m；i_F 为输入发射器(F)的电流，单位为 A；S_{IF} 为发射器(F)的发送电流响应，单位为 Pa · m/A；k' 为复角波数，单位为 m^{-1}.

那么其电转移阻抗 Z_{FJ} 为

$$Z_{FJ} = \frac{u_{FJ}}{i_F} = \frac{u_{FJ}}{p_{d,FJ}} \cdot \frac{p_{d,FJ}}{i_F} = \frac{M_{fJ} S_{IF}}{d_{FJ}} \cdot e^{jk'(d_0 - d_{FJ})} \tag{7-4-2}$$

式中，u_{FJ} 为水听器(J)的开路电压，单位为 V；M_{fJ} 为水听器(J)的自由场灵敏度，单位为 V/Pa.

同样地，对第二组测量，发射器(F)发送、互易换能器(H)接受时的电转移阻抗 Z_{FH} 为

$$Z_{FH}=\frac{u_{FH}}{i_F{}'}=\frac{M_{fH}S_{IF}}{d_{FH}}\cdot e^{jk'(d_0-d_{FH})} \tag{7-4-3}$$

式中，u_{FH}为互易换能器(H)的开路电压，单位为 V；$i_F{}'$为输入发射器(F)的电流，单位为 A；M_{fH}为互易换能器(H)的自由场灵敏度，单位为 V/Pa；d_{FH}为发射器(F)和互易换能器(H)的声中心之间的距离，单位为 m.

对第三组测量，互易换能器(H)发送、水听器(J)接收时的电转移阻抗 Z_{HJ}为

$$Z_{HJ}=\frac{u_{HJ}}{i_H}=\frac{M_{fJ}S_{IH}}{d_{HJ}}\cdot e^{jk'(d_0-d_{HJ})} \tag{7-4-4}$$

式中，u_{HJ}为互易换能器(H)发送时水听器(J)的开路电压，单位为 V；i_H 为输入互易换能器(H)的电流，单位为 A；S_{IH}为互易换能器(H)的发送电流响应，单位为 Pa · m/A；d_{HJ}为互易换能器(H)和水听器(J)的声中心之间的距离，单位为 m.

由式(7-4-2)至式(7-4-4)可得

$$\frac{Z_{FJ}}{Z_{FH}}=\frac{M_{fJ}\cdot d_{FH}}{M_{fH}\cdot d_{FJ}}\cdot e^{jk(d_{FH}-d_{FJ})} \tag{7-4-5}$$

$$Z_{HJ}=\frac{M_{fJ}M_{fH}}{d_{HJ}}\cdot\left(\frac{\rho f}{2}\right)\cdot e^{jk\left(\frac{\pi}{2}-d_{HJ}\right)} \tag{7-4-6}$$

可得水听器(J)和互易换能器(H)的自由场灵敏度为

$$M_{fJ}=\left\{\frac{Z_{FJ}\cdot Z_{HJ}}{Z_{FH}}\cdot\frac{d_{FJ}\cdot d_{HJ}}{d_{FH}}\cdot\frac{2}{\rho f}\cdot e^{j\left[k'(d_{FJ}+d_{HJ}-d_{FH})-\frac{\pi}{2}\right]}\right\}^{\frac{1}{2}} \tag{7-4-7}$$

$$M_{fH}=\left\{\frac{Z_{FH}\cdot Z_{HJ}}{Z_{FJ}}\cdot\frac{d_{FH}\cdot d_{HJ}}{d_{FH}}\cdot\frac{2}{\rho f}\cdot e^{j\left[k'(d_{FH}+d_{HJ}-d_{FJ})-\frac{\pi}{2}\right]}\right\}^{\frac{1}{2}} \tag{7-4-8}$$

发射器(F)和互易换能器(H)的发送电流响应为

$$S_{IF}=\left\{\frac{Z_{FJ}\cdot Z_{FH}}{Z_{HJ}}\cdot\frac{d_{FJ}\cdot d_{FH}}{d_{HJ}}\cdot\frac{\rho f}{2}\cdot e^{j\left[k'(d_{FJ}+d_{FH}-d_{HJ})-\frac{\pi}{2}\right]}\right\}^{\frac{1}{2}} \tag{7-4-9}$$

$$S_{IH}=\left\{\frac{Z_{FH}\cdot Z_{HJ}}{Z_{FJ}}\cdot\frac{d_{FH}\cdot d_{HJ}}{d_{FJ}}\cdot\frac{\rho f}{2}\cdot e^{j\left[k'(d_{FH}+d_{HJ}-d_{FJ})-\frac{\pi}{2}\right]}\right\}^{\frac{1}{2}} \tag{7-4-10}$$

(2) 频率限制

在互易法校准中，理论上对校准频率没有限制，但实际上会有一些技术上的限制. 为了满足互易校准的自由场远场条件，校准时两个换能器的声中心之间需要足够大的距离，使得接收换能器处于发射换能器的远场范围内. 对于一定尺寸的换能器，随着校准频率的增加，所需的最小校准距离也会增大. 在考虑到指向性的情况下，对于连续正弦信号或具有一定带宽的噪声信号，直达声和反射声的相对幅度比与它们的声程比成反比关系. 因此，来自换能器边界的反射声会对直达声造成干扰，而这种干扰会随着校准距离的增加而增大. 当反射声的相对幅度比大于 30 dB 时，反射声对校准的影响不会超过 0.3 dB. 而在相位校准时，要求更高，直达声和反射声的相对幅度比至少应大于 40 dB. 尽管在相位校准公式中，距离 d 已经不再出现，但它的影响只是被降低到最小，并没有完全消除. 当频率较高时，这种影响仍然非常明显，并且会随着频率的增加而增大.

一般当压电换能器的频率低于其谐振频率时，其发送电流响应会随频率降低而线性减小. 当频率降至某一值时，换能器在水听器处产生的声压比环境噪声大 30 dB，才符合互易法

校准的要求.因此,这个条件限制了校准的最低频率,或者需要使用低频换能器来解决这个问题.对于使用脉冲声技术进行校准的情况,一些稳态测量条件也需要被满足.为了保证准确性,声脉冲中至少应该包含两个完整的周期.此外,有限水域的尺寸也限制了声脉冲能够具有的最大宽度,这也决定了能够校准的最低频率.

(3) 测量装置

自由场互易法校准测量常用的数字程控测量装置的典型组成如图 7-4-2 所示.校准过程中,信号源产生所需的正弦脉冲信号,并经过功率放大器放大后驱动发射换能器产生声信号.电流变换器对功率放大器输出信号进行电流取样,而水听器则在声波的作用下产生开路输出电压信号.在计算机的控制下,电流变换器和水听器的输出信号通过程控开关进行选通,并经过测量放大器放大和滤波器滤波后输入数字信号采集器进行采集.最后,计算机根据采集到的数据计算出转移阻抗值.通过三次组合测量,可以计算出被校准的水听器和互易换能器的灵敏度,以及发射换能器和互易换能器的发送响应.

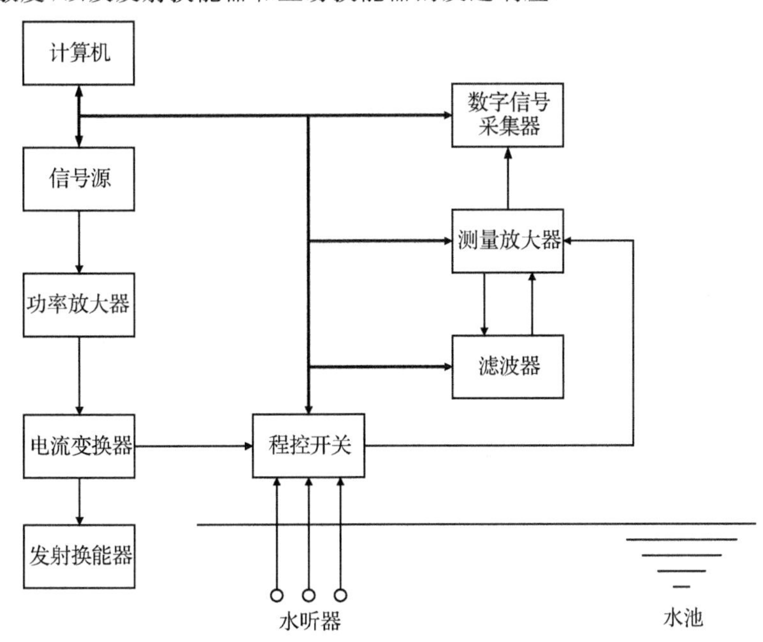

图 7-4-2 自由场互易法校准测量装置框图

(4) 校准前的准备

① 换能器的准备.

在进行校准前,应该使用清洁剂将换能器的所有表面擦洗干净,并将其浸泡在水中至少半小时,以确保换能器的表面充分湿润且没有气泡.最好在换能器的辐射面或接收面上涂抹湿润剂,以确保其与水有良好的声耦合.可以通过校准过程中电转移阻抗的稳定性来检验这些要求是否满足.对于仅进行幅值校准的情况,只要求电转移阻抗的模稳定不变;而对于相位校准,还需要确保电转移阻抗的幅角也稳定不变.

在设置测试环境之前,换能器应事先放置在所需深度位置一段时间.通常不少于半小时,以使换能器与环境温度和压力达到平衡,以确保换能器在测试中表现稳定.换能器应采用细线或弹性支架等方式悬挂,以避免支架引起的声反射或结构噪声干扰对换能器灵敏度的影响.如果在水池中进行测试,应定期清洁水池中的水,避免水质污染对测试结果造成影响.

② 换能器指定方向和输出端的选定.

换能器的指定方向可以自由选择,但为了减少由于换能器指向性引起的测试误差,建议选择那些在灵敏度(或响应)随方向变化较小的区域中的某一方向作为指定方向.因此,在进行校准之前,需要先测定换能器的指向性,以便正确选定方向.一旦指定了换能器的方向,在每次校准中,都应将其对准这个指定的方向.

通常情况下,换能器的输出端可以选择连接到固定电缆的末端,也可以选择连接到换能器头部或外加延伸电缆的末端.但一旦选择确定,在整个校准过程中,所有的电测量都必须在这个输出端进行.校准得到的灵敏度或响应值也是基于这个输出端的值.如果需要更改输出端,可以使用插入电压法或阻抗法来测定新输出端与原输出端之间的耦合损失,并计算出新输出端的灵敏度或响应值.如果在校准或测试过程中需要使用外加延伸电缆,电缆的总长度应小于最高校准频率的电磁波波长的十分之一,这样可以避免电缆长度对测试结果造成影响.

③ 换能器线性范围的验证.

换能器的线性范围是指在输入与输出之比保持不变的情况下输入量可以变化的范围.要检验线性范围,可以通过在测量范围内逐渐增加换能器的激励电流,然后测量一对换能器组合的电转移阻抗模值,判断这个模值的变化是否在规定值之内.确定线性范围的标准是,在测量范围内,当频率低于 100 kHz 时,电转移阻抗模的变化应不大于 0.2 dB;而当频率高于 100 kHz 时,其变化应不大于 0.5 dB.如果满足这个条件,可以认为这两个换能器(F、J)在这个范围内是线性的,其非线性误差将不大于 0.2 dB 或 0.5 dB.

④ 互易换能器互易性的验证.

互易换能器互易性的检证是指在其线性范围内是否符合电声互易原理.测试方法:测量换能器对(F、H)的转移电阻抗 Z_{FH} 和 Z_{Hr} 的模值和相位角,在这两个值相等的范围内进行.互易性的判据是当频率低于 100 kHz 时,这两个值之差应不大于 0.5 dB;而当频率高于 100 kHz 时,差值应不大于 1.0 dB.如果满足这个要求,可以认为这两个换能器(F、H)都是互易换能器.如果不满足要求,则需要逐个调换这两个换能器,以判断是换能器 F 不互易还是换能器 H 不互易,或者两个换能器都不互易.

(5) 测量方法

① 测量信号的类型与频率.

在校准过程中,可以使用连续的正弦信号、脉冲调制的正弦信号或具有一定带宽的噪声信号作为校准信号.当使用脉冲调制的正弦信号进行校准时,为了得到与连续正弦信号校准相当的结果,需要满足换能器在测量时能够达到稳态条件的要求.当使用具有一定带宽的噪声信号进行校准时,需要指定噪声信号的带宽.校准时所使用的信号频率(对于具有一定带宽的噪声信号而言,指其中心频率)应包含国家标准《声学测量中的常用频率》(GB 3240—1982)中规定的频率系列.通常情况下,校准时的频率间隔应小于 1/3 倍频程.在被校准的换能器的共振峰附近,频率间隔应更小,以确保获得正确表示该换能器特性的数据.信号频率可以使用一般的数字频率计进行测量,其准确度应优于±0.2%.

② 测量水听器的开路电压.

水听器的开路电压可以直接使用电压表进行测量.为了确保正确测量开路电压,要求电压表的输入阻抗比水听器的输出阻抗大 100 倍. 如果只需要测量开路电压的量值,输入阻抗大 100 倍即可,这样影响开路电压测量的误差将不会超过 0.1 dB. 然而,如果电压表的输入阻抗无法满足上述要求,或者水听器带有前置放大器并且需要测量水听器处的开路电压,可以使用插入电压法进行测量. 在直接测量开路电压时,只需要确保被测值在同一基程内,不需要电压表具有很高的准确度,只要其线性和稳定性误差小于 0.1 dB 即可.

③ 测量输入发射器的电流.

通常有两种方法可以测量输入发射器的电流. 第一种方法是使用电流变换器进行测量,将其初级串接于发射器的高电位端. 电流变换器需要采用圆环形的屏蔽变换器,其初级的阻抗应该很低,并且对次级和地的电容很小,以确保其接入不会对发射器的工作状态产生不良影响. 电流变换器的灵敏度准确度要求优于 1%. 第二种方法是在发射器的低电位端串接一个标准电阻器 R,并通过测量此电阻器上的电压来获取电流值. 为了避免对地的杂散电容对测量结果造成影响,标准电阻器的电阻值应小于发射器复阻抗实数部分的 1%,且不大于几个欧姆,标准电阻器的准确度要求优于 1%.

④ 测量电转移阻抗.

电转移阻抗 Z 可以通过测量水听器的开路电压 u 和输入发射器的电流 i,并对其进行计算得到其模值. 另外,也可以使用标准衰减器来直接测量电转移阻抗. 标准衰减器的准确度要求优于 0.2 dB. 电转移阻抗的相位角 $\arg Z$ 可以使用相位计或移相器来测量,以信号发生器的信号作为参考信号,分别测定水听器的开路电压 u 和输入发射器的电流 i 的相位,然后进行计算;或者直接测量 u 和 i 之间的相位差来得到相位角. 电转移阻抗 Z 也可以通过类似网络分析仪等测量仪器直接测量,或者使用数字程控系统进行测量,要求测量电压和电流比的量值的准确度优于 0.2 dB.

⑤ 测量注意事项.

• 接地:在测试系统中,正确的接地非常重要. 要求整个系统只有一个接地点,因为多个接地点可能会引起电串音等电干扰问题. 为此,要求发射器(互易换能器)的两个输出端不能与水接触. 同时,发射器(互易换能器)的金属外壳与水接触的部分应通过电缆的屏蔽线进行接地,这样可以确保良好的接地并减少电干扰的影响.

• 防止电干扰:在进行测量时,需要特别注意防止电感应、漏电和串音等电干扰的影响. 这类电干扰通常在使用脉冲声技术进行测量时很容易观察到,在测量开路电压时,它位于直接声信号之前. 当使用连续信号进行测量时,可以稍微改变频率,观察接收信号是否出现周期性的变化,以检查是否存在电干扰. 另外,可以通过使用标准衰减器来进行判断,因为电干扰通常不会经过衰减器. 如果发现衰减器的变化与指示器的指示出现异常现象,那么可能存在电干扰. 当发现存在电干扰时,应采取措施来排除它,以确保测量的可靠性. 电干扰对测量结果的影响应该在±0.1 dB 以内.

• 信噪比:在测量中,对于幅值校准,信噪比应大于 30 dB,这样可以确保由此引起的测量误差不会超过 0.01 dB. 而对于相位校准,信噪比应大于 40 dB. 在进行测试时,可以使用滤波器来提高信噪比. 在使用脉冲声技术进行测量时,使用滤波器时需要注意带宽对测量结果的影响. 选择合适的滤波器带宽可以平衡信号的清晰度和噪声的抑制,从而提高测量的准确性.

• 密度的确定:一般情况下,媒质的密度 ρ 不需要进行实际测量,可以直接查阅相关物理使用手册中给出的标准值. 对于淡水，如果在 0～20 ℃温度范围内选择密度 $\rho=10^3$ kg/m^3 作为参考值，那么实际测量值与参考值之间的差异将不大于±0.3%.

• 校准距离的测量：在安装固定换能器之后，需要确定换能器声中心的位置，并进行精确测量每对换能器声中心之间的距离 d. 这个距离 d 的大小应满足校准条件的要求，并且其测量不确定度不应超过 1%.

(6) 校准不确定度

互易法校准中的误差可以分为两部分：系统误差和偶然误差. 校准的不确定度是这两部分误差的综合.

系统误差是由于测试设备准确度、测试环境影响及校准时所要求的条件(如自由场、换能器的线性性和互易性等)未能满足所引起的. 这类误差通常可以通过提高测试设备准确度、改善测试环境和条件来减小. 当频率低于 100 kHz 时，系统误差不大于±0.5 dB；当频率为 100 kHz～1 MHz 时，系统误差不大于±1.0 dB；当频率高于 1 MHz 时，系统误差不大于±1.5 dB.

偶然误差是由于测试中一些不明的偶然因素引起的. 这类误差服从统计规律，因此可以通过多次测量来减小. 当频率低于 100 kHz 时，偶然误差应控制在±0.5 dB 以内；当频率为 100 kHz～1 MHz 时，偶然误差应控制在±1.0 dB 以内；当频率高于 1 MHz 时，偶然误差应控制在±1.5 dB 以内.

综上所述，互易法校准的不确定度当频率低于 100 kHz 时可优于 0.7 dB，当频率为 100 kHz～1 MHz 时可优于 1.5 dB，当频率高于 1 MHz 时可优于 2.0 dB.

2. 自由场比较法

比较法校准是一种相对校准方法，用于与标准水听器或标准声源进行比较，以校准测量水听器、水声发射器或其他换能器. 比较法校准同样需要在自由场中进行，所有互易法校准中关于频率限制、校准前的准备及测量过程的要求都适用于比较法校准. 下面主要介绍自由场比较法校准的原理.

(1) 自由场灵敏度的校准

水听器自由场灵敏度的比较法校准可以采用两种方法：一种是与校准水听器进行比较，另一种是与标准声源进行比较. 第一种方法中，将待校水听器与一个校准水听器放置在相同的自由场环境中，通过比较两者产生的声级来确定待校水听器的灵敏度. 第二种方法中，将待校水听器与一个已知标准的声源进行比较. 通过测量待校水听器对标准声源的响应，可以计算出待校水听器的自由场灵敏度. 这两种方法都是常用的比较法校准，可根据具体情况选择适合的方法来进行水听器的自由场灵敏度校准.

① 与标准水听器比较.

按照图 7-4-3 所示的排列将发射器(F)、标准水听器(P)和待校水听器(X)放置在一起，然后分别测量换能器对于(F-P)和(F-X)的电转移阻抗模$|Z_{FP}|$和$|Z_{FX}|$. 那么自由场条件下，通过这些测量结果，可以计算出待校水听器(X)的自由场灵敏度 M_X：

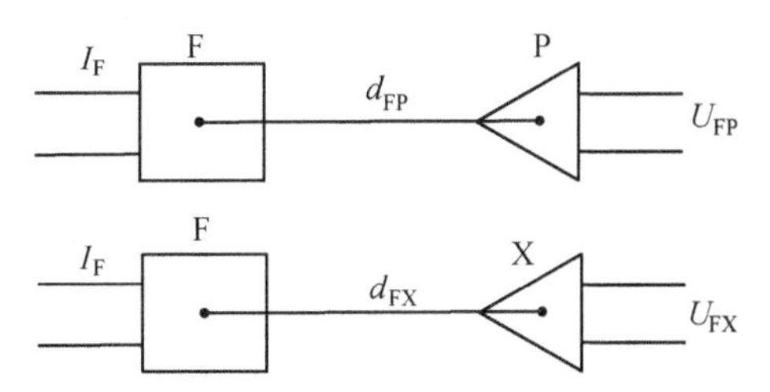

图 7-4-3 比较法校准:与标准水听器比较方法框图

$$M_X = M_P \cdot \frac{|Z_{FX}|}{|Z_{FP}|} \cdot \frac{d_{FX}}{d_{FP}} \tag{7-4-11}$$

式中,M_P 为标准水听器的自由场灵敏度,单位为 V/Pa;d_{FP}和 d_{FX}为发射器(F)和标准水听器(P)或待校水听器(X)的声中心间的距离,单位为 m.

若校准时有 $d_{FP}=d_{FX}$,$I_F=I_P{}'$,则上式可写为

$$M_X = M_P \cdot \frac{|U_{FX}|}{|U_{FP}|} \tag{7-4-12}$$

式中,U_{FX}和 U_{FP}分别为待校水听器和标准水听器的开路电压,单位为 V.

② 与标准声源比较.

按图 7-4-4 所示排列,测量由标准声源和待校水听器组成的换能器对(P-X)的电转移阻抗模$|Z_{PX}|$,可以得到待校水听器的自由场灵敏度 M_X:

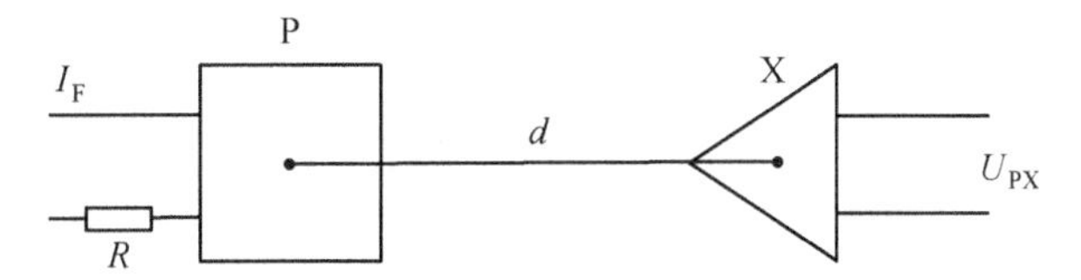

图 7-4-4 比较法校准:与标准声源比较方法框图

$$M_X = \frac{U_{PX}d}{I_P S_{IP}} = \frac{Z_{PX}d}{S_{IP}} \tag{7-4-13}$$

式中,U_{PX}为待校水听器的开路电压,单位为 V;S_{IP}为标准声源的发送电流响应,单位为 Pa·m/A;d 为标准声源与待校水听器的声中心间的距离,单位为 m;I_P 为输入标准声源的电流,单位为 A.

(2) 发送电流响应的校准

按图 7-4-5 所示排列,测量发射器和标准水听器组成的换能器对(X-P)的电转移阻抗模$|Z_{XP}|$,那么发射器的发送电流响应 S_{IX}为

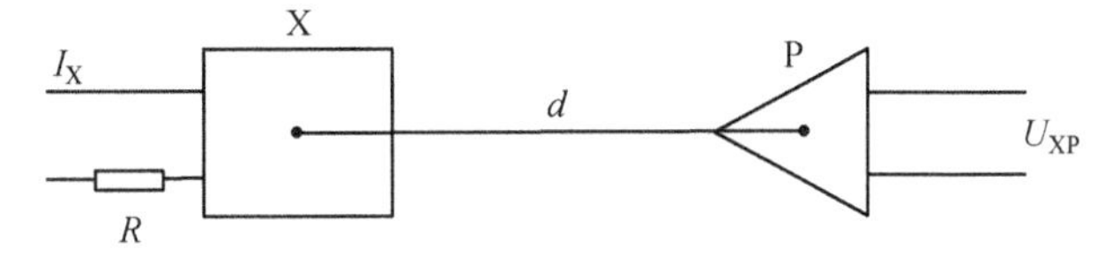

图 7-4-5 发送电流响应校准方法框图

$$S_{IX} = \frac{U_{XP}d}{I_X M_P} = \frac{|Z_{XP}|d}{M_P} \tag{7-4-14}$$

式中,U_{XP}为标准水听器的开路电压,单位为 V;M_P 为标准水听器的自由场灵敏度,单位为 V/Pa;d 为待校发射器与标准水听器的声中心间的距离,单位为 m;I_X 为输入待校发射器的

电流，单位为 A.

(3) 发射电压响应的校准

将待校准发射器(X)和标准水听器(P)按图 7-4-6 所示排列，待校准发射器的发送电压响应 S_{VX} 为

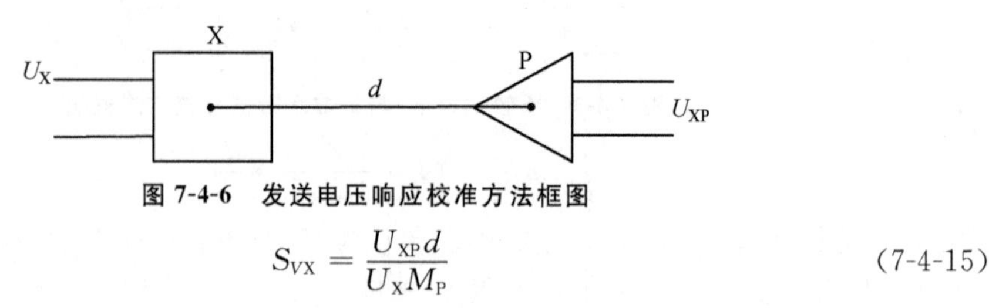

图 7-4-6　发送电压响应校准方法框图

$$S_{VX}=\frac{U_{XP}d}{U_X M_P} \tag{7-4-15}$$

式中，U_X 为加到发射器输入端的电压，单位为 V.

7.4.2　低频水听器的校准

《声学 水听器低频校准方法》(GB/T 4130—2017)标准中规定了 0.01 Hz～3.15 kHz 频率范围内校准水听器的方法，包括耦合腔互易法、振动液柱法、压电补偿法、静水压激励法和标准水听器比较法. 本节主要介绍耦合腔互易法和振动液柱法.

1. 耦合腔互易法

(1) 原理

耦合腔互易法是一种用于测量低频水听器声压灵敏度的方法，适用于高静水压和变温条件下的情况. 其校准原理与《声学 水声换能器自由场校准方法》中的水声换能器自由场互易校准原理相同. 不同之处在于，耦合腔互易法将发射换能器 F、互易换能器 H 和接收水听器 J 放置在充满液体的刚性腔中，在均匀的压力场下进行校准.

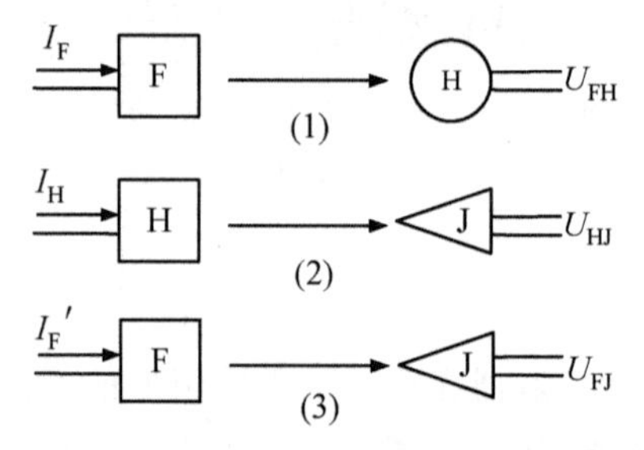

图 7-4-7　耦合腔互易法校准步骤图

根据图 7-4-7 中的校准步骤进行三次测量，分别测量发射器和互易换能器的激励电流 I_F、I_F'、I_H，以及互易换能器和水听器输出端的开路电压 U_{FH}、U_{FJ}、U_{HJ}. 当 $I_F=I_F'$时，可以根据测量结果计算出水听器的声压灵敏度：

$$M_{PJ}=\left[\frac{U_{FJ}U_{HJ}}{U_{FH}I_H}J\right]^{1/2} \tag{7-4-16}$$

式中，M_{PJ} 为水听器的声压灵敏度，单位为 V/Pa；U_{FJ} 为发射器发送时水听器输出端的开路电压，单位为 V；U_{FH} 为发射器(F)发送时互易换能器输出端的开路电压，单位为 V；I_H 为互易换能器的激励电流，单位为 A；J 为耦合腔互易常数，单位为 $m^3/(Pa\cdot s)$.

当耦合腔的尺寸远小于腔内液体声波的波长时，互易常数为

$$J=\omega C_a \tag{7-4-17}$$

式中，$\omega=2\pi f$，f 为频率，单位为 Hz；C_a 为耦合腔内液体及其边界的声顺，单位为 m^3/Pa.

为了确保耦合腔互易法的有效性，耦合腔需要具有刚性的边界. 因此，腔壁的厚度至少应大于腔的内半径，这样腔内的声速接近自由场声速. 为了满足腔内声场基本上均匀的要求，腔内的最大尺度应小于腔内液体中声波波长的$\frac{1}{10}$，并且腔内不应包含释压材料，以确保腔内声压的不均匀性小于 0.3 dB. 在耦合腔中使用的发射器(F)和水听器(J)必须是线性的，而互易换能器(H)必须是线性、无源、可逆的，这三个换能器都必须满足声刚性的要求.

满足以上要求，即当耦合腔内液体及换能器都是刚性的，腔内无释放压力的材料及气泡时，则腔内媒质的声顺 C_a 可按下式计算：

$$C_a=\frac{V}{\rho c^2} \tag{7-4-18}$$

式中，V 为腔内液体的体积，单位为 m^3；c 为液体中的声速，单位为 m/s；ρ 为液体的密度，单位为 kg/m^3.

因此，耦合腔互易常数可表示为

$$J=\frac{\omega V}{\rho c^2} \tag{7-4-19}$$

(2) 测量

① 电压测量.

典型的耦合腔互易校准装置的原理框图如图 7-4-8 所示. 在该装置中，将互易换能器、水听器和电流采样器的输出端连接到电子开关上. 通过前置放大器和测量放大器对 U_{FH}、U_{FJ}、U_{HJ}进行放大，然后使用允许极限误差不大于 0.5%的数字电压表进行测量. 前置放大器的输入电阻值应大于水听器的等效电阻值的 100 倍，这样产生的电压耦合损失将不大于 1%. 如果不满足这个要求，可以使用插入电压法进行修正.

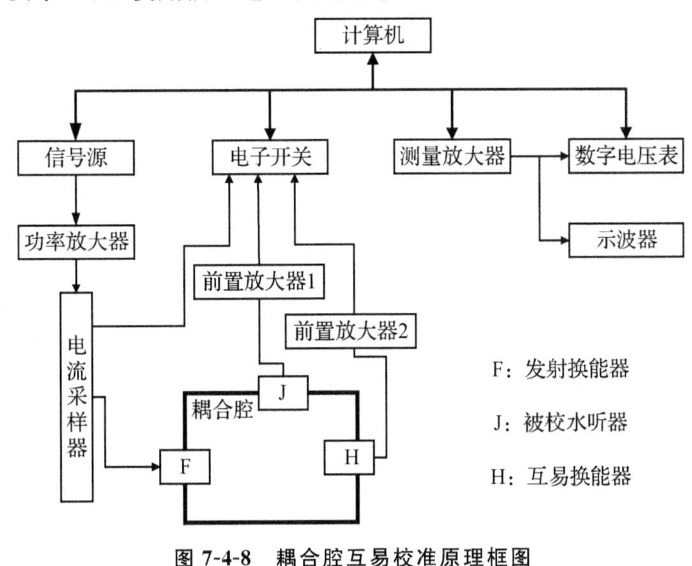

图 7-4-8　耦合腔互易校准原理框图

② 电流测量.

互易换能器的激励电流 I_H 可以通过串联在互易换能器电路中的电流采样器测量. 为了确保准确性,电流采样器的电阻阻值必须小于互易换能器电路的电阻阻值的 $\frac{1}{100}$,并且允许的极限误差不能超过 0.3%.

③ 互易常数测定.

耦合腔互易常数可以通过测量腔内液体的体积、声速和密度并根据式(7-4-19)进行计算. 另外,也可以使用标准体积块的方法来测量互易常数. 密度 ρ 和声速 c 是温度和压力的函数,测量密度时允许的极限误差应不大于 0.5%,而测量声速时允许的极限误差不大于 1.5%. 测量体积 V 时,应使用具有低黏附力的液体,如无水乙醇,在测量过程中应避免气泡进入液体,测量体积的允许极限误差应不大于 0.5%. 对于频率 f 的测量,应使用允许极限误差不大于 0.1%的数字式频率计. 如果按照以上要求进行测量,互易常数的允许极限误差将不大于 3.1%.

④ 测量要求.

在利用耦合腔互易法对水听器进行校准时,需要遵守以下测量要求:a. 在校准之前,必须除去腔内液体中的气体. 如果需要,可以在不大于 0.5 MPa 的压强下进行校准,以消除残余空气对测量的影响. b. 在校准过程中,所使用的信号频率应包含 1/3 倍频程序列规定的频率. 信号频率的变化在校准期间不应超过 0.1%. c. 在校准前应对发射器、互易换能器和水听器进行线性检验,确保其偏差不超过 0.5%. 对于互易换能器,还需要进行互易性检验,确保其偏差不超过 0.5%. d. 在校准过程中,应确保信噪比大于 30 dB,并且尽量降低加在发射器和互易换能器上的激励功率,以避免因发热而引起腔内液体温度和压力的变化,从而引入误差. e. 为了避免发射器、互易换能器和水听器之间的电串漏,应考虑在它们之间进行电屏蔽.

⑤ 频率限制.

耦合腔校准中对耦合腔的规定之一是其最大尺寸不能超过波长的 $\frac{1}{10}$,这个规定给出了校准的高频限制. 当系统处于顺性控制时,水听器输出端的开路电压与发射器或互易换能器的输入电压之比是一个常数. 通过测量这个比值,可以确定实际能够校准的频率上限. 理论上,耦合腔校准不存在低频限制. 然而,在实际情况下,由于耦合腔中的发射器在低频时的声压级很低,无法满足信噪比大于 30 dB 的要求,因此需要确定低频极限.

2. 振动液柱法

(1) 原理

振动液柱法校准装置原理框图如图 7-4-9 所示,它是一个内径小于波长的顶端开口的刚性圆柱状容器,容器内盛有一定高度的液体,整个容器由作为正弦振动的振动台驱动. 水听器固定在支架上,并垂直地悬挂在液柱的中心轴线上. 通过测量水听器输出端的开路电压变化和液柱深度处的压强变化的比值,可以得到水听器的声压灵敏度.

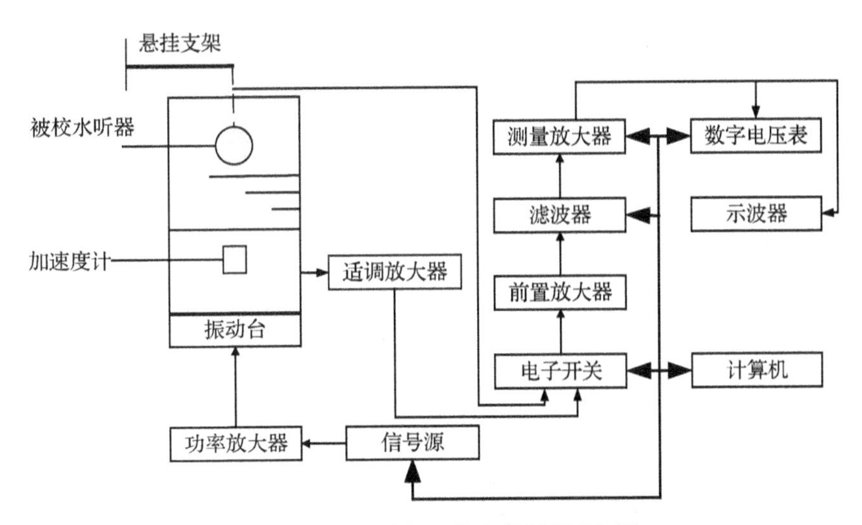

图 7-4-9 振动液柱法校准装置原理框图

假设整个液柱相对于其平衡位置做整体的垂直振动，那么在液面下深度为 h 处由压强变化产生的声压 p 可通过下式计算：

$$p = \rho x \left| g - h\omega^2 \right| \tag{7-4-20}$$

式中，ρ 为液体的密度，单位为 $\mathrm{kg/m^3}$；x 为容器底部的振动位移，单位为 m；g 为重力加速度，单位为 $\mathrm{m/s^2}$；$\omega=2\pi f$，f 为液体振动的频率，单位为 Hz.

当频率高到使得 $h\omega^2 \gg g$ 时，那么式(7-4-20)可写为

$$p = \rho h x \omega^2 = \rho h \ddot{x} \tag{7-4-21}$$

式中，$\ddot{x}$ 为容器底部的振动加速度，单位为 $\mathrm{m/s^2}$. 该振动加速度可以通过加速度计进行测量，由式(7-4-21)可得水听器的声压灵敏度为

$$M_{\mathrm{J}} = \frac{U_{\mathrm{J}}}{\rho h} \times \frac{M_{\mathrm{a}}}{U_{\mathrm{a}}} \tag{7-4-22}$$

式中，M_{J} 为水听器的声压灵敏度，单位为 V/Pa；U_{J} 为水听器输出端的开路电压，单位为 V；M_a 为加速度计的灵敏度，单位为 $\mathrm{V \cdot s^2/m}$；U_a 为加速度计输出端的开路电压，单位为 V.

在高频时，液柱中的声压为

$$p = \rho h \ddot{x} \left(\frac{\sin(kh)}{kh\cos(kL)} \right) \tag{7-4-23}$$

式中，$k=\frac{\omega}{c}$ 为波数，单位为 $\mathrm{m^{-1}}$；L 为液柱的高度，单位为 m. 式(7-4-22)可以写为

$$M_{\mathrm{J}} = \frac{U_{\mathrm{J}}}{\rho h} \times \frac{M_{\mathrm{a}}}{U_{\mathrm{a}}} \left(\frac{kh\cos(kL)}{\sin(kh)} \right) \tag{7-4-24}$$

如果使用振动液柱法进行校准时采用手工操作，在图 7-4-9 中的电子开关可以被手控开关替代，计算机等可以不使用.

在使用振动液柱法进行校准时，液柱容器的底部和壁要求是刚性的. 容器的最低共振频率应该高于液柱的最低共振频率，同时，校准频率应低于液柱的最低共振频率. 在设计容器时，需要考虑使液柱中同一深度处的声压相同，因此液柱的高度应该大于其直径. 为了防止液体动力流通过水听器时产生影响，液柱的直径应该比水听器的直径要大得多. 此外，设计

中还需要考虑到水听器的悬挂问题，以避免振动源对水听器产生影响.

（2）测量

① 灵敏度测量.

在测量过程中，需要校准容器中的液柱高度 L，使其小于校准频率所对应波长的$\frac{1}{4}$. 水听器声中心的入水深度通常在液柱高度 h 的$\frac{1}{2}\sim\frac{2}{3}$之间. 测量时，电子开关可以选择使用来自前置放大器的水听器信号 U_J 和来自适调放大器的加速度信号 U_a，并同时测量相应的已知常数. 然后，根据式(7-4-22)或式(7-4-24)计算出灵敏度值.

一般情况下，水听器声中心的位置是已知的. 在声中心未知的情况下，可以通过以下测量方法消除其影响. 首先，在水听器上设置一个参考点，在保持振动台驱动加速度不变的情况下，测量液柱中两个不同深度 h_1 和 h_2 处水听器输出端的开路电压差值 ΔU_J 和深度差 Δh 的比值. 根据式(7-4-24)，可以得到水听器的声压灵敏度：

$$M_J=\frac{\Delta U_J}{\rho\Delta h}\times\frac{M_a}{U_a} \tag{7-4-25}$$

测量电压 U_J、U_a，电压表允许极限误差不大于 1%，前置放大器和电荷放大器的输入阻抗分别应大于水听器和加速度计的电阻抗的 100 倍，这可以保证由此产生的电压耦合损失将不大于 1%. 在测量中，还应保持信噪比大于 20 dB，测量深度的允许极差不应超过 1%. 对于加速度计的测量，其允许极限误差不大于 0.3 dB. 对于液体密度的测量，其允许极限误差不大于 0.5%.

② 测量要求与频率限制.

为了测量准确度，需要进行以下操作和注意事项：第一，将校准容器安装在振动台台面上，并使用水平尺进行校准，以确保容器安装水平. 第二，液体在放入容器之前应经过除气处理，确保容器壁不附着气泡. 第三，将加速度计刚性地固定在容器底部，确保振动台的横向振动与纵向振动之比不超过 3%. 第四，将水听器垂直悬挂在容器中液柱的中心轴线上. 为了保证测量精度，水听器声中心的入水深度不宜太浅，以满足信噪比大于 20 dB. 此外，水听器声中心的入水深度也不宜靠近容器底部，通常应在液柱长度的$\frac{1}{2}\sim\frac{2}{3}$之间.

除以上测量要求外，还需要注意两个频率限制：第一，液柱的高度应不大于波长的$\frac{1}{4}$，这给出了此校准方法的高频限制. 第二，为了忽略静态落差，需要满足条件 $h\omega^2\gg g$，这个条件构成了低频限制. 举例来说，如果 $h=10$ cm，为了使忽略落差压强所引入的误差不超过 3%，校准频率应高于 10 Hz.

7.5　水声基本量值测量

7.5.1　水声声压测量

水声声压测量可分为直接测量和间接测量两种方法.直接测量利用专用的声压测量仪器进行,能够直接读取被测声场的声压数值.而间接测量则通过使用已知灵敏度的标准水听器进行测量,通过它的开路电压值和灵敏度计算声场中的声压数值,即

$$p = \frac{U_0}{M} \tag{7-5-1}$$

式中,U_0 为标准水听器的开路电压,单位为 V;M 为标准水听器的灵敏度值,单位为 V/Pa.

下面简要介绍连续正弦信号和脉冲正弦信号在水声测量中常用的声压测量方法及相应的注意事项.

对于连续正弦信号声压测量,它只适用于消声水池,在形成驻波的情况下并不适用.在进行测量时,需要排除电磁干扰,以减小同频率电串漏的影响,使其降低到可以忽略的程度.测量原理示意图如图 7-5-1 所示,标准水听器受到声场中声压的作用,产生的开路电压经过放大和滤波后,通过电压表进行测量.通过测量标准水听器的输出电压值 U_0,可以使用下述公式来求得声压级:

$$L_p = 20\lg U_0 - L_M \tag{7-5-2}$$

式中,L_M 为标准水听器的灵敏度级,单位为 dB.

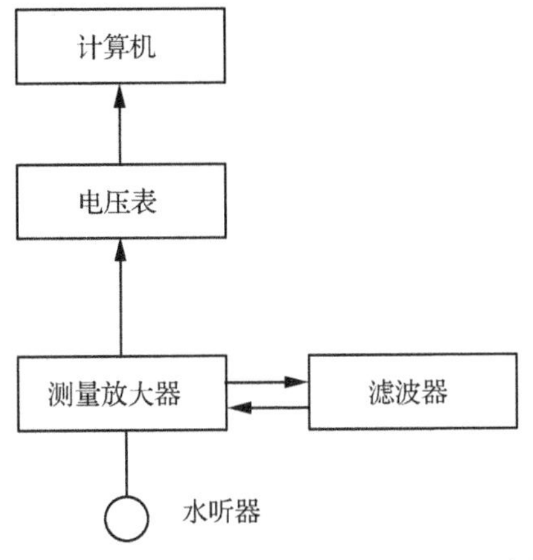

图 7-5-1　连续正弦信号声压测量原理示意图

在测量中,所使用的放大器的输入阻抗必须大于标准水听器阻抗的 100 倍以上,滤波器的最大允许误差应不超过±0.2 dB,而电压表读数的最大允许误差应不超过±1%.

脉冲正弦信号在水声校准与测量中被广泛使用,可以有效消除边界反射、驻波和电串漏等干扰的影响.脉冲正弦信号声压测量原理示意图如图 7-5-2 所示,使用标准水听器接收声信号,经过放大和滤波后送至数字示波器.数字示波器通过同步信号和延时对接收的脉冲声信号进行采集,并将采集的数据传送至计算机进行处理,以得到声场中的声压值.由于一般

的电压表无法对脉冲信号进行读数，因此需要先使用数字示波器对标准水听器的开路电压信号进行采集，并对采集的数据进行 FFT 分析和处理，以获取脉冲正弦信号的电压值，并通过式(7-5-2)计算声压级.

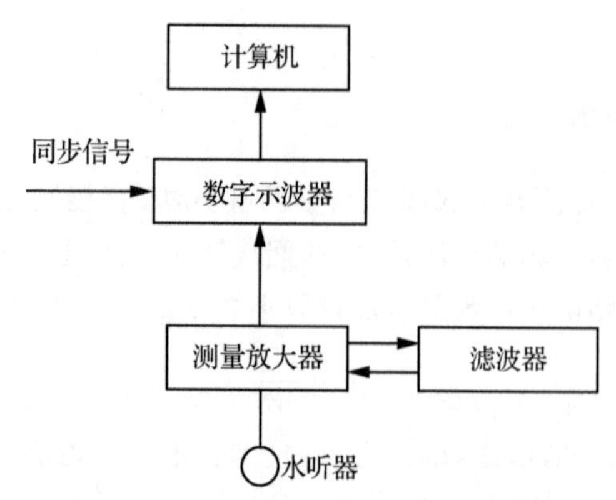

图 7-5-2 脉冲正弦信号声压测量原理示意图

为了确保测量的准确性，被测脉冲声信号的宽度和重复周期需要满足一定要求. 首先，对于脉冲声的宽度 τ 的选择，应确保脉冲宽度小于最近边界的反射声程与直达声程之差. 例如，对于长度为 L、宽度为 W 的长方形水槽，脉冲的宽度应满足：

$$\tau \leqslant \frac{L-d}{c}, \quad \tau \leqslant \frac{\sqrt{W^2+d^2}-d}{c} \tag{7-5-3}$$

式中，d 为直达声程，单位为 m；c 为水中声速，单位为 m/s.

此外，在使用脉冲信号进行测量时，脉冲宽度不能小于暂态过程，应适当地延长以达到稳态，稳态信号的持续时间只需几个周期即可代表声信号的特征. 对于大型换能器或换能器阵列的测量，必须确保各部分接收的信号都达到稳态，以保证换能器各部分之间完成相互作用，并使得辐射到水听器的声信号达到稳态.

对于脉冲信号的周期 T 的选择，为了保持稳定的脉冲采样、读数和记录，需要在脉冲重复频率与消除混响之间做出平衡. 具体的脉冲重复周期应根据仪器设备状况、水池大小和换能器布局等因素来确定. 通常，要求脉冲重复周期 T 满足：

$$T > \frac{2}{3} T_{60} \tag{7-5-4}$$

式中，T_{60} 为水池的混响时间，单位为 s.

7.5.2 质点振速测量

水声质点振速测量的主要方法有直接测量法、振速水听器测量法及激光测量法等. 其中，直接测量法可以分为单水听器测量法和双水听器测量法，可以利用所测得的声压信号推算得到质点振速；振速水听器测量法，是利用振速水听器直接得到质点振速的测量结果；激光测量法即利用激光测振技术进行水介质中质点振速的测量.

1. 直接测量法

利用单水听器可测得水中声压的变化，从而计算出质点的振速. 对于在 r 方向上传播的平面波，声场中某一点的声压 $p(t)$ 与质点振速 $u_r(t)$ 的关系如下：

$$u_r(t) = \frac{p(t)}{\rho c} \tag{7-5-5}$$

式中，ρ 是介质的密度，单位为 kg/m^3；c 为介质中的声速，单位为 m/s.

利用双水听器测量时，声场中某一点在 r 方向上的声压梯度通常用同方向上非常接近的两点处声压除以两点间距离求得，即有限差分近似方法. 在声场中该点的质点振速 $u_r(t)$ 可通过下式计算：

$$u_r(t) = -\frac{1}{\rho}\int \frac{\partial p(t)}{\partial r}\mathrm{d}t = -\frac{1}{\rho \Delta r}\int (p_2 - p_1)\mathrm{d}t \tag{7-5-6}$$

式中，p_1 和 p_2 分别为待测点非常接近两测点处测得的声压，单位为 Pa；Δr 为两测点之间的距离，单位为 m.

2. 振速水听器测量法

利用灵敏度已知的振速水听器可以进行质点振速 $u(t)$ 的测量，其数学表达式为

$$u(t) = \frac{U_G}{M_u} \tag{7-5-7}$$

式中，U_G 为振速水听器的输出开路电压，单位为 V；M_u 为振速水听器的灵敏度，单位为 $V \cdot s \cdot m^{-1}$.

振速水听器测量法的优点是测量迅速、设备简单且计算方便. 质点振速水听器和声压水听器可复合成为矢量水听器，能够同步测量声场中的质点振速矢量和声压标量.

3. 激光测量法

用双水听器可以计算声压梯度和质点振速，这是传统的测量方法，但需要精确定位并对水听器的一致性要求高. 质点振速水听器克服了这些限制，常用于低频段的质点振速测量，但2 500 Hz 以上频率的测量仍未解决. 随着激光测量技术的发展，许多国家都在探索利用激光实现对水介质质点振速的测量.

在采用激光方法进行测量时，将激光入射到水槽中的透声反光膜片上. 当辅助换能器发送声波时，如果膜片的厚度远小于声波的波长，膜片将跟随周围水介质进行相同的运动. 因此，通过激光测量膜片的振速，就可以得到膜片上激光入射点处水介质的质点振速.

激光测量法可以通过测量测振仪的输出电压，直接计算出声场中某点的质点振速，无须水听器的一致性或繁杂的计算分析，测量过程简单且快速. 由于激光测振仪对环境振动较为敏感，因此需要对整个系统进行隔振处理.

7.5.3 水声声强测量

根据定义，要测量声强，需要测量声场中某点的声压和该点的质点速度. 虽然声场中某点的声压可以使用一个水听器进行测量，但该点的质点速度无法通过单一水听器进行测量. 因此，常用至少由两个水听器组成的测量探头来进行声强测量.

图 7-5-3 中 1 和 2 代表两个相同的水听器，其中心间距为 Δr，中心点为 O，即声强的理论测量点. 当 Δr 远小于声波的波长时，可以利用双水听器测出 1、2 两点声压的差分梯度，通过式(7-5-6)计算出质点振速的近似值. 测点 O 处的声压近似值为 $p = \frac{p_1 + p_2}{2}$. 声强可表示为声压的互谱关系式：

$$I(\omega)=\frac{-\operatorname{Im}[G_{12}]}{\rho\omega\Delta r} \tag{7-5-8}$$

式中，$I(\omega)$为声强频谱，单位为 dB；Im[]表示取虚部；G_{12}为测得 1 和 2 两点声压互谱密度；ω为信号角频率，单位为 rad/s.

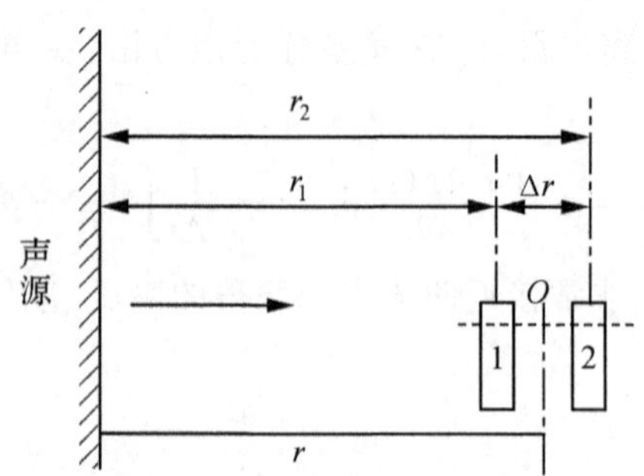

图 7-5-3 双传感器声强探头图示

参考文献

[1] 吴胜举,张明铎.声学测量原理与方法[M].北京:科学出版社,2014.

[2] 杜功焕,朱哲民,龚秀芬.声学基础[M].3版.南京:南京大学出版社,2012.

[3] 程建春.声学原理[M].北京:科学出版社,2012.

[4] 马大猷.现代声学理论基础[M].北京:科学出版社,2004.

[5] 许龙,李凤鸣,许昊,等.声学计量与测量[M].北京:科学出版社,2021.

[6] 陈克安,曾向阳,杨有粮.声学测量[M].北京:机械工业出版社,2010.

[7] 雷烨,王海涛,曾向阳.声学仪器及测试技术[M].西安:西北工业大学出版社,2023.

[8] 全国声学标准化技术委员会.噪声测量标准汇编[M].北京:中国标准出版社,2007.

[9] 中国标准出版社.环境噪声测量标准汇编[M].北京:中国标准出版社,2014.

[10] 中国标准出版社.建筑噪声测量标准汇编[M].北京:中国标准出版社,2013.

[11] 吴硕贤.建筑声学设计原理[M].2版.北京:中国建筑工业出版社,2019.

[12] 沈勇.扬声器系统的理论与应用[M].北京:国防工业出版社,2011.

[13] 刘伯胜,黄益旺,陈文剑,等.水声学原理[M].3版.北京:科学出版社,2019.

[14] 汪德昭,尚尔昌.水声学[M].2版.北京:科学出版社,2013.

[15] [美]埃佛勒斯·奥尔顿,博尔景·肯恩.声学手册:声学设计与建筑声学实用指南[M].5版.郑晓宁,译.北京:人民邮电出版社,2016.

[16] 钱祖文.非线性声学[M].2版.北京:科学出版社,2009.

[17] 陈剑林,白滢,牛锋,等.声级计的频率计权特性[J].计量技术,2008(6):47—50.

[18] 徐唯义.声学的量和单位:GB/T 3102.7—1993[S].北京:国家技术监督局,1993.

[19] 声学名词术语编制组.声学测量中的常用频率:GB/T 3240—1982[S].北京:国家标准局,1982.

[20] 马大猷,戴根华,章汝威,等.声学名词术语:GB/T 3947—1996[S].北京:国家技术监督局,1996.

[21] 吕亚东,方庆川,程明昆,等.声学声压法测定噪声源声功率级和声能量级消声室和半消声室精密法:GB/T 6882—2016[S].北京:中华人民共和国国家质量监督检验检疫总局,中国国家标准化管理委员会,2016.

[22] 程明昆,田静,吕亚东.声学声压法测定噪声源声功率级和声能量级混响室精密法:GB/T 6881—2023[S].北京:国家市场监督管理总局,国家标准化管理委员会,2023.

[23] 蒲志强,郝豫川,赵其昌.实验室标准传声器(自由场互易法)检定规程:JJG 482—2005[S]. 北京:国家质量监督检验检疫总局,2005.

[24] 张美娥,陈剑林,沈扬,等.实验室标准传声器(耦合腔互易法):JJG 790—2005[S]. 北京:国家质量监督检验检疫总局,2005.

[25] 张绍栋,刘湘衡,牛锋,等.电声学声级计第1部分:规范:GB/T 3785.1—2023[S]. 北京:国家市场监督管理总局,国家标准化管理委员会,2023.

[26] 刘湘衡,张绍栋,牛锋,等.电声学声级计第2部分:型式评价试验:GB/T 3785.2—2023[S]. 北京:国家市场监督管理总局,国家标准化管理委员会,2023.

[27] 牛锋,刘湘衡,张绍栋,等.电声学声级计第3部分:周期试验:GB/T 3785.3—2018[S]. 北京:国家市场监督管理总局,中国国家标准化管理委员会.

[28] 许欢,白滢,牛锋,等.声级计:JJG 188—2017[S]. 北京:国家质量监督检验检疫总局,2017.

[29] 程明昆,吕亚东,李晓东,等.声学环境噪声的描述、测量与评价第1部分:基本参量与评价方法:GB/T 3222.1—2022[S]. 北京:国家市场监督管理总局,国家标准化管理委员会,2022.

[30] 方庆川,吕亚东,李晓东,等.声学环境噪声的描述、测量与评价第2部分:声压级测定:GB/T 3222.2—2022[S]. 北京:国家市场监督管理总局,国家标准化管理委员会,2022.

[31] 张斌,魏志勇,徐民,等.工业企业噪声控制设计规范:GB/T 50087—2013[S]. 北京:中华人民共和国住房和城乡建设部,国家质量监督检验检疫总局, 2013.

[32] 中国环境监测总站,天津市环境监测中心,柳州市环境监测站.声环境功能区划分技术规范:GB/T 15190—2014[S]. 北京:环境保护部,国家质量监督检验检疫总局,2014.

[33] 中国环境科学研究院,北京市环境保护监测中心,广州市环境监测中心站.声环境质量标准:GB 3096—2008[S]. 北京:环境保护部,国家质量监督检验检疫总局,2008.

[34] 郑大瑞,蔡秀兰,张玉海,等.机场周围飞机噪声环境标准:GB 9660—1988[S]. 北京:国家环境保护局, 1988.

[35] 赵嘉恺,陈道常,唐瑞荣,等. 北京:城市区域环境振动标准:GB 10070—1988[S]. 北京:国家环境保护局,1988.

[36] 中国环境监测总站,天津市环境监测中心,北京市劳动保护科学研究所,等.建筑施工场界环境噪声排放标准:GB 12523—2011[S]. 北京:环境保护部,国家质量监督检验检疫总局,2011.

[37] 北京市劳动保护科学研究所,北京市环境保护局,广州市环境监测中心站.社会生活环境噪声排放标准:GB 22337—2008[S]. 北京:环境保护部,国家质量监督检验检疫总局,2008.

[38] 中国环境监测总站,天津市环境监测中心,福建省环境监测中心站.工业企业厂界环境噪声排放标准:GB 12348—2008[S]. 北京:环境保护部,国家质量监督检验检疫总局,2008.

[39] 郑天恩,王四德,何庆慈,等.铁路边界噪声限值及其测量方法:GB 12525—1990

[S]. 北京:国家环境保护局,1990.

[40] 程明昆,陈心昭,陈业绍,等.声学声强法测定噪声源的声功率级第1部分:离散点上的测量:GB/T 16404—1996[S]. 北京:国家技术监督局,1996.

[41] 程明昆,李毅民.声学 声强法测定噪声源的声功率级 第2部分:扫描测量:GB/T 16404.2—1999[S]. 北京:国家质量技术监督局,1999.

[42] 程明昆,田静,李志远,等.声学声强法测定噪声源的声功率级第3部分:扫描测量精密法:GB/T 16404.3—2006[S]. 北京:中华人民共和国国家质量监督检验检疫总局,中国国家标准化管理委员会,2006.

[43] 程明昆,田静,吕亚东,等.声学声压法测定噪声源声功率级和声能量级混响室精密法:GB/T 6881—2023[S]. 北京:国家市场监督管理总局,国家标准化管理委员会,2023.

[44] 翟国庆,李争光,程明昆,等.声学声压法测定噪声源声功率级和声能量级混响场内小型可移动声源工程法硬壁测试室比较法:GB/T 6881.2—2017[S]. 北京:中华人民共和国国家质量监督检验检疫总局,中国国家标准化管理委员会,2017.

[45] 孙广荣,章汝威.声学声压法测定噪声源声功率级混响场中小型可移动声源工程法第2部分:专用混响测试室法:GB/T 6881.3—2002[S]. 北京:中华人民共和国国家质量监督检验检疫总局,2002.

[46] 吕亚东,方庆川,程明昆,等.声学声压法测定噪声源声功率级和声能量级消声室和半消声室精密法:GB/T 6882—2016[S]. 北京:中华人民共和国国家质量监督检验检疫总局,中国国家标准化管理委员会,2016.

[47] 程明昆,田静,李志远,等.声学声压法测定噪声源声功率级现场比较法:GB/T 16538—2008[S]. 北京:中华人民共和国国家质量监督检验检疫总局,中国国家标准化管理委员会,2008.

[48] 陈业绍,穆景坤.声学振速法测定噪声源声功率级用于封闭机器的测量:GB/T 16539—1996[S]. 北京:国家技术监督局,1996.

[49] 李晓东,戴根华,毛东兴,等.声学阻抗管中吸声系数和声阻抗的测量第1部分:驻波比法:GB/T 18696.1—2004[S]. 北京:中华人民共和国国家质量监督检验检疫总局,中国国家标准化管理委员会,2004.

[50] 李晓东,戴根华,林杰,等.声学阻抗管中吸声系数和声阻抗的测量第2部分:传递函数法:GB/T 18696.2—2002[S]. 北京:中华人民共和国国家质量监督检验检疫总局,2002.

[51] 陈怀民,张明照,骆学聪,等.声学混响室吸声测量:GB/T 20247—2006[S]. 北京:中华人民共和国国家质量监督检验检疫总局,中国国家标准化管理委员会,2006.

[52] 王季卿,谭华,吕亚东.声学建筑和建筑构件隔声测量第3部分:建筑构件空气声隔声的实验室测量:GB/T 19889.3—2005[S]. 北京:中华人民共和国国家质量监督检验检疫总局,中国国家标准化管理委员会,2005.

[53] 吴硕贤,赵越喆,张继萍.声学建筑和建筑构件隔声测量第5部分:外墙构件和外墙空气声隔声的现场测量:GB/T 19889.5—2006[S]. 北京:中华人民共和国国家质量监督检验检疫总局,中国国家标准化管理委员会,2006.

[54] 谭华，王秀卿，丁国强，等. 声学建筑和建筑构件隔声测量第 6 部分：楼板撞击声隔声的实验室测量：GB/T 19889.6—2005[S]. 北京：中华人民共和国国家质量监督检验检疫总局，中国国家标准化管理委员会，2005.

[55] 傅秀章，谭华，吕亚东，等. 声学　建筑和建筑构件隔声测量　第 7 部分：撞击声隔声的现场测量：GB/T 19889.7—2022[S]. 北京：国家市场监督管理总局，国家标准化管理委员会，2022.

[56] 华子兴，王璟，姚国凤，等. 传声器通用规范：GB/T 14198—2012[S]. 北京：中华人民共和国国家质量监督检验检疫总局，中国国家标准化管理委员会，2012.

[57] 张志强，沈勇，吴宗汉，等. 声系统设备第 4 部分：传声器测量方法：GB/T 12060.4—2012[S]. 北京：中华人民共和国国家质量监督检验检疫总局，中国国家标准化管理委员会，2012.

[58] 张志强，沈勇，俞锦元. 声系统设备第 5 部分：扬声器主要性能测试方法：GB/T 12060.5—2011[S]. 北京：中华人民共和国国家质量监督检验检疫总局，中国国家标准化管理委员会，2011.

[59] 徐唯义，薛耀泉，聂龙寿. 声学水声换能器自由场校准方法：GB/T 3223—1994[S]. 北京：国家技术监督局，1994.

[60] 陈毅，徐卓华，黄勇军. 声学水听器低频校准方法：GB/T 4130—2017[S]. 北京：中华人民共和国国家质量监督检验检疫总局，中国国家标准化管理委员会，2017.

图书在版编目(CIP)数据

应用微积分/王治华主编. —苏州：苏州大学出版社,2021.8(2024.12重印)
ISBN 978-7-5672-3614-1

Ⅰ.①应… Ⅱ.①王… Ⅲ.①微积分-高等职业教育-教材 Ⅳ.①O172

中国版本图书馆 CIP 数据核字(2021)第 126355 号

应用微积分
王治华 主编
责任编辑 管兆宁

苏州大学出版社出版发行
(地址:苏州市十梓街 1 号 邮编:215006)
广东虎彩云印刷有限公司印装
(地址：东莞市虎门镇黄村社区厚虎路20号C幢一楼 邮编：523898)

开本 787 mm×1 092 mm 1/16 印张 20.25 字数 468 千
2021 年 8 月第 1 版 2024 年12月第 7 次印刷
ISBN 978-7-5672-3614-1 定价:55.00 元

图书若有印装错误，本社负责调换
苏州大学出版社营销部 电话:0512-67481020
苏州大学出版社网址 http://www.sudapress.com
苏州大学出版社邮箱 sdcbs@suda.edu.cn